农业气象灾害对主要经济作物的
致灾机制及减灾植调剂制剂应用

郑殿峰　冯乃杰　著

中国农业科学技术出版社

图书在版编目（CIP）数据

农业气象灾害对主要经济作物的致灾机制及减灾植调剂制剂应用/郑殿峰，冯乃杰著．—北京：中国农业科学技术出版社，2022.12
ISBN 978-7-5116-6139-5

Ⅰ.①农… Ⅱ.①郑…②冯… Ⅲ.①经济作物－自然灾害－灾害防治－植物生长调节剂－制剂 Ⅳ.① S482.8

中国版本图书馆 CIP 数据核字（2022）第 247013 号

责任编辑　刁　毓　任玉晶
责任校对　马广洋
责任印制　姜义伟　王思文

出 版 者　中国农业科学技术出版社
　　　　　北京市中关村南大街 12 号　　邮编：100081
电　　话　（010）82106641（编辑室）（010）82109702（发行部）
　　　　　（010）82109709（读者服务部）
网　　址　https://castp.caas.cn
经 销 者　各地新华书店
印 刷 者　北京建宏印刷有限公司
开　　本　185 mm×260 mm　1/16
印　　张　12.75
字　　数　270 千字
版　　次　2022 年 12 月第 1 版　2022 年 12 月第 1 次印刷
定　　价　68.00 元

本书撰写人员

著　者：郑殿峰　冯乃杰

主　审：李茂松

参与撰写人员（按姓氏拼音排序）：

冯胜杰　黄晓葵　李甜子

李　瑶　刘美玲　牟保民

饶刚顺　沈雪峰　王诗雅

杨　善　杨转英　余明龙

张江文　张　睿　赵黎明

周　行　左官强

前　言

经济作物生产是我国现代农业的重要组成部分。党的十九大以来，各地立足资源禀赋，优化区域布局，因地制宜发展有区域特色、风味独特的果菜茶等主要经济作物产业；推进科技创新，开展联合攻关，完善标准体系，持续推进经济作物产业高质量发展，为实现乡村振兴、决胜全面建成小康社会作出重要贡献。在全球气候变化的大背景下，我国的各主要经济作物生产基地的农业气象灾害呈现出频发的态势，从而影响了我国主要经济作物的优质高效生产。植物生长调节剂是一类与植物激素具有相似生理和生物学效应的物质，在经济作物生产上应用，可以有效调节经济作物的生长发育过程，实现稳产增产、改善品质、增强经济作物抗逆性等目标。研究植物生长调节剂缓解经济作物农业气象灾害伤害的效应及机制、开发缓解经济作物农业气象灾害伤害的调节剂制剂应用技术，对我国主要经济作物优质高效生产具有重要的意义。

在"十三五"国家重点研发计划项目"主要经济作物气象灾害风险预警及防灾减灾关键技术（2019YFD1002200）"第五课题"主要经济作物气象灾害防控技术研究与示范应用（2019YFD1002205）"支持下，以我国北方、华中、西南和华南地区主要经济作物为研究对象，中国农业科学院农业资源与农业区划研究所、广东海洋大学、湖南农业大学、四川国光农化股份有限公司等单位联合开展攻关研究。本书重点编著农业气象灾害对主要经济作物的致灾机制及减灾植物生长调节剂制剂应用的相关研究进展。

本书共分五章，第一章概述植物生长调节剂及其应用，第二章重点介绍主要农业气象灾害对经济作物的致灾机制，第三章重点介绍植物生长调节剂缓解经济作物农业气象灾害伤害的效应及机制，第四章重点介绍缓解经济作物农业气象灾害伤害的调节剂制剂及应用，第五章重点介绍主要经济作物抗灾减灾调节剂制剂应用案例。

全书由郑殿峰、冯乃杰编写，李茂松负责主审。郑殿峰撰写第一、第三、第五章；冯乃杰撰写第二、第四章。感谢各参与单位的大力协助，感谢所有参与课题研究和书稿编著人员的辛勤工作。

书中疏漏和不足之处，敬请批评指正。

郑殿峰　冯乃杰

2022 年 11 月

目录

第一章

植物生长调节剂及其应用概述

第一节　植物生长调节剂的由来与发展

植物生长调节剂（plant growth regulators）是一类与植物激素具有相似生理和生物学效应的物质。人们在了解天然植物激素的结构和作用机制后，通过人工合成了与植物激素具有类似生理和生物学效应的物质，并在农业生产上广泛应用，有效调节作物的生长发育过程，实现稳产增产、改善品质和增强作物抗逆性等目标。

一、植物激素与植物生长调节剂

（一）植物激素的发现

植物是一个由多细胞组成的复杂有机体，要维持正常协调的生长发育状态、适应外界环境，各细胞、组织和器官之间必须进行及时有效的信息交流，担负这种信息交流任务的化学信使之一就是植物激素（plant hormones, phytohormones）。

植物激素是指在植物体内合成的，通常从合成部位运往作用部位，对植物的生长发育产生显著调节作用的微量小分子有机物。植物激素最初是从动物激素衍用过来的，植物没有产生激素的特殊腺体，也没有明显的"靶"器官。植物激素可以在植物体的任何部位起作用，且同一激素有多种不同的生理效应，不同激素之间还有相互促进或相互拮抗的作用。

1. 生长素

生长素是发现最早的植物激素。1872年，波兰的西斯勒克发现水平根弯曲生长是受重力影响，感应部位在根尖，因而推测根尖向根基传导刺激性物质。1880年，英国的达尔文父子进行了胚芽鞘向光性试验，证实单侧光影响胚芽鞘产生刺激并传递。1928年，荷兰人温特证明胚芽鞘确有物质传递，并首先在鞘尖上分离了与生长有关的物质。1934年，荷兰人克格尔分离并提纯了调节植物生长的物质，经鉴定为吲哚乙酸（IAA）。

2. 赤霉素

1926年，日本的黑泽英一在研究引起水稻植株徒长的恶苗病时发现了赤霉素。恶苗病是一种由赤霉菌的分泌物引起的水稻苗徒长且叶片发黄、易倒伏的疾病。1935年薮田和住木从赤霉菌的分泌物中分离出了有生理活性的物质，定名为赤霉素（GA）。从20世纪50年代开始，英、美的科学工作者对赤霉素进行了研究，现已从赤霉菌和高等植物中分离出60多种赤霉素，分别被命名为GA_1、GA_2等，都是赤霉烷的衍生物。

3. 细胞分裂素

1955年，美国人斯库格等在烟草髓部组织培养中偶然发现在培养基中加入从变质鲱鱼精子中提取的脱氧核糖核酸（DNA），可促进烟草愈伤组织强烈生长。后证明其中含有一种能诱导细胞分裂的成分，称为激动素。第一个天然细胞分裂素是 1964 年莱瑟姆等从未成熟的玉米种子中分离出来的玉米素。目前从植物中发现 30 多种细胞分裂素。

4. 脱落酸

20 世纪 60 年代初，美国人 F.T. 阿迪科特和英国人 P.F. 韦尔林分别从脱落的棉花幼果和桦树叶中分离出脱落酸。脱落酸存在于植物的叶、休眠芽和成熟种子中，在衰老器官或组织中的含量通常比在幼嫩部分中多。

5. 乙烯

早在 20 世纪初，有人发现用煤气灯照明时有一种气体能促进绿色柠檬变黄而成熟，这种气体就是乙烯。但直至 20 世纪 60 年代初期用气相层析仪从未成熟的果实中检测出极微量的乙烯后，乙烯才被列为植物激素。

6. 油菜素内酯

油菜素内酯又称芸苔素内酯，是一种新型植物内源激素，广泛存在于植物的花粉、种子、茎和叶等器官中。它是第一个被分离出的具有活性的油菜素甾醇类化合物（Brassinosteroids, BR），是国际上公认为活性最高的高效、广谱、无毒的植物生长激素。由于其生理活性大大超过现有的五种激素，已被国际上誉为第六激素。植物生理学家认为，它能充分激发植物内在潜能，促进作物生长，增加作物产量，提高作物的耐冷性，提高作物的抗病、抗盐能力，使作物的耐逆性增强，减轻除草剂对作物的药害。

我国植物激素的早期研究更多地集中在各种激素和生长调节物质对植物生理生化过程的影响，试图揭示其调控机理。由于植物激素作用的复杂性和生理学与生化手段的局限性，这方面的研究到 20 世纪 90 年代初基本上局限于生理生化的研究，在激素和生长调节物质的应用方面有不少成果。

（二）植物生长调节剂的兴起

植物生长调节剂（plant growth regulator）指人工合成（或从微生物中提取）的，由外部施用于植物，可以调节植物生长发育的非营养的化学物质。

20 世纪 40 年代，生长素被发现具有乙烯利类似的作用，萘乙酸（NAA）很快成为继乙烯利以后又一商品化的植物生长调节剂被用于菠萝生产。2,4- 二氯苯氧乙酸（2,4-dichlorophenoxyacetic acid, 2,4-D）是世界上第一个工业化的选择性激素类高效有机除草剂。2,4-D 在 1941 年被发现后，于 20 世纪 40 年代在美国开始生产，中国在 20 世纪 50 年代后期开始生产。20 世纪 40—50 年代，马来酰肼（MH）被用于抑制公园、墓地以及公路两旁杂草的生长。20 世纪 60—70 年代，矮壮素（chlorocholine chloride, CCC, chlormequat），用以控制小麦生长高度而不影响籽粒大小和品质。20 世纪 80 年代初，单一植物生长调节剂的最大市场是美国的棉花脱落剂，其次可能是乙烯利，用于马来西亚及东南亚橡胶割胶以及热带地区甘蔗的催熟。20 世纪 90 年代，控制作物顶端生长优势，促进侧芽（分蘖）萌发的多效唑（PP333）被广泛应用于中国的稻作以及果树、园艺等方面，也用于油菜壮秧，提高秧苗的抗寒能力等，年应用面积超过 667 万 hm^2。2000 年前后，研究人员发现茉莉酸甲酯对水稻光合速率的提高（陈汝民等，1993）、花生幼苗抗旱性的增强（潘瑞炽等，1995）及碳水化合物含量变化具有较好的调控效果；壳聚糖拌种和叶面喷施小白菜，均能改善其农艺性状和品质，但以叶喷的效果为佳（欧阳寿强，2002）；寡糖可增强种子萌发过程中胚乳的 α - 淀粉酶活性，加快胚乳淀粉水解过程，促进种子萌发，从而提高其发芽势和发芽率（张运红等，2009）。现如今几百种植物生长调节剂的人工合成和应用，标志着植物生长调节剂工业时代的兴起。

我国植物生长调节剂的生产主要集中在一些传统的品种，如赤霉素、乙烯利和甲哌鎓等。由于产品老化和重复建设，各企业经济效益低下、发展缓慢。但我国植物生长调节剂生产发展也取得了一定的成绩，如近十年研制生产的油菜素内酯、多效唑和复硝酚钠等，已经达到了国际先进水平，在世界上占有一定的地位，产生了很大的社会效益和经济效益，为我国植物生长调节剂的研究和发展奠定了一定的经济基础，储备了坚实的技术力量。

农作物化控技术在我国起步比较晚，但发展速度很快，我国早在 1958 年已开始使用植物生长调节剂，如 NAA 和 2, 4-D 等用于防止棉花落蕾落铃。20 世纪 80 年代，国内外对植物生长调节剂的研制与应用都取得了突破性进展。"八五"期间，国家科委就已将"多效唑培育水稻壮秧和油菜壮苗技术"列为国家级重点推广应用项目，农业部也将此项技术列入 1991 年的"丰收计划"。这些科研成果极大地促进了我国农业生产的发展，也掀起了国内对植物生长调节剂的研究与应用的热潮。半个多世纪过去了，矮壮素、乙烯利、赤霉素、三十烷醇和甲哌鎓等也相继更加广泛地应用于农业生产。

21 世纪以来植物生长调节剂的种类日益增多，对植物生长发育起到良好的促进作用。例如，烯效唑具有矮化植株、防止倒伏、提高叶绿素含量的作用，对稻瘟病、小麦根腐病、玉米小斑病、水稻恶苗病、小麦赤霉病和菜豆炭疽病显示良好的抑菌作用。油菜素内酯能显著地增加植物的营养体生长和促进受精作用，有效增加叶绿素含量，提高光合作用效率，促根壮苗、保花保果；提高作物的抗寒、抗旱、抗盐碱等抗逆性，显著减少病害的发生；并能显著缓解药害的发生，使作物快速恢复生长，消除病斑。调环酸钙通过叶面处理，促进植物发育和侧芽生长，调控花期，提高植株坐果率，有效控制植株旺长，从而达到提高产量和品质的效果（万翠等，2016）。调环酸钙还具有一定的病虫害防治能力，比如可以防治水稻稻曲病、花生叶斑病等。

（三）植物生长调节剂与植物激素的区别

植物激素是指植物体内天然存在的对植物生长发育有显著作用的微量有机物质，也被称为植物天然激素或植物内源激素。它的存在可影响和有效调控植物的生长和发育，包括从细胞生长、分裂，到生根、发芽、开花、结实、成熟和脱落等一系列植物生命全过程。植物生长调节剂是人们在了解天然植物激素的结构和作用机制后，通过人工合成或提取，以及微生物发酵等方法获得的，与植物激素具有类似生理和生物学效应的物质，又称植物外源激素。植物生长调节剂和植物激素在调控植物生长发育过程中具有相同或类似的作用。

植物生长调节剂是外源性物质，是根据生产需要而人为使用的。通过使用植物生长调节剂，产生植物激素的作用效果，调节作物生长发育，达到增产、改善品质的目的。植物生长调节剂不是肥料，在极低浓度下就对植物的生长发育过程产生显著影响，使用不当会产生不同程度的药害。按照登记批准标签上标明的使用剂量、时期和方法使用植物生长调节剂时对人体健康一般不会产生危害。如果使用不规范，可能会使作物过快生长，或者使生长受到抑制，甚至死亡。对农产品品质会有一定影响，并且对人体健康产生危害。例如可以延长马铃薯、大蒜和洋葱贮藏期的青鲜素（抑制发芽）具有致癌作用。我国法律禁止销售、使用未经国家或省级有关部门批准的植物生长调节剂。

植物激素与植物生长调节剂的主要区别表现在性质不同、来源不同和作用不同，具体如下。

1. 性质不同

（1）植物激素：植物激素亦称植物天然激素或植物内源激素，是指植物体内产生的一些微量且能调节（促进、抑制）自身生理过程的有机化合物。

（2）植物生长调节剂：植物生长调节剂是人工合成的对植物生长发育有调节作用的化学物质和从微生物中提取的天然植物激素。

2. 来源不同

（1）植物激素：植物自身代谢产生的一类有机物质。

（2）植物生长调节剂：人工合成或从微生物中提取。

3. 作用不同

（1）植物激素：植物激素是植物细胞接受特定环境信号诱导产生的、低浓度时可调节植物生理反应的活性物质。在细胞分裂与伸长、组织与器官分化、开花与结实、成熟与衰老、休眠与萌发以及离体组织培养等方面，不同植物激素分别或相互协调地调控植物的生长发育与分化。

（2）植物生长调节剂：通过人工合成与植物激素具有类似生理和生物学效应的物质，在农业生产上使用，以有效调节作物的生育过程，达到稳产增产、改善品质和增强作物抗逆性等目的。

二、植物生长调节剂的发展

内源激素是在植物体内合成的，通常从合成部位运往作用部位，但这种植物内源激素在植物体内含量极少，难以提取，无法用于科研和生产。随着科学技术的发展，科学家剖析出该类物质的分子结构，并用现代合成技术和生物发酵技术生产出具有内源激素相同或相似功能的类似物（植物生长调节剂），实现了用这类物质按照种植者的意愿（需求方向）去调节、控制和诱导植物的生长发育。植物生长调节剂的研究及其在生产上的应用，是近代植物生理学及农业科学的重大进展之一。

21世纪是生物科技的时代，植物克隆（组培）过程中都在使用调节剂，可见调节剂有非同一般的作用。植物生长调节剂应用的历史可以追溯到公元1世纪，那时人们即知道把橄榄油滴在无花果树上可以促进无花果的发育，后来人们知道高温使橄榄油分解，释放出的乙烯影响无花果的发育。我国的植物生理学家在植物激素应用的研究方面，首先从促进无籽果实形成、扦插生根等方面开始。进入20世纪50年代以后，IAA、2, 4-D和萘乙酸等小范围的生产示范逐渐展开，其中在防止苹果采前落果、防止棉花落铃和防止番茄与茄子落花等方面均得到了推广应用。1963年，我国成功合成矮壮素，并在控制棉花的徒长和防止小麦的倒伏上获得有效成果；1971年试制成功乙烯利，并对其进行了广泛的研究；20世纪80年代，我国棉花栽培技术领域的最大变革——甲哌鎓的应用出现，它取代矮壮素成为在棉花种植上延缓营养生长、缩短节间、塑造理想株型、改善光照条件和增加结铃的第一生长延缓剂。这些科研成果极大地促进了我国农业生产的发展，也掀起了国内对植物生长调节剂的研究与应用的热潮。近年来我国植物生长调节剂的开发生产和推广应用也发展很快，产量逐年增加。对赤霉素、乙烯利、甲哌鎓和多效唑等的进一步开发研究，均取得巨大的经济效益与社会效益。1994年国内植物生长调节剂的产量仅2 929 t，1995年产量就增加到9 189 t，增长了214%，其中乙烯利产量从1 104 t增加到3 353 t，增效磷产量从654 t增至880 t。我国虽然推广应用植物生长调节剂的时间不长，但已取得了显著的成效。如多效唑（PP333）被广泛应用于中国的水稻以及果树、园艺等方面，也用于油菜壮秧、提高秧苗的抗寒能力等，年应用面积超过667万 hm²，稻谷增产38.5亿 kg，节省稻种1.5亿 kg；增收油菜籽3.4亿 kg，净增产值25.08亿元，投入产出比为1:14，经济效益十分显著。可以认为，我国的大田农作物化控技术已达到世界先进水平。例如，矮壮素的使用可以显著提高冬小麦（康靓等，2022）、藜麦（高睿，2021）和小黑麦（郭建文等，2018）的抗倒伏指数及籽粒产量。甲哌鎓能调节棉株的生长速度，植株生长速度的快慢可通过甲哌鎓的用量大小来调节，用量大则生长慢，用量小则生长快。前人试验研究证明了甲哌鎓对棉花的生长发育具有良好的促进作用（张特等，2022）。乙烯利单独使用及与其他调节剂混用对增强玉米抗倒伏能力，促进根系活力和提高产量均起到了较为显著的作用。目前，我国越来越多的科研机构及生产企业都更加重视对各类植物生长调节剂基础研究及应用推广，新的成果不断涌现，我们相信植物生长调节剂将会为我国现代农业作出更大的贡献。

植物生长调节剂的优势包括以下5个方面。

（1）作用面广，应用领域多。植物生长调节剂可适用于种植业中几乎所有高等和低等植物，如大田作物、蔬菜、果树、花卉、林木、海带、紫菜和食用菌等，并通过调控植物的光合、呼吸、物质吸收与运转、信号转导、气孔开闭、渗透调节和蒸腾等生理过程调控植物的生长和发育，改善植物与环境的互作关系，增强作物的抗逆能力，提高作物产量，改进农产品品质，使作物农艺性状表达按人们所需求的方向发展。

（2）用量小、见效快、效益高和残毒少。

（3）可对植物的外部性状与内部生理过程进行双重调控。

（4）针对性强，专业性强。可解决一些其他手段难以解决的问题，如形成无籽果实、控制株型、促进插条生根、果实成熟和着色、抑制腋芽生长和促进棉叶脱落。

（5）植物生长调节剂的使用效果受多种因素的影响，而难以达到最佳。气候条件、施药时间、用药量、施药方法、施药部位以及作物本身的吸收、运转和代谢等都将影响到其作用效果。

目前，此类产品国内主要生产厂家为成都新朝阳作物科学股份有限公司、郑州中联化工产品有限公司、四川国光农化股份有限公司、青岛浩瀚农业科技有限公司、青岛百禾源生物工程有限公司和郑州郑氏化工产品有限公司等。不同厂家的产品，即使是同一种调节剂产品，含量、剂型不同，活性和调控效应可能存在很大差别，在生产上应用时需要注意选择适合的产品。

第二节　植物生长调节剂的主要种类

植物生长调节剂是有机合成、微量分析、植物生理学和生物化学以及现代农林园艺栽培等多种科学技术综合发展的产物。20 世纪 20—30 年代，发现植物体内存在微量的天然植物激素如乙烯、3- 吲哚乙酸和赤霉素等，具有控制生长发育的作用。到 20 世纪 40 年代，开始人工合成类似物的研究，陆续开发出 2, 4-D、胺鲜酯（DA-6）、氯吡脲、复硝酚钠、萘乙酸和抑芽丹等，并逐渐推广使用，形成农药的一个类别。近年来，人工合成的植物生长调节剂越来越多，但由于应用技术比较复杂，其发展不如杀虫剂、杀菌剂、除草剂迅速，应用规模也较小。中国从 20 世纪 50 年代开始生产和应用植物生长调节剂。从现代农业的发展需要来看，植物生长调节剂有很大的发展潜力，自 20 世纪 80 年代开始至今已有加速发展的趋势。

一、根据与五大激素作用的相似性分类

植物生长调节剂是人工仿造植物激素的化学结构合成的（或从微生物中提取），具有植物激素活性的物质。它们在较低的浓度下即可对植物的生长发育表现出促进或抑制作用。它们进入植物体内，通过刺激或抑制植物内源激素的转化的速度或数量来起作用。植物生长调节剂种类很多，按五大激素的作用进行以下分类。

（一）生长素类

生长素（auxin）大多集中分布在根尖、茎尖、嫩叶、正在发育的种子和果实等植物体内分裂和生长代谢旺盛的组织。1872 年，波兰园艺学家谢连斯基对根尖控制根伸长区生长作了研究；后来美国的达尔文父子对草的胚芽鞘向光性进行了研究。生长素类植物生长调节剂是农业上应用最早的植物生长调节剂，最早应用的是吲哚丙酸（indole propionic acid, IPA）和吲哚丁酸（indole butyric acid, IBA），它们和吲哚乙酸（indole-3-acetic acid, IAA）一样都具有吲哚环，只是侧链的长度不同。之后又发现没有吲哚环而具有萘环的化合物，如萘乙酸（naphthalene acetic acid, NAA）以及具有苯环的化合物，如 2, 4- 二氯苯

氧乙酸（2,4-dichlorophenoxyacetic acid, 2, 4-D）也都有与吲哚乙酸相似的生理活性。另外，萘氧乙酸（naphthoxyacetic acid, NOA）、2,4,5– 三氯苯氧乙酸（2,4,5-trichlorophenoxyacetic acid, 2, 4, 5-T）、4– 碘苯氧乙酸（4-iodophenoxyacetie acid，商品名增产灵）等及其衍生物（包括盐、酯、酰胺，如萘乙酸钠、2, 4-D 丁酯、萘乙酰胺等）都有类似生理效应。目前生产上应用最多的是 IBA、NAA 和 2, 4-D，它们不溶于水，易溶解于醇类、酮类和醚类等有机溶剂。

1. 生长素的生理作用及其作用原理

生长素对生长的促进作用主要是促进细胞的生长，特别是细胞的伸长，对细胞分裂没有影响。植物感受光刺激的部位是在茎的尖端，但弯曲的部位是在尖端的下面一段，这是因为尖端的下面一段细胞正在伸长生长，是对生长素最敏感的时期，所以生长素对其生长的影响最大。对于趋于衰老的组织，生长素是不起作用的。生长素能够促进果实的发育和扦插的枝条生根的原因是生长素能够改变植物体内的营养物质分配，在生长素分布较丰富的部分，得到的营养物质就多，形成分配中心。生长素能够诱导无籽番茄的形成就是因为用生长素处理没有授粉的番茄花蕾后，番茄花蕾的子房就成了营养物质的分配中心，叶片进行光合作用制造的养料就源源不断地运到子房中，子房就发育了。

2. 生长素生理作用的两重性

较低浓度促进生长，较高浓度抑制生长。植物不同的器官对生长素最适浓度的要求是不同的。根的最适浓度约为 10^{-10} mol/L，芽的最适浓度约为 10^{-8} mol/L，茎的最适浓度约为 10^{-5} mol/L。在生产上常常用生长素的类似物（如萘乙酸、2, 4-D 等）来调节植物的生长。如生产豆芽菜时就用适宜茎生长的浓度来处理豆芽，结果根和芽都受到抑制，而下胚轴发育成的茎很发达。植物茎生长的顶端优势是由植物对生长素的运输特点和生长素生理作用的两重性决定的，植物茎的顶芽是产生生长素最活跃的部位，但顶芽处产生的生长素通过主动运输而不断地运到茎中，所以顶芽本身的生长素浓度是不高的，而在幼茎中的浓度则较高，最适宜于茎的生长，对芽却有抑制作用。越靠近顶芽的位置生长素浓度越高，对侧芽的抑制作用就越强，这就是许多高大植物呈宝塔形的原因。但也不是所有的植物都具有强烈的顶端优势，有些灌木类植物顶芽发育了一段时间后就开始退化，甚至萎缩，失去原有的顶端优势，所以灌木的树形是不成宝塔形的。由于高浓度的生长素具有抑制植物生长的作用，所以生产上也可用高浓度的生长素的类似物作除草剂，特别是对双子叶杂草很有效。

（二）赤霉素类

赤霉素（gibberellin, GA）是植物激素中被发现的种类最多的激素。广泛分布于被子、裸子、蕨类植物，褐藻、绿藻、真菌和细菌中，多存在于生长旺盛部分，如茎端、嫩叶、根尖和果实种子。赤霉素种类很多，已发现有 121 种，都是以赤霉烷（gibberellane）为骨架的衍生物。商品赤霉素主要是通过大规模培养遗传上不同的赤霉菌的无性世代而获得的，其产品有赤霉酸（GA₃、GA₄，以及多种赤霉酸混合物）。还有些化合物不具有赤霉素的基本结构，但也具有赤霉素的生理活性，如长蠕孢醇、贝壳杉酸等。目前市场供应的多为GA₃，又称920，难溶于水，易溶于醇类、丙酮和冰醋酸等有机溶剂，在低温和酸性条件下较稳定，遇碱中和而失效，所以配制使用时应加以注意。

1. 赤霉素类主要的生理作用

（1）促使黄瓜、西瓜多开雄花：在黄瓜的1叶期，用4%的赤霉素乳油500倍液或菜宝（郑州中联化工产品有限公司）800～1000倍液叶面喷雾，在西瓜的2～3叶期，用4%的赤霉素乳油8000倍液叶面喷雾。

（2）促进马铃薯、豌豆、扁豆发芽：用4%的赤霉素乳油800倍液，浸种24 h，捞出后（由于切开有伤口，马铃薯还需用草木灰或其他药剂消毒）播种。

（3）使芹菜、菠菜和散叶莴苣叶片肥大：收获前20 d，用4%的赤霉素乳油4000倍液叶面喷雾，或用菜宝800～1000倍液叶面喷雾，隔5 d再喷1次（这是目前种植户所掌握的最常见一种用法）。

（4）提高黄瓜、茄子和番茄坐果率：开花期用菜宝800～1000倍液叶面喷雾或4%的赤霉素乳油800倍液喷花。

（5）延长西瓜贮存期：在西瓜采收前用4%的赤霉素乳油2000～4000倍液喷瓜。

2. 使用赤霉素时的注意事项

使用浓度要准确（一定要看说明书，以上浓度所用的是4%的赤霉素乳油，生产上还有其他剂型和其他浓度，所以不能千篇一律，下面介绍的其他几类植物生长调节剂也是如此），过高浓度容易使植株徒长失绿，甚至枯死，而且还容易使作物出现畸形。纯品赤霉素较难溶于水，可先用酒精或高浓度的烧酒溶解，再加水到需要的浓度，切忌用大于50 ℃的热水去兑溶液，配好溶液后要立即使用，长时间贮藏容易失效。

（三）细胞分裂素类

细胞分裂素（cytokinin, CTK）是一类腺嘌呤衍生物。天然的CTK分为游离态细胞分裂素和结合态细胞分裂素。植物体内天然的游离态细胞分裂素有玉米素（ZT）、玉米素核苷（ZR）、二氢玉米素（DHZ）、二氢玉米素核苷（DHZR）、异戊烯基腺嘌呤（IP）等。结合态细胞分裂素有甲硫基异戊烯基腺苷、异戊烯基腺苷（iPA）等。人工合成的有6-苄氨基嘌呤（6-BA）、激动素（KT）、多氯苯甲酸（PBA）等。其中6-BA在农业生产上得到广泛应用。高等植物中细胞分裂素主要在根尖、茎端、发育中的果实和萌发的种子等组织中合成。细胞分裂素的生理作用主要有以下4方面。

（1）促进细胞分裂，细胞分裂素促进细胞质分裂，从而使细胞体积扩大。

（2）延缓植物衰老，其中玉米素核苷和二氢玉米素核苷作用最明显，它们能延缓蛋白质和叶绿素的降解速度，抑制一些与植物组织衰老相关水解酶的活性。

（3）诱导芽分化，当培养基中CTK/IAA的比值较大时，主要诱导芽的形成，当

CTK/IAA 的比值较小时，则主要诱导根的形成，CTK/IAA 的比值适中时，则分化更多的愈伤组织。

（4）消除顶端优势，促进侧芽生长。

（四）脱落酸类

脱落酸（abscisic acid, ABA）别名为脱落素、休眠素、S-诱抗素等，是一种抑制生长的植物激素，因能促使叶子脱落而得名，广泛分布于高等植物。除促使叶片脱落外尚有其他作用，如使芽进入休眠状态、促使马铃薯形成块茎等，对细胞的延长也有抑制作用。脱落酸的作用与短日照近似，可刺激一些短日照植物开花，抑制或阻止一些长日照植物开花，影响块茎形成，促进叶子衰老和休眠。脱落酸可通过氧化作用和结合作用被代谢。脱落酸可以刺激乙烯的产生，催促果实成熟，抑制脱氧核糖核酸（DNA）和蛋白质的合成。

1. 脱落酸的特性

（1）植物的生长平衡因子。脱落酸具有促进植物平衡吸收水、肥和协调体内代谢的能力，可有效调控植物的根冠比、营养生长与生殖生长，对提高农作物的品质、产量具有重要作用。

（2）植物的抗逆诱导因子。脱落酸是启动植物体内抗逆基因表达的"第一信使"，有效激活植物体内抗逆免疫系统，具有"培元固本"、增强植物综合抗性的能力，对农业生产上抗旱节水、减灾保产和生态环境的恢复具有重要作用。

（3）绿色环保产品。脱落酸是所有绿色植物均含有的纯天然产物，是通过微生物发酵获得的高纯度、高生长活性产品，对人畜无毒害、无刺激性，是一种新型高效、天然绿色的植物生长活性物质。

2. 脱落酸的生理作用

（1）抑制生长。ABA 可抑制幼苗和离体器官的生长，与 GA 和 IAA 作用相反，如用 ABA 处理可抑制小麦胚芽鞘和豌豆幼苗的生长，去掉外施 ABA 后，幼苗或离体器官可重新生长。

（2）促进休眠，抑制萌发。脱落酸是促进芽和种子休眠，抑制萌发的重要物质。在秋天种子和芽进入休眠的过程中，脱落酸含量增加，而在种子萌发过程中，脱落酸含量降低。在小麦、水稻、玉米种子成熟过程中，ABA 的作用就是抑制胚的萌发，促进胚继续生长。如玉米 ABA 缺乏突变体，籽粒在穗上就开始萌发。现在的研究表明，抑制红松种子萌发的主要物质就是脱落酸。外源 ABA 处理可抑制莴苣种子在红光下的萌发。

（3）促进脱落。脱落酸促进叶柄、果实等器官的脱落，如将 ABA 施于茎的切段或叶柄切面，一段时间后可引起脱落。但现在也有人认为叶片或果实脱落主要是由乙烯引起的。

（4）促进衰老。ABA 促进离体叶切段或未离体叶片的衰老，用 ABA 处理小麦叶切段 2～3 d 后，叶绿素降解，蛋白质、核酸含量下降，呈现出衰老状态。

（5）促进气孔关闭。脱落酸促进气孔关闭，在缺水条件下叶片萎蔫，脱落酸含量大大增加，甚至可以增加 40 倍，外源施用 ABA 可以诱导植物气孔关闭，而且这种作用可持续几天。

（6）影响开花。用 ABA 处理短日照植物，如黑醋栗、牵牛、草莓及藜属植物的叶片，可诱导它们在长日照下开花，但用 ABA 处理毒麦、菠菜等长日照植物则明显抑制开花。

（7）促进根系的生长和吸收。在土壤轻微干旱时，根尖 ABA 含量升高，伸长加快，吸收水和营养物质的能力增强。用 ABA 处理根，促进根对离子和水分的吸收，而且促进初生根的生长和侧根的分化。由于 ABA 促进根系生长和吸水，抑制叶片生长和气孔关闭，减少水分损失，有利于植物抵抗干旱。进行隔行灌溉，节水的同时诱导根系产生 ABA。

（五）乙烯类

乙烯（ethylene）是最简单的烯烃，分子式 C_2H_4。少量存在于植物体内，是植物的一种代谢产物，能使植物生长减慢，促进叶落和果实成熟。乙烯因在常温下呈气态而不便使用，常用的为各种乙烯发生剂，它们被植物吸收后，能在植物体内释放出乙烯。乙烯发生剂有乙烯利（CEPA）、乙烯硅（CGA-15281）、1- 氨基环丙烷 -1- 羧酸（ACC）和环己亚胺等，生产上应用最多的是乙烯利。乙烯利是一种强酸性物质，对皮肤、金属容器有腐蚀作用，遇碱时会产生易燃气体，因此使用时要特别注意安全问题。乙烯利在生产上的主要作用是催熟果实、促进开花和雌花分化、促进脱落和促进次生物质分泌等。乙烯抑制剂，如氨基乙氧基乙烯基甘氨酸（AVG）、氨基氧乙酸（AOA）、硫代硫酸银（STS）和硝酸银（$AgNO_3$）等，在生产上用于抑制乙烯的产生或作用，减少果实脱落，抑制果实后熟，延长果实和切花保鲜寿命等。乙烯的生理作用包括以下 6 方面。

（1）促进果实成熟。乙烯促进果实成熟的原因可能是增强质膜的透性，加速呼吸，引起果肉有机物的强烈转化。

（2）促进叶、果等器官脱落。在叶片脱落过程中，乙烯能促进离层形成。农业生产上还用乙烯进行疏花疏果和防止大小年。

（3）改变生长习性。①黄化豌豆幼苗上胚轴对乙烯的生长表现"三重反应"，即抑制伸长生长、促进加粗生长和上胚轴横向生长。②偏上生长：上部生长速度快于下部生长。

（4）促进开花和雌花分化。促进菠萝开花，增进雌雄异株植物的雌花分化。

（5）诱导次生物质分泌。促进橡胶树乳胶的排泌，也能增加漆树、松树等木本经济植物的次生物质的产量。

（6）打破种子和芽的休眠。用乙烯处理可促进休眠器官的萌发。

二、根据对植物茎尖的作用方式分类

植物茎尖可分为分生区、伸长区和成熟区，茎的生长主要决定于分生区中的顶端分生组织和伸长区中的近（亚）顶端分生组织。顶端分生组织的细胞不断分裂和分化，近顶端分生组织的细胞以延长为主，也有部分细胞分裂。根据对植物茎尖的作用方式不同将植物生长调节剂分为植物生长促进剂、植物生长延缓剂和植物生长抑制剂三大类。

（一）植物生长促进剂

凡是促进细胞分裂、分化和延长的化合物都属于植物生长促进剂，它们促进营养器官的生长和生殖器官的发育（刘祥宇，2021）。

生长素类、赤霉素类、细胞分裂素类物质、油菜素内酯和三十烷醇等都属于生长促进剂。生长促进剂能促进细胞分裂和伸长，新器官的分化和形成，防止果实脱落。它们的主要用途包括以下 8 个方面。

（1）吲哚乙酸（IAA）：促进扦插生根；形成无籽果实；促进营养生长与生殖生长，防止落花落果，提高产量；促进种子萌发；组织培养时诱导愈伤组织和根的形成等。

（2）吲哚丁酸（IBA）：同吲哚乙酸，但对促进插条生根效果优于吲哚乙酸，诱导的不定根多而细长。吲哚丁酸与萘乙酸混合使用，效果更好。

（3）萘乙酸（NAA）：提高抗逆性；诱导形成不定根，促进扦插生根；促进开花，改变雌雄花比率；防止落花，增加坐果率；疏花疏果；促进早熟和增产等。

（4）防落素（PCPA）：防止落花落果，加速幼果发育，形成无籽果实等。

（5）2,4–二氯苯氧乙酸（2,4-D）：用作除草剂，防止落花落果，诱导产生无籽果实，防止采前裂果，组织培养等。

（6）赤霉素（GA）：打破休眠，促进种子萌发；促进节间伸长和新梢生长；防止落果，提高坐果率；促进无籽果实形成，果实提早成熟；防止裂果；抑制花芽分化等。

（7）6–苄氨基嘌呤（6-BA）：促进种子发芽，诱导休眠芽生长，促进花芽的分化和形成，防止早衰和果实脱落，促进果实膨大，提高坐果率，储藏保鲜，组织培养，提高植物抗病、抗寒能力等。

（8）油菜素内酯（BL）：提高种子发芽率，提高坐果率，促进果实膨大，增加产量，提高耐旱、耐寒性，增强抗病性等。

（二）植物生长延缓剂

生长延缓剂是抑制植物茎部亚顶端分生组织生长的生长调节剂，使植物的节间缩短，株形紧凑，植株矮小，但不影响顶端分生组织的生长、叶片的发育和数目及花的发育（张义等，2021）。亚顶端分生组织细胞的伸长主要是赤霉素在此起作用，所以外施赤霉素可以逆转植物生长延缓剂的效应。常见的生长延缓剂有以下 5 种。

（1）矮壮素（CCC）：可用于防止稻、麦作物的徒长倒伏，防止棉花疯长，减少蕾铃脱落，并可增强作物的抗逆性。

（2）甲哌鎓：通过抑制细胞伸长，缩节矮壮，叶色深厚，株型紧凑，控制旺长，增加开花坐果，增产效果明显。

（3）多效唑（PP333）：通过干扰、阻碍植物体内赤霉素的生物合成，来减慢植物生长速度，抑制茎秆伸长，控制树冠，提高抗倒伏能力。需要注意的是多效唑为强烈生长延缓剂，在土壤中残效期较长。

（4）烯效唑（S3307）：主要生物学效应是抑制亚顶端分生组织生长，可矮化作物，促使作物根系正常生长发育，提高光合效率，控制呼吸作用；与此同时，它还具有保护细胞膜以及细胞器膜，增强植株抗逆功能的效应。

（5）比久（B9）：主要用于控制果树枝条生长，促进花芽分化，防止采前落果，增加果实着色等。

（三）植物生长抑制剂

与生长延缓剂不同，植物生长抑制剂主要抑制顶端分生组织中的细胞分裂，造成顶端优势丧失，使侧枝增加，叶片缩小。它不能被赤霉素所逆转。植物生长抑制剂主要是抑制生长素的合成，可抑制茎顶端分生组织细胞的核酸和蛋白质的生物合成，使细胞分裂慢，植株矮小，同时，生长抑制剂也抑制顶端分生组织细胞的伸长和分化。影响当时生长和分化的侧枝、叶片和生殖器官，因此，破坏顶端优势后，侧枝数增加，叶片变小，生殖器官的发育也受到影响。

1. 三碘苯甲酸

三碘苯甲酸被称为抗生长素。阻碍植物体内生长素自上而下的极性运输，易被植物吸收，能在茎中运输，影响植物的生长发育。抑制植物顶端生长，使植物矮化，促进侧芽和分蘖生长。高浓度时抑制生长，可用于防止大豆倒伏，增加结荚率；低浓度促进生根；在适当浓度下，具有促进开花和诱导花芽形成的作用。

2. 马来酰肼

马来酰肼又名青鲜素，可通过叶面角质层进入植株，降低光合作用、渗透压和蒸发作用，能强烈抑制芽的生长。常用于防止马铃薯块茎、洋葱、大蒜和萝卜等贮藏期间的抽芽，并有抑制作物生长、延长开花的作用。

3. 整形素（morphactin）

用于盆景。整形素进入植体后很快被代谢，应用时要适时使用，可通过种子、根和叶进入体内。在芽和分裂中的形成层等活跃中心呈梯度积累，分裂组织是主要作用部位。主要是抑制 IAA 的合成，抑制 IAA 的极性传导和侧向运输。它能抑制顶端分生组织细胞的分裂和伸长、抑制茎的伸长和促进腋芽滋生，使植物发育成矮小灌木状。整形素还具有使植株不受地心引力和光影响的特性。

4. 增甘膦（glyphosine）

主要作用是抑制植株生长，也抑制酸性转化酶的活性。增甘膦主要用于甘蔗、甜菜等作物，以增加糖分含量；用于棉花，可脱叶催熟。增甘膦在低浓度时可减少植物呼吸消耗，增加糖分积累，并具有催熟作用；在高浓度时也可作为一种除草剂。

三、根据实际应用效果分类

根据植物生长调节剂的作用效果不同，在生产上经常分类如下。

（1）生根剂：吲哚丁酸、萘乙酸等。

（2）催熟剂：乙烯利。

（3）脱叶剂：乙烯利、脱叶脲等。

（4）保鲜剂：6–苄氨基嘌呤等。

（5）抑芽剂：脱落酸、萘乙酸甲酯、青鲜素、抑芽敏和除芽通等。

（6）抗旱剂：黄腐酸、脱落酸等。

（7）增糖剂：增甘膦等。

（8）杀雄剂：杀雄啉等。

（9）疏花疏果剂：吲熟酯、萘乙酸和西维因等。

（10）保花保果剂：萘乙酸、复硝酚钠等。

四、根据调节剂的来源分类

（1）天然或生物源调节剂：一般是从植物、微生物、动物及其副产物中提取生产的，例如，赤霉素、玉米素和脱落酸等。

（2）仿生和半合成调节剂：油菜素内酯（以麦角甾醇、蜂蜡等为原料）、三十烷醇（以蜂蜡为原料）等。

（3）化学合成调节剂：甲哌鎓、多效唑、矮壮素和吡效隆等。

五、根据调节剂的化学结构分类

（1）人工合成或提取的天然植物激素：IAA、GA_3 等。

（2）人工合成的天然植物激素的类似物：NAA、IBA 和 6-BA 等。

（3）人工合成的与天然植物激素的结构极其不同、但具有植物激素活性的物质：鎓类化合物 DPC，三唑类化合物 MET 和二苯脲等。

第三节　植物生长调节剂的基本特性

植物生长调节剂与植物激素一样，其作用的靶标是植物细胞、组织和器官，并通过与植物激素的受体结合而起作用。这与动物（包括人体）激素作用的靶标（即动物细胞、组织、器官和动物激素受体）是完全不同的，因此，正常使用植物生长调节剂对人或动物不会产生激素效应。植物生长调节剂有时可以发挥特殊的效果，以解决一些其他手段难以解决的问题。如温室果蔬类，在没有传粉媒介昆虫时，花朵的坐果率很低，这时使用植物生长调节剂点花，能起到替代昆虫授粉的作用，从而提高坐果率。广谱性植物生长调节剂使用范围包含种植业中的大部分植物，如大田作物、蔬菜、果树、花卉和林木等。安全性植物生长调节剂仅对植物起作用，对高等动物（包括人）的毒性较低。如我国允许使用的植物生长调节剂，多数是低毒品种，仅少数是中毒品种，没有高毒品种，使用时比较安全。

同时，由于其使用微量，残留量较低，有时甚至无法用仪器检出，对农产品和环境影响也小。了解植物生长调节剂的基本特性，有助于更好地调控农作物生长发育。

一、植物生长调节剂的物理性质

植物生长调节剂的物理性质指：颜色、气味、状态、熔点、沸点和溶解性等。这些性质与调节剂的配制、保存、吸收及与其他物质混用等方面密切相关。除一部分植物生长调节剂易溶于水外，多数难溶或不溶。以下介绍常见植物生长调节剂的物理性质。

（一）植物生长促进剂的物理性质

（1）吲哚乙酸（IAA）：分子式为 $C_{10}H_9O_2N$，分子量是 175.19，熔点为 165 ~ 166 ℃。纯品是无色叶状晶体或结晶性粉末，见光后迅速变成玫瑰色，活性降低，应放在棕色瓶中贮藏或在瓶外用黑纸遮光。微溶于水、苯和氯仿，易溶于热水、乙醇、乙酸乙酯、乙醚和丙酮。其钠盐、钾盐比酸本身稳定，极易溶于水。

（2）吲哚丁酸（IBA）：分子式为 $C_{12}H_{13}O_2N$，分子量是 203.2，熔点为 123 ~ 125 ℃，不溶于水和氯仿，能溶于醇、醚和丙酮等有机溶剂，其性状与吲哚乙酸相似，但比吲哚乙酸稳定。纯品为白色或微白色晶体，稍有异臭。使用时先溶于少量酒精，然后加水稀释到需要浓度。

（3）萘乙酸（NAA）：分子式为 $C_{12}H_{10}O_2$，分子量是 186.21，熔点为 134 ~ 135 ℃，纯品为白色无味晶体，易溶于丙酮、乙醚、苯、乙醇和氯仿等有机溶剂，几乎不溶于冷水，20 ℃时水中溶解度为 0.429 g /L，溶于热水。80% 萘乙酸原粉为浅黄色粉末，熔点为 106 ~ 120 ℃，水分含量 ≤ 5%，常温下贮存，有效成分含量变化不大。

（4）2,4- 二氯苯氧乙酸（2, 4-D）：分子式为 $C_8H_6Cl_2O_3$，分子量是 221.04，白色菱形结晶。熔点为 138 ℃，沸点为 160 ℃（53 kPa）。溶于乙醇、乙醚和丙酮等有机溶剂，不溶于水。化学性质稳定，通常以盐或酯的形式使用。其钠盐为白色固体，熔点为 215 ~ 216 ℃，可溶于水。

（5）赤霉素（GA）：白色结晶粉末，熔点 233 ~ 235 ℃（分解）。易溶于醇类、丙酮、乙酸乙酯、碳酸氢钠溶液及 pH 值为 6.2 的磷酸缓冲液，难溶于水和乙醚。水溶液呈酸性，不稳定易失效。

（6）胺鲜酯（DA-6）：有效成分是己酸二乙氨基乙醇酯。纯品为白色结晶，工业品为白色或浅黄色，无臭。熔点为 230 ~ 233 ℃。易溶于水，溶解度为 0.44 g/L（15 ℃），溶于 50% 的乙醇，在酸、碱中稳定。

（7）油菜素内酯（BL）：分子式为 $C_{28}H_{48}O_6$，分子量是 480.68，白色结晶粉末，密度为 1.141 g/cm³，沸点为 633.7 ℃，熔点为 254 ~ 256 ℃，易溶于甲醇、乙醇、氯仿和丙酮等，pH 值为 5.4。

（二）植物生长延缓剂的物理性质

（1）矮壮素（CCC）：纯品为无色晶体，有鱼腥味。熔点为 240 ~ 245 ℃。易溶于水，其水溶液性质稳定。可溶于低级醇，难溶于乙醚及烃类有机溶剂。

（2）甲哌鎓：原药为白色或浅黄色粉状物，极易吸潮结块，但不影响药性。

（3）多效唑（PP333）：外观为白色结晶，熔点为 165 ~ 166 ℃。蒸气压为 1 kPa（20 ℃）。密度为 1.22 g/mL。溶解度（20 ℃）为水 35 mg/L、丙酮 110 g/L、环己酮 180 g/L、二氯甲烷 100 g/L、己烷 10 g/L、二甲苯 60 g/L、甲醇 150 g/L。20 ℃保存 2 年以上，50 ℃以上保存 6 个月，pH 值 4 ~ 9 时不水解，紫外光下不分解。难溶于水，可溶于乙醇、甲醇、丙酮和二氯甲烷等有机溶剂，对酸碱稳定，常温下贮存稳定。

（4）烯效唑（S3307）：白色结晶固体，熔点为 147 ~ 164 ℃，蒸气压为 8.9 mPa（20 ℃），相对密度为 1.28（21.5 ℃）。溶解度（25 ℃）为水 8.41 mg/L、甲醇 88 g/kg、二甲苯 7 g/kg、己烷 300 mg/kg，能溶于丙酮、乙酸乙酯、氯仿和二甲基亚砜。在正常贮存条件下稳定性高。在 40 ℃以下稳定。

（5）比久（B9）：纯品为带有微臭的白色结晶，不易挥发，熔点为 154 ~ 156 ℃，溶于水、丙酮和甲醇，不溶于二甲苯和一般的碳氢化合物。在 25 ℃时，水中溶解度为 100 mg/kg，丙酮中为 25 g/kg，甲醇中为 50 g/kg。

（三）植物生长抑制剂的物理性质

（1）三碘苯甲酸：纯品为白色粉末，或接近紫色的非晶形粉末。商品为黄色或浅褐色溶液或含 98% 三碘甲苯酸的粉剂。不溶于水，可溶于乙醇、丙酮和乙醚等。较稳定，耐贮存。熔点为 224 ~ 226 ℃。

（2）马来酰肼：纯品为白色晶体，熔点为 296 ~ 298 ℃，25 ℃时密度为 1.60 g/cm³，难溶于水，可溶于有机溶剂，易溶于醋酸、二乙醇胺和三乙醇胺，25 ℃时在水中的溶解度为 0.6%，在乙醇中的溶解度为 0.1%。马来酰肼化学性质稳定，遇碱生成的钾、钠、铵盐及有机碱盐类易溶于水。

（3）整形素（morphactin）：整形素常温下为粉末状，微溶于水，可溶于乙醇，在乙醇作用下能够溶于水而形成均匀的淡黄色溶液。对紫外光光解敏感，特别是其游离酸和酰胺盐，遇热不稳定。无毒，最后分解产物是二氧化碳，对环境没有污染，不是长效的抑制剂。

（4）增甘膦（glyphosine）：纯品为白色结晶。熔点为 263 ℃，沸点为（668.4 ± 65.0）℃，密度为（1.952 ± 0.06）g/cm³。常温下无挥发性，20 ℃时水中溶解度为 248 g/L。

二、植物生长调节剂的化学性质

植物生长调节剂的化学性质指：酸性、碱性、光热稳定性、毒性和腐蚀性等。日光中的紫外线可加速某些调节剂的分解，温度升高则会使植物生长调节剂产生物理变化或化学变化，甚至会导致植物生长调节剂活性下降，失去调节功能。一些植物生长调节剂对酸碱条件很敏感，例如，B9 遇酸或强碱都易分解，GA₃ 在中性或微碱性条件下稳定性明显下降。

某些植物生长调节剂本身吸湿性较强，在湿度较大的空气中易潮解，导致其变质，甚至失效。加工制成片剂、粉剂、可湿性粉剂和可溶性粉剂的植物生长调节剂吸湿性较强。植物生长调节剂不以杀伤有害生物为目的，所以其毒性一般为低毒或微毒，被作为农药进行统一管理。使用植物生长调节剂时按照登记批准标签上标明的使用剂量、时期和方法使用，一般不会对人体健康造成危害。以下介绍常见植物生长调节剂的化学性质。

（一）植物生长促进剂的化学性质

（1）吲哚乙酸（IAA）：在光和空气中易分解，不耐贮存。对人、畜安全。在 pH 值低于 2 时，即使在室温下也会失去活性，吲哚乙酸在碱性溶液中比较稳定。吲哚乙酸水溶液如果暴露在光下，将被分解破坏。

（2）吲哚丁酸（IBA）：在光和空气中易分解，不耐贮存。对人、畜安全。本品对酸稳定，在碱金属的氢氧化物和碳酸化合物的溶液中则成盐。半数致死量（LD50）为小白鼠急性经口 100 mg/kg，鲤鱼 48 h 半数忍受限（TLm）值为 180 mg/L。按规定剂量使用，对蜜蜂无毒。在土中迅速降解。

（3）萘乙酸（NAA）：属低毒植物生长调节剂。原粉对大鼠急性经口 LD50 为 1 ~ 5.9 g/kg。对皮肤和黏膜有刺激作用。

（4）2,4- 二氯苯氧乙酸（2,4-D）：本身是一种强酸，对金属有腐蚀性。与各种碱类作用生成相应的盐类,成盐后易溶于水。与醇类在硫酸催化下生成相应的酯类,不溶于水。遇紫外线灯光照射会引起部分分解。2,4-D 在苯氧化物中活性最强，比吲哚丁酸大 100 倍。毒性为大白鼠口服 LD50 为 500 mg/kg。

（5）赤霉素（GA）：在温度低的酸性条件下，比较稳定。遇碱中和失去生理效用。其溶液在 pH 值 3 ~ 4 情况下最稳定。在中性或微碱性条件下，稳定性下降。遇硫酸呈深红色。高温能明显加速其分解，因此赤霉素不能以水溶液形式在室温下长期保存，属于低毒植物生长调节剂。

（6）胺鲜酯（DA-6）：对人、畜安全的低毒植物生长调节剂，大鼠急性口服 LD50 为（雄）2125 mg/kg，（雌）2130 mg/kg，小鼠急性经口 LD50 为（雄）1300 mg/kg，（雌）1300 mg/kg。对鲤鱼 48 h TLm 值为 12 ~ 24 mg/L。

（7）油菜素内酯（BL）：对人畜低毒。原药对大鼠急性经口 LD50 为 2000 mg/kg，经皮 LD50 为 2000 mg/kg，对鲤鱼 96 h 的 TLm 值 >10 mg/kg，Ames 试验表明无致突变作用，属于低毒农药。

（二）植物生长延缓剂的化学性质

（1）矮壮素（CCC）：按我国毒性分级标准，矮壮素属低毒植物生长调节剂。原粉雄性大鼠急性经口 LD50 为 883 mg/kg，大鼠急性经皮 LD50 为 4000 mg/kg，大鼠 1000 mg/kg 饲喂 2 年无不良影响。

（2）甲哌鎓：低毒。96% 原粉的小白鼠急性经口 LD50 为（雄）1032 mg/kg 和（雌）

920 mg/kg，急性经皮 LD50>1000 mg/kg。

（3）多效唑（PP333）：国内毒性为低毒，急性经皮 LD50>1000 mg/kg，急性经口 LD50 为 2000 mg/kg。国外毒性为轻度危害（Slightly hazardous），LD50 大鼠为经口固体 >500 mg/kg、液体 >2000 mg/kg，经皮固体 >1000 mg/kg、液体 >4000 mg/kg。

（4）烯效唑（S3307）：对人畜低毒。小鼠口服 LD50 雄性 4000 mg/kg，雌性 2850 mg/kg。对鱼毒性中等，金鱼 48 h TLm 值 >1.0 mg/kg，蓝鳃鱼 6.4 mg/kg，鲤鱼 6.36 mg/kg。

（5）比久（B9）：遇酸易分解，遇碱分解缓慢。

（三）植物生长抑制剂的化学性质

（1）三碘苯甲酸：低毒。小白鼠急性口服 LD50 为 14.7 mL/kg，兔急性皮试 LD50> 10 mL/kg。高温产生有毒氮氧化物和硫氧化物烟雾。

（2）马来酰肼：对人、畜的毒性很小。在酸性、碱性和中性水溶液中均稳定，在硬水中析出沉淀。但对氧化剂不稳定，遇强酸时可分解放出氮。对铁器有轻微腐蚀性。喷过药的作物、饲料勿喂饲牲畜，喷药区内勿放牧；无专用解毒药，若误服，需作催吐处理，进行对症治疗。

（3）整形素（morphactin）：低毒，对人畜无害，且在植物体内代谢迅速，口服大鼠 LD50 为 3100 mg/kg。燃烧产生有毒氯化物气体。

（4）增甘膦（glyphosine）：中毒，大鼠急性口服 LD50 为 3925 mg/kg。受热分解产生有毒氮氧化物和磷氧化物。

第四节　植物生长调节剂的应用

农作物对植物生长剂的浓度要求比较严格，浓度过大，会造成叶片增肥变脆，畸形，叶片干枯脱落，甚至全株死亡；浓度过小，则达不到应有的效果。同种植物生长调节剂对不同农作物品种的使用剂量不同。因此，掌握植物生长调节剂的正确应用方法，可以有效调控农作物的生长发育和产量品质的形成。

一、植物生长调节剂的配制方法

不同的植物生长调节剂需要不同的溶剂来溶解，多数植物生长调节剂不溶于水，而溶于有机溶剂。

1. 将植物生长调节剂原药配成一定浓度的药液

根据所配植物生长调节剂药液的浓度单位，分成以下两种情况。

（1）植物生长调节剂药液浓度单位：mg/L。

药液的 mg/L 浓度，即百万分之几浓度，指一百万份质量的药液中，所含溶质植物生长调节剂的质量份数。例如 5 mg/L 的噻苯隆药液，就是一百万份质量的药液中含有 5 份质量的噻苯隆纯品。生产上常用的配制药液浓度（mg/L）的公式是：

所配植物生长调节剂药液浓度（mg/L）=[植物生长调节剂质量（g）×1000]÷用水量（kg 或 L）

例1：用 1 g 吲哚丁酸配制 40 mg/L 的药液，需要加水多少千克（或升）？

代入上式：

用水量（kg 或 L）= [植物生长调节剂质量（g）×1000]÷ 所配植物生长调节剂药液浓度（mg/L）=（1×1000）÷ 40 = 25

即用 1 g 吲哚丁酸加入 25 kg（L）水，就配成 40 mg/L 的吲哚丁酸水溶液。

例2：配制 15 kg（或 L）20 mg/L 的甲哌鎓药液需要多少克甲哌鎓？

用药量（g）= 配制植物生长调节剂浓度（mg/L）× 配制植物生长调节剂药液量（kg 或 L）÷1000=20 × 15÷1000 = 0.3 g，即配制 15 kg（或 L）20 mg/L 的甲哌鎓药液需要 0.3 g 甲哌鎓。

（2）植物生长调节剂药液浓度单位：%。

药液的百分比浓度（%），即百分之几浓度，指百份质量的药液中所含溶质植物生长调节剂的质量份数。例如要配制 0.1% 氯吡脲药液，可称取 0.1 g 氯吡脲纯品，先加入少量酒精使氯吡脲全部溶解。然后再用酒精定容至 100 mL 摇匀即成 0.1% 氯吡脲酒精溶液。生产中配制方法是：称取 0.1 g 氯吡脲纯品，加入 50 mL 酒精使氯吡脲全部溶解，然后再加入 50 mL 酒精混匀即成 0.1% 氯吡脲酒精溶液。

2. 将植物生长调节剂较高浓度配成较低浓度或生产中使用浓度

例3：要将 50 mg 1% 的氯吡脲酒精溶液配成 0.1% 的氯吡脲酒精溶液，需要加酒精多少毫升？

设加酒精 x mL，按公式 50×1%=（50 + x）×0.1%，计算出 x = 450 mL，即在 50 mL 1% 的氯吡脲酒精溶液中加入 450 mL 酒精，即成 0.1% 氯吡脲酒精溶液。

例4：要用 40% 的乙烯利水剂配制 15 L 200 mg/L 的乙烯利水溶液，需要 40% 的乙烯利水剂多少毫升？

设需要 x mL，按公式：

所需植物生长调节剂产品体积 × 植物生长调节剂产品浓度＝配制植物生长调节剂浓度（mg/L）× 配制植物生长调节剂药液量（kg 或 L）÷1000，代入公式为 x×40%=（15×200）÷1000，计算出 x = 7.5 mL，即用 40% 的乙烯利水剂配制 15 L 200 mg/L 的乙烯利水溶液，需要 40% 的乙烯利水剂 7.5 mL。

也可以按稀释倍数计算，40% 的乙烯利可以看成是百万分之四十万，而 200 mg/L 可以当成百万分之二百，由四十万到二百，需要稀释 2000 倍，15 L÷2000=0.0075 L = 7.5 mL，即用 40% 的乙烯利水剂配制 15 L 200 mg/L 的乙烯利水溶液，需要 40% 的乙烯利水剂 7.5 mL，若把 1 瓶 100 mL 的 40% 乙烯利配成 200 mg/L 的乙烯利水溶液，因需要稀释 2000 倍，可计算出需加水 200 kg。

3. 不同剂型的配制方法

（1）水剂：是最普遍的一种剂型。通常以百万分数（即 1 mg 药剂溶解于 1 kg 水中的浓度）、百分比（％）来表示溶液的浓度。如萘乙酸的原酸，可先称取一定量加入少许氢氧化钠溶液中，使其成为钠盐，就可以完全在水中溶解，然后稀释到所需的浓度。如果出产时已经是它的钠盐或钾盐，就可直接溶于水中。赤霉素要先用酒精溶解，然后再用水稀释到所需浓度。当然，药剂为溶液的，则可直接用水稀释，如 40% 乙烯利、49% 矮壮素等。

（2）粉剂：通常有两种方法配制。一种是用滑石粉与生长调节剂固体试剂按一定比例充分混合研磨而成。另一种是先把一定量的生长调节剂用其他药剂溶解，再与滑石粉按比例调和成糊状，待溶剂挥发后，再研成粉末状即可。生长调节剂的粉剂主要用于促进插枝生根。

（3）油剂：油剂的配制通常用羊毛脂作为介质。先将羊毛脂文火加热熔化，而后按比例加入一定量的生长调节剂，充分搅拌均匀，冷却后成半糊状。油剂的特点是不易流失，可局限在施用的部位。

（4）乳剂：是一种介于水剂和油剂之间的剂型。配制时，把羊毛脂与硬脂酸加热溶解后拌匀，同时将生长调节剂溶解于 70 ～ 80 ℃ 三乙醇胺中，然后把两者混合搅拌均匀，再把同温度的水慢慢加到混合物中，强烈搅拌，即成乳剂。使用时，用水将乳剂稀释到所需浓度。乳剂的配制复杂，使用不普遍。

（5）气态：一般是利用具有挥发性的生长调节剂的酯类化合物，如萘乙酸甲酯、萘乙酸丁酯。主要应用于抑制贮藏薯芋类发芽，如萘乙酸甲酯可以抑制贮藏期间马铃薯块茎发芽，需要密闭的贮藏系统。

二、植物生长调节剂的应用技术

1. 点花法

以点花法施药时，要选好药剂和浓度，避免高温点花，特别是 2，4-D 和防落素用于番茄、茄子点花时。可在药液中适当加颜料混合，防止重复点花。

2. 浸蘸法

浸蘸法施药，要注意浓度与环境的关系。如在空气干燥时，枝叶蒸发量大，要适当提高浓度，缩短浸蘸时间，避免插条吸收过量药剂而引起药害。另外注意扦插温度，一般生根发芽温度以 20 ～ 30 ℃ 最为适宜。抓好插条药后管理，插条以放在通气、排水良好的沙质土壤中为好，避免阳光直射。另外，种子也可以浸渍。为了插条生根，提高成活率，将插条浸于药液中或将插条基端蘸粉剂，再扦插于苗床。浸（蘸）时间的长短与浓度有关，一般有以下 3 种方法。

（1）快浸法：将插条浸于高浓度的调节剂中 2 ～ 5 s 后，随即插入苗床。这种方法可将高浓度的生长调节剂通过切口进入植物组织，促进愈伤组织形成发根。如将葡萄、猕猴桃等插条基部浸于 5000 mg/kg IAA 溶液中 3 ～ 5 s，待插条基部略晾干后，扦插于苗床。

（2）慢浸法：将插条在浓度较低的生长调节剂中浸蘸较长时间，促使生根。如将萘乙酸稀释成 20 mg/kg，再将插条基部 3 cm 左右浸于药剂中 5 ~ 24 h。浸蘸时间长短要视苗木种类、插条木质化程度和发根难易决定，一般一年生且发根较难的插条，浸蘸时间应长一些，若是嫩枝插条（刚开始木质化）且较易发根的，浸蘸 4 ~ 5 h 即可。

（3）蘸粉法：将插条基部用水浸湿之后，将插条在混有生长素（如 IAA、萘乙酸和 2, 4-D 等）的生根粉中蘸一蘸后，插入苗床中培育。此法运用于嫩枝扦插，且方法简便，切口不易腐烂，发根成活率较高。

3. 浇灌法

一般在苗期时为培育壮苗进行浇灌，或成长期为增加根的生长进行浇灌。如水稻苗期用 1 mg/kg 的复硝酚钠进行浇灌，促使苗齐、苗壮。黄瓜在结瓜期用 150 g/hm²，可以使根系发达，增加结瓜和延长生育期。浇灌时注意药剂量，以免浪费。

4. 点涂法

用毛笔或其他涂抹工具将植物生长调节剂涂抹在处理部位，如茄果类蔬菜的保花、保果，常采用浓度为 10 ~ 20 mg/kg 的 2, 4-D 点涂。乙烯利促进瓠瓜雌花的形成，可采用浓度为 150 mg/kg 的乙烯利点涂瓜苗心叶。也有用浓度为 2000 ~ 4000 mg/kg 的乙烯利涂抹转色期的番茄果实，促进早熟。

5. 喷洒法

这是应用植物生长调节剂最普遍的方法，通常把植物生长调节剂稀释成一定比例的药液，用喷雾器（机）将药液雾化，均匀地喷洒在植物体表面、叶面或作用部位。除了药剂本身质量之外，植物生长调节剂的喷洒效果还与药械性能、剂型、植物表面结构和气候条件有关。药械的选择要根据应用对象来定，如用防落素防止番茄落花，应采用小型手持喷雾器喷于花穗。若用多效唑防止水稻倒伏或控制秧苗徒长，应选用背负式手动压缩喷雾。在东北应用三十烷醇大面积处理大豆时，曾采用飞机超低容量喷雾，有的地方也有采用东方红 −18 型机动弥雾机喷施。总之，应用哪一种药械要依据药剂的性质、应用作物和施药量而定。

影响植物生长调节剂雾化程度的主要因素：粉剂要观察其溶解度，乳剂要注意乳化性能及表面分散性程度，若溶解度或乳化差，则会影响药剂在水中的分散程度，势必影响喷洒效果；植物的表面结构，如多毛、少蜡质或表面粗糙则易被药液湿润和展布，效果就好。若表面光滑、蜡质多，在喷洒时添加适量的黏着剂如中性皂、洗衣粉等可提高喷洒效果；喷洒时还应考虑当时的风速、风向和气温等条件，一般风速在 3 级以下，气温在 15 ~ 30 ℃，效果较好，同时还应避开雨天喷洒。

6. 熏蒸法

将植物生长调节剂配制成具有挥发性的酯类化合物，使其汽化，以达到抑制或催熟的目的。用萘乙酸甲酯混合于贮藏的马铃薯中，可防止贮藏期马铃薯萌芽。利用乙烯（或乙烯利）催熟香蕉，可以加速香蕉脱涩，便于食用。

7. 根区施药法

植物生长调节剂按一定的浓度比例配制后，直接施用于作物根区周围，通过作物根部吸收并传导至整株植物，以达到调控的目的。如桃、梨和葡萄等果树采用多效唑根区施药，可较长时间控制枝条徒长。根区施药的方法应根据不同的植物根系分布情况，采用围沟、单侧沟等形式施用，以便于植物根系吸收。采用根区施药法较为简便，用药量省，效果稳定，但用药量必须严格控制。没有施药经验的，应提前做必要的试验，再大面积推广应用。

8. 溶液灌注法

此法可用于木本植物，在树干基部注入药液。如在7月中旬，在漆树树干基部打洞灌注8% ~ 10%乙烯利溶液，以提高产漆量；在凤梨叶筒上灌注乙烯利溶液，以诱导花的形成。

9. 溶液点滴法

溶液点滴多用于处理植物茎顶端生长点腋芽、花朵或休眠芽等，药量精确，适用于局部精准施药。

10. 浸种法

将种子（块根、块茎）浸在稀释配置好的一定浓度的药液中，经过一定的时间后，取出晾干供播种用，这种方法称浸种法。为了提高水稻、小麦种子的发芽率，可采用CTK浸种。为了打破马铃薯的休眠，可采用GA浸种薯。浸种选用的植物生长调节剂种类、浓度和浸种时间的长短，应根据不同的植物品种、浸种目的及当时的温度而定。浸种时温度高（25℃以上），时间应短，温度低（10 ~ 20 ℃），时间可略长一些。一般浸种时间不要超过24 h，浸种时以药液浸没种子为限，并要注意水量的变化。

11. 拌种种衣法

拌种和种衣主要用来处理种子。拌种就是不管是使用杀菌剂、杀虫剂还是微肥，我们都可以在里面添加适量的生长调节剂。将其与种子充分混合均匀，保证种子外表沾上药剂。也可使用喷壶将药剂喷洒到种子上，不过需要一边搅拌一边喷洒，喷洒均匀之后播种即可。而种衣的话，就是使用专用剂型种衣剂，将其包裹在种子外，促使形成薄膜，不仅能够提高种子的萌发率，还能够起到防治病虫害效果。

表1–1是一些较为常见的植物生长调节剂的基本信息。

表1–1　常见的植物生长调节剂基本信息

调节剂名称	化学名称	剂型	应用方法
乙烯利	2–氯乙基膦酸	40%乙烯利水剂	多用喷雾法常量施药（主要用于棉花、番茄、西瓜、柑橘、香蕉、咖啡、桃、柿子等果实促熟，增加橡胶乳产量和小麦、大豆等作物产量）
甲哌鎓	1,1–二甲基哌啶鎓氯化物	原粉（含量97%），5%、25%水溶液	喷洒（主要用于棉花，也可用于小麦、玉米、花生、番茄、瓜类、果树等作物）

续表

调节剂名称	化学名称	剂型	应用方法
多效唑	（2RS，3RS）-1-（4-氟苯基）-4,4-二甲基-2-（1H-1,2,4-三唑-1-基）戊-3-醇	25% 乳油，15% 可湿性粉剂	主要以常量喷雾法使用（适用于谷类，特别是水稻田使用，可用于培育壮秧、防止倒伏，也可用于大豆、棉花和花卉，还可用于桃、梨、柑橘、苹果等果树的"控梢保果"，使树形矮化。多效唑处理的菊花、单竺茎、一品红以及一些观赏灌木，株型明显受到调整，且更有观赏价值。对培育大棚蔬菜，如番茄、油菜壮苗也有明显作用）
油菜素内酯	（2α，3α，5α，22R，23R，24S）-2,3,22,23-Tetrahydroxy-B-homo-7-oxaergostan-6-one	0.01% 乳油	喷雾法（可用于水稻、小麦、大麦、玉米、马铃薯、西瓜、葡萄等作物及萝卜、菜豆等多种蔬菜。使用浓度极低，一般 5~10 mg/L 便可显示出明显的生理活性）
赤霉素	2,4α,7-三羟基-1-甲基-8-亚甲基赤霉-3-烯-1,10-二羧酸-1,4α-内酯	85% 原粉，4% 乳油	喷雾法（主要经叶片、嫩枝、花、种子或果实进入植株体内，然后传导到生长活跃的部位起作用）
吲哚丁酸	3-吲哚丁酸	原粉（含量 98% 以上）	浸蘸、涂抹、浸种法（促进植物根部的生长，是一种广谱高效生根促进剂，可提高出苗率和造林成活率）
萘乙酸	a-萘乙酸	原药(98%)，水剂(5%)，可溶性粉剂(40%)	喷洒、浸种法（促进细胞分裂与扩大，诱导形成不定根，增加坐果，防止落果，改变雌、雄花比率等）

　　总之，我们要以科学的理念使用植物生长调节剂，用科学方法指导使用，抓好使用后的管理，这样我们才能更好地利用科技进而带动农业生产，为获得更好的收益打下坚实的基础。

三、植物生长调节剂的应用注意事项

　　正确掌握植物生长调节剂的使用方法非常重要，若方法不当会明显影响植物生长调节剂的效果。农业上使用植物生长调节剂的方法有喷洒、浸蘸、涂抹、土壤处理和树干注射等，最常用的方法是喷洒法和浸蘸法。喷洒植物生长调节剂时，要尽量喷在作用部位上。此外，我们在使用植物生长调节剂时应做到以下 5 点。

　　（1）严格按标签标注的使用方法，在适宜的使用时期使用。

　　（2）严格按标签说明浓度使用，要根据植物生长调节剂的品种类型、应用目的以及农作物的生育期及表现、天气状况等因素灵活掌握，否则会得到相反的效果，如生长素在低浓度时促进根系生长，较高浓度反而抑制生长。

　　（3）均匀施用。有些调节剂如赤霉素，在植物体内基本不移动，如同一个果实只处理一半会致使处理部分增大造成畸形果，因此在应用时要注意均匀施用。

　　（4）不能以药代肥。即使是促进型的调节剂，也只能在肥水充足的条件下起作用。

尽管有的植物生长调节剂添加了一些浓缩的氮磷钾和微量元素，但含量很少，作用也不大，不要认为作物又绿又壮就不缺肥了。

（5）留种田请勿使用。乙烯利、赤霉素等植物生长调节剂用于蔬菜、棉花、小麦等繁殖留种作物，虽然能起到早熟增产的作用，但会引起不孕穗增多，种子发芽率严重降低现象，不能留作种用。因此，凡用作留种的作物，应慎用植物生长调节剂。

第五节　植物生长调节剂的混合使用

植物生长调节剂应用到作物上，往往会引起一系列的生长效应，其中有些是有利的，但同时也有一些没有实际重要性或者有负面作用（如延缓剂在防止水稻倒伏的同时影响穗子的发育，使颖花数明显减少）。为避免或克服调节剂的负效应，有时可以通过调整施用的时间和部位（如用 2, 4-D 或防落素涂抹番茄的花朵），但更为普通的方法是将两种或更多种的调节剂组合使用。因此植物生长调节剂的混用规律和混剂的开发研究逐渐成为研究热点。目前这类复配剂已有较大应用市场，如"GA + BR""GA + IAA""IAA + ETH + GA"，这类复配剂的出现，使植物生长调节剂更具有高效性。

一、植物生长调节剂的先后应用

植物不同发育阶段甚至同一器官的不同分化时期，会分别受到一种或几种植物激素控制。由于激素的作用时间有先后，因此，外施调节剂的作用就有先后。符合其顺序要求的，作用效果明显；不符合其顺序要求的，效果较差。

例如，在 IAA、CTK 和 GA 促进不定根发生中，Jarvis 曾提出生根的不同时期是由不同浓度激素决定的假说（表 1-2）（段留生等，2011）。不定根形成的诱导期需要积累IAA，起始早期细胞分裂需要较多 IAA，外施高浓度 GA 会抑制这个过程。潘瑞炽将 IBA和生长延缓剂对绿豆下胚轴作多种处理，发现先施用 IBA，后进行延缓剂处理效果最好，两者同时处理其次，延缓剂先、IBA 后的效果最差（表 1-3）（段留生等，2011）。除此之外，用 1000 ~ 2000 mg/L 乙烯利诱导小麦雄性不育时，会使穗下节不能充分伸长而妨碍抽穗，这个缺陷可以被后续施用 100 ~ 500 mg/L 的 GA 处理而克服。

表 1-2　Jarvis 的生根假说

发育时期	形态变化	起促进作用的激素	起抑制作用的激素
诱导期	生根区某些细胞脱分化，形成有分生能力的细胞	积累较多的 IAA	乙烯
起始早期	细胞分裂形成根原基原始体	外施高浓度 ABA 促进	外施高浓度 GA 或 CTK
起始晚期	形成根原基	外施乙烯促进	高浓度 IAA
生长和分化期	根原基分化生长，维管束连接起来，不定根露出		

表 1–3 延缓剂和 IBA 的处理顺序对绿豆下胚轴生根的影响

处理编号	第一天	第二天	生根数 / 条
1	水	水	7.2±2.2
2	IBA+ 多效唑	水	66.1±10.4
3	IBA	多效唑	80.6±7.1
4	多效唑	IBA	54.2±6.0

二、植物生长调节剂的配合使用

以前的植物生理学认为植物生长调节剂具有专用性，不能复配使用，而现代植物生理学研究证明，不同的植物生长调节剂复配使用后，将产生意想不到的效果，如生长促进剂与生长抑制剂复配使用后，可达到抑制植物营养生长、促进生殖生长的效果，在控制植物旺长、抗倒伏的同时，能使果实膨大，更好地提高产量改善品质；生长调节剂与杀菌剂复配使用可提高植物自身免疫力，增强防效；生长调节剂与肥料复配使用，可提高肥料利用率，提高肥效，对节本增效和农业高质量发展具有重要意义（李博等，2020）。植物生长调节剂复配制剂机理的研究和配方的筛选研究将是植物生长调节剂研究一大方向，其复配制剂的生产将是一个重要的发展方向。常用的植物生长调节剂的复配可分为：植物生长调节剂之间混复配、植物生长调节剂与杀菌剂复配和植物生长调节剂与肥料复配等。

（一）植物生长调节剂之间复配

1. 复硝酚钠 + 萘乙酸钠

复硝酚钠和萘乙酸钠复配剂是一种省工、低成本、高效、优质的新型复合植物生长调节剂。复硝酚钠作为一种综合调节作物生长平衡的调节剂，可全面促进作物生长，与萘乙酸钠复配，一方面强化萘乙酸钠的生根作用，另一方面又增强复硝酚钠生根速效性，二者共同促进，使生根更快，吸收营养更强劲、更全面，加速促进作物生长健壮，不倒伏，节间粗壮，分枝、分蘖增多，抗病，抗倒伏。

多家科研单位联合试验研究表明：复硝酚钠与萘乙酸钠按照比例 1∶3 复配，应用于砧木生根上，生根数明显高于单用萘乙酸钠；在大豆上，二者明显促进大豆根系粗壮，根瘤固氮菌能力显著增强，2 ～ 3 d 即表现出明显的外观直视效果；在小麦上，使用复硝酚钠与萘乙酸钠复配剂 2000 ～ 3000 倍水溶液在生根期叶面喷施 2 ～ 3 次，可增产 15% 左右，对小麦品质无不良影响；复硝酚钠和萘乙酸钠组合使用有效降低了茄子株高、茎粗和叶片数（胡兆平等，2013）。

2. DA-6 + 复硝酚钠

研究表明，DA–6 和复硝酚钠复配能够增加棉花果节量，从而提高棉花铃数，同时增加棉铃体积和质量，产量较单施处理提高 10.14%，较清水处理提高 16.25%，在生产中具有增产潜能（马春梅等，2022）。

3. DA-6 + 乙烯利

乙烯利是一种复合型玉米专用的矮化、健壮和防倒型调节剂。单独施用乙烯利，表现有矮化作用，且叶片增宽、叶色深绿、叶片向上，次生根增多，但易出现叶片早衰现象。玉米应用 DA-6 + 乙烯利复配剂控旺，复配使用比单用乙烯利具有明显的增效、防早衰功效。

4. 复硝酚钠 + 赤霉素

复硝酚钠与赤霉素同作为速效性调节剂，均能在施用后短时间内发生作用，使作物显示出很好的生长效果，而复硝酚钠与赤霉素复配使用，据中牟县枣树科学研究所复合应用研究表明，在加合二者效果的同时，复硝酚钠的持效性特点能弥补赤霉素的缺陷，通过综合调控生长平衡，避免赤霉素使用过量对植株体造成伤害，从而使枣树显著增产，品质也明显提高。

5. 萘乙酸钠 + 吲哚丁酸盐

萘乙酸钠 + 吲哚丁酸盐是世界上应用最为广泛的复合生根剂，在果树、林木、蔬菜、花卉及一些观赏植物上推广应用广泛。该混剂可经由根、叶和发芽的种子吸收，刺激根部内鞘部位细胞分裂生长，使侧根生长快而多，提高植株吸收养分和水分能力，促使植株整体生长健壮。该剂在促进植物扦插生根中往往具有增效或加合作用，从而使一些难以生根的植物也能插枝生根。

6. 乙烯利 + 油菜素内酯

乙烯利和油菜素内酯混合喷施，不仅可以促进玉米株高矮化和根系发育，还可以促进玉米果穗的发育，减少玉米秃尖率，解决了乙烯利抑制果穗发育的副作用（李合生，2006）。

7. DA-6 + 矮壮素

玉米喷施 DA-6 和矮壮素复配剂后，玉米穗位叶的光合能力及时间得到提升，通过增强玉米群体光合能力和延长光合时间提高物质积累量，穗部性状得到改善，从而增加玉米籽粒产量（王泳超等，2022）。

（二）植物生长调节剂与肥料复配

1. 复硝酚钠 + 尿素

复硝酚钠 + 尿素可谓是调节剂与肥料复配中的"黄金搭档"。在作用效果上，复硝酚钠所具有的综合调控作物生长发育的特性可弥补前期养分需求的不足，使作物营养更全面，尿素利用更彻底；在作用时间上，复硝酚钠的速效性和持效性与尿素的速效性结合，使植株外观及内在变化更快，更持久；在作用方法上，复硝酚钠与尿素配合使用，既可作基肥，也可作根部喷施、冲施肥，可谓"一举三得"。复硝酚钠与含尿素的叶面肥试验表明，植株在施后 40 h 内，叶片变深发绿，有光泽，后期产量显著提高。尿素与复硝酚钠复配施用，可显著促进玉米植株生长（杭波等，2012），提高大豆氮素利用效率，进而获得更高的籽粒产量和氮素利用率（郝青南等，2022）。

2. 三十烷醇 + 磷酸二氢钾

三十烷醇可增加作物光合作用，与磷酸二氢钾混合喷施，可提高作物产量，二者针对性地与其他肥料或调节剂配合施用在相应作物上效果更好。如三十烷醇 + 磷酸二氢钾 + 复硝酚钠复配应用在大豆上，比仅用前二者增产 20% 以上。在水稻幼穗分化初期、孕穗期和灌浆期混合喷施三十烷醇和磷酸二氢钾均能提高光合速率（范秀珍等，2003）。

3. DA-6 + 营养元素

上百个 DA-6 与大量元素及微量元素的复配应用试验数据及市场反馈信息表明：DA-6 + 微量元素（如硫酸锌）、DA-6 + 大量元素（如尿素、硫酸钾等）均使肥料发挥出比单用高几十倍的功效，同时增强植株抗病，抗逆性。从大量试验中优选出的良好组合，再加以一定助剂，提供给客户，可使客户受益匪浅。胺鲜酯（DA-6）与硼、蔗糖和钙等配合施用，可促进花粉管的伸长，有助于农作物提前受精，提高农作物的早期坐果率（梁广坚等，2011）。

4. 矮壮素 + 硼酸

矮壮素 + 硼酸混剂在葡萄上应用，可克服矮壮素的不足。试验表明，在葡萄开花前 15 d 用一定浓度的矮壮素对整株进行喷洒，可大大提高葡萄的产量，但会降低葡萄汁中的含糖量。该混剂则既能发挥矮壮素控长促坐果增加产量的作用，又能克服矮壮素使用后糖含量降低的副作用。

5. 黄腐酸钾 +DA-6

黄腐酸钾与 DA-6 配比施用对生菜的生长具有明显的促进作用，其促进效果对比单独使用效果更显著（马彩霞等，2018）。

（三）植物生长调节剂 + 杀菌剂

1. 复硝酚钠 + 乙蒜素

复硝酚钠与乙蒜素复配使用，能显著提高其药效，延缓抗药性出现，且能够通过调节作物生长来抵御药剂过量或高毒产生的药害，弥补因此造成的损失。复硝酚钠 + 乙蒜素乳油在防治棉花枯黄萎病试验表明：复硝酚钠的加入比单用乙蒜素发病率减轻 18.4%，且复配制剂处理比对照棉花生长健壮，叶片深绿、肥厚，后期衰退时间晚，叶片功能期延长。

2. 复硝酚钠 + 多菌灵

复硝酚钠与杀菌剂混用能够改善药剂的表面活性，增加渗透力和附着力等，因而增加了杀菌效果（殷万元等，2016）。复硝酚钠与杂环类杀菌剂，如多菌灵复配使用，在花生叶部病害发病初期连喷 2 次，能够提高防效 23%，显著增强杀菌效果。

3. 油菜素内酯 + 三唑酮

油菜素内酯有促进农作物、树木与种子萌发和助苗生长、提高作物抗逆性的作用。根据相关文献报道，油菜素内酯与三唑酮复配对棉花立枯病防效超过 70%，同时促进棉花根和芽的生长。同时，水杨酸（SA）对三唑酮也有明显的增效作用。油菜素内酯和三唑酮混用可增强小麦的抗倒伏能力（戴爱梅等，2014）。

（四）植物生长调节剂+除草剂

王永山等（1996）研究表明，乙烯利和百草枯混合使用可作为棉花催熟剂，对棉花起到催枯落叶快，开裂吐絮早，增加铃重，减少幼铃脱落等增产增收作用，尤其是可增加优质籽棉产量，提高霜前花率。

（五）其他植物生长调节剂的复配技术

1. 生根剂

主要促进秧苗移栽之后的生根、缓苗，或者苗木的扦插等。其类型有生长素+土菌消、生长素+邻苯二酚、吲哚乙酸+萘乙酸、生长素+糖精、脱落酸+生长素、黄腐酸+吲哚丁酸等。

2. 促进坐果剂

作用是提高单性结实率，提高水果单重，促进坐果，提高果实的膨大速度，增加果实的大小。其类型有赤霉素+细胞激动素、赤霉素+生长素+6-BA、赤霉素+萘氧乙酸+二苯脲、赤霉素+卡那霉素、赤霉素+油菜素内酯、赤霉素+萘氧乙酸+微量元素等。

3. 抑制性坐果剂、谷物增产剂

作用是控制旺长，提高坐果率。其类型有矮壮素+氯化胆碱、矮壮素+乙烯利、乙烯利+脱落酸、矮壮素+乙烯利+硫酸铜、矮壮素+嘧啶醇、矮壮素+赤霉素、脱落酸+赤霉素等。

4. 打破休眠促长剂

作用是打破休眠促进发芽。其类型有赤霉素+硫脲、硝酸钾+硫脲、6-苄氨基嘌呤+萘乙酸+烟酸、赤霉素+氯化钾等。

5. 干燥脱叶剂

主要用于芝麻、棉花等，在机械采收前干燥脱叶，其作用不仅是干燥脱叶，还可以增加产量。其类型有乙烯利+百草枯、噻唑隆+甲胺磷、噻唑隆+碳酸钾、乙烯利+过硫酸铵、噻唑隆+敌草隆、乙烯利+草多索+放线菌酮等。

6. 催熟着色改善品质剂

有加快果实成熟、使色泽鲜艳、增加果实的甜度等作用。其类型有乙烯利+促烯佳、乙烯利+环糊精复合物、乙烯利+2,4,5-涕丙酸、敌草隆+柠檬酸、6-苄氨基嘌呤+春雷霉素等。

7. 疏果、摘果剂

在苹果、柑橘快成熟前应用，促使柑橘果梗基部的离层形成，从而导致果实与枝条的分离。其类型有萘乙酰胺+乙烯利、二硝基邻甲酚+萘乙酰胺+乙烯利、萘乙酰胺+西维因、二硝基邻甲酚+萘乙酰胺+西维因、萘乙酸+西维因等。

8. 促进花芽发育、开花及性比率

使果实作物由营养生长转化为生殖生长，促进开花。其类型有萘乙酸 + 6- 苄氨基嘌呤、6- 苄氨基嘌呤 + 赤霉素、赤霉素 + 硫代硫酸银、乙烯利 + 重铬酸钾等。

9. 抑芽剂

在烟草上抑制腋芽的萌发，在贮藏期抑制马铃薯的发芽等。其类型有青鲜素 + 抑芽敏、氯苯胺灵 + 苯胺灵、蔗糖脂肪酸酯 + 青鲜素等。

10. 促长增产剂

提高植株对 N、P 和 K 的吸收，增加产量。其类型有吲哚乙酸 + 萘乙酸、吲哚乙酸 + 萘乙酸 +2, 4-D+ 赤霉素、甲哌鎓 + 细胞激动素 + 生长素、双氧水 + 木醋酸等。

11. 抗逆剂（抗旱、抗低温、抗病等）

增加营养元素的吸收、促进幼苗的生长、增加干物质总量，提高抗寒性、抗旱性、抗病和抗虫能力。其类型有激动素 + 脱落酸、激动素 + 生长素 + 赤霉素、乙烯利 + 赤霉素、水杨酸 + 基因活性剂等。

三、植物生长调节剂的混合使用

研究植物生长调节剂混用的增效或加合作用及混用的规律十分必要。复合制剂（mixture formulations）不仅能有效利用现有植物生长调节剂化合物资源，较快开发针对生产实际问题的产品，还可以形成独立或新的知识产权。植物生长调节剂的混用是建立在植物体内内源激素互相作用的生理基础上的。在植物体内各类激素中，不仅促进型激素，如生长素、赤霉素等之间存在密切的关系，促进型激素和抑制型激素，如生长素、赤霉素与脱落酸、乙烯之间也同样存在相互作用。两种以上的植物生长调节剂混用，种类不同、使用部位不同或处理方式不同均能产生不同的效果。

（一）混剂和混用的区别

调节剂的混用不等于混剂。混用（tank-mixture）是两种以上调节剂现混现用，未经加工。混剂（mixture formulation 或 combination）是将两种以上调节剂经加工制造而成的一种新产品。调节剂混剂同样要遵守国家关于农药的规定，进行产品登记。

（二）植物生长调节剂混合使用的原则及注意事项

1. 调节剂混合使用的原则

（1）不破坏物理性状：混合后，能保证正常药效或增效，保持原有的物理性状，以免出现乳化性、悬浮率降低、分层、絮结、沉淀和有效成分结晶析出等现象。

（2）不发生不良化学反应：混合物之间不发生不良化学反应如酸碱中和、沉淀、水解、碱解、酸解、盐析或氧化还原反应等。

（3）不增加毒性和残留：混合物不会对作物及产品产生残留及毒害作用。

（4）使用方法尽可能一致：混合物中各组分的药效时间、施用部位及施用对象都较一致，能充分地发挥各自的功效。

（5）先小试再推广：先在小范围内进行试验，在证明无不良影响后才能推广。

2. 调节剂混用的注意事项

（1）调节剂之间混用的目的要明确。根据作物对象明确应用目的，然后明确调节剂的功能，做到混用的目的与调节剂的生理功能一致。

（2）一般情况下，出现加合作用的条件比较苛刻，不是两种调节剂任意配合都能奏效，只有各自在一定浓度范围内才能达到增效的目的。

（3）酸性调节剂不能与碱性调节剂混用。例如，乙烯利是强酸性的调节剂，当 pH 值 >4.1 时，就会释放乙烯，故不能与碱性调节剂或农药混用。

（4）植物生长调节剂之间或调节剂与某些植物营养元素混用时，要注意各化合物的相溶性，防止出现沉淀、分层等反应。如比久不能与铜制剂混用。

（三）植物生长调节剂混合使用对不同类型作物的影响

1. 植物生长调节剂混合使用对经济作物的影响

一些可以复配的营养类型植物生长调节剂，如甲哌鎓 + 复硝酚钠混合使用和甲哌鎓 + 萘乙酸钠混合喷施，显著增加了棉花植株茎粗，促进了棉花生物量的积累，为后期营养生长向生殖生长转变奠定了良好的基础。2-N，N- 二乙氨基乙基己酸酯（DTA-6）和 CCC 复配提高玉米密植群体穗位叶 SPAD 值，增强光合作用，提高抗氧化酶活性，降低叶片相对衰老速率，从而提高玉米在密植条件下的产量（王泳超等，2022）。多效唑和烯效唑单独使用时，对不同作物的生长均具有促进效果，而二者复配可促进水稻幼苗根系生长，增强根系抗性（齐德强等，2019）。喷施硅丰环 + 复硝酚钠和油菜素内酯 + 复硝酚钠 + 矮壮素提高了大豆茎粗（元明浩等，2009）。适宜浓度的甲哌鎓与萘乙酸和油菜素内酯组配使用时对棉花具有明显的化控、化促的双重互作效果，这有利于棉株营养合理运转，营养生长和生殖生长关系优化，产量高效形成（高振等，2020）。

2. 植物生长调节剂混合使用对粮食作物的影响

水杨酸（SA）+ 萘乙酸（NAA）共同作用表现出复配优势，在胁迫培养条件下，SA + NAA 处理的小麦幼苗能积累较多的生物量，保持较高的含水量和较低的电解质渗漏率，总体上，复配组调节效果好于两种调节剂单独作用。乙烯利 + 多效唑 + 吲哚乙酸混合使用与单一植物生长调节剂相比，能有效地提高玉米功能叶片衰退期的叶绿素含量，抑制玉米叶片中叶绿素含量的下降，延缓叶片衰老，有利于光合作用的进行，能有效提高玉米抗倒伏的能力，增加叶面积指数，到衰退期也保持较高的叶面积指数，延长叶片功能期，有利于光能的利用和提高玉米产量。高密度条件下喷施复配型植物生长调节剂能明显提高作物产量。多效唑和乙烯利互作能够提高谷子灌浆速率、改善谷子穗部性状且降低秕谷率（鱼冰星等，2019）。

3. 植物生长调节剂混合使用对饲用和绿肥作物的影响

多效唑＋乙烯利＋硫酸亚铁混合施用对抑制草地早熟禾地上茎伸长速度、增加根冠比、提高抗氧化酶活性和增加抗逆性有着良好的效果，且在喷施之后不会对草地早熟禾叶宽、黄叶数、分蘖能力和坪观质量产生负面影响（李灵章等，2018）。赤霉素＋水杨酸＋壳聚糖混合使用提高了草地早熟禾的抗氧化能力，增加了渗透调节物质，维持了草地早熟禾在盐胁迫下细胞膜结构和功能的稳定性，减轻了细胞膜受到的氧化损伤。

4. 植物生长调节剂混合使用对蔬菜的影响

6-BA、NAA 和 KT 添加在培养基中，对菜心和芥蓝的种间杂种的胚挽救效果最佳（吕凤仙等，2022）。复硝酚钠能够促进植株生长发育、促根壮苗、保花坐果保果、提高产量和增强抗逆能力等。吲哚丁酸主要用于插条生根，可诱导根原体的形成，促进细胞分化和分裂，有利于新根生成和维管束系统的分化，促进插条不定根的形成。复硝酚钠＋吲哚丁酸对菜心茎粗具有显著的促进效果，这两种植物生长调节剂的组合可用于茎部可食用的作物上，增加作物产量，同时也可以防止作物倒伏（熊腾飞等，2022）。莫志军等（2021）研究称，以 6-BA＋NAA＋氯化胆碱为配方的培养基使姜芽分化最快，增殖最快，增殖倍数最高。胺鲜酯＋萘乙酸钠混合使用对黄瓜幼苗生长具有一定的促进作用，对黄瓜株高、茎粗、根系生长量和叶绿素含量存在较好的促进效果（毛桂玲等，2021）。合理配合使用植物生长调节剂，可调控蔬菜的生长发育速率，进而达到抗病、增产和早熟等效果。

（四）常见的植物生长调节剂混剂

常见的植物生长调节剂混剂及作用效果见表 1-4。

表 1-4 常见的植物生长调节剂混剂及作用效果

混剂种类	混剂效果
乙烯利 +DPC	用于大麦防倒
玉米健壮素（40% 乙烯利·羟烯腺嘌呤水剂）	易被玉米叶片吸收进入植物体内，促进根生长，细根增多，叶片增厚，叶色加深，提高光合速率和叶绿素含量，并使株型矮健，节间缩短，防止倒伏。促进雄蕊抽出和开花期提前，促进早熟
NAA+IBA	属生根混剂，由于在促进许多植物扦插生根中具有增效或加合作用，从而使得一些难以生根的植物也得以插枝生根
乙烯利 +2，4，5 - 涕丙酸	单用乙烯利作催熟剂，易造成叶片脱落，适当加入 2，4，5 - 涕丙酸，可基本克服其副作用
NAA+ 福美双	对多种作物霜霉病、疫病、炭疽病、禾谷类黑穗病和苗期黄枯病有较好的防治效果。还可以插条生根、防止落花落果和诱导开花等
胺鲜·乙烯利	该药物适合对甜瓜、葡萄、番茄、水稻、玉米、棉花、黄瓜、桃和金秋梨等作物使用，合理使用该药物可提高作物的抗倒伏能力，促进作物形成节根，增加根层数，定向控制基部的节间生长
噻苯隆·敌草隆	可促进棉花叶柄基部提前形成离层，实现脱叶。在棉花叶片枯萎前喷施，有显著的促脱叶的功效，避免枯叶碎屑污染棉絮，便于机械采棉和人工集中快采

混剂种类	混剂效果
赤霉·噻苯隆	主要是促进细胞分裂，使植物快速生长，增大果实，提高产量
氯化胆碱·萘乙酸	可用于马铃薯、萝卜、洋葱、人参等根和茎作物。例如，用于姜，在生长期内，每776 m² 用18%可湿性粉剂50~70 g，兑水喷茎叶，能促使营养物质向根茎输送，增加产量
调环酸钙·烯效唑	提高叶绿素含量，促进线粒体呼吸将叶绿素光合作用的产物转化为植株的营养成分，提高植物新陈代谢速率，调节植物的营养生长

　　不同植物生长调节剂之间如果混用得当，效果会更好。如比久与乙烯利混用，可抑制果树秋梢生长、促进花芽分化和提高坐果率。矮壮素与赤霉素混用也可抑制葡萄枝梢生长和提高坐果率。920与2,4-D配合使用则可延长柑橘鲜果供应期，促进葡萄枝梢生长，与细胞激动素、萘乙酰胺配合使用能使梨树产生无籽果实。萘乙酸与920配合施用可增加花生荚数和增产，还可提高花生含油量。速效性肥料（如氮肥）及微量元素（铜、锌、锰、硼等）以适当的比例加入各种调节剂中，对调节剂作用的发挥大有好处。

　　若药性相悖则切勿混用。植物生长调节剂多为酸性，不能与碱性物质混用，否则会降低药效，不仅达不到调节效果，还会造成资源浪费（李冬梅，2015）。例如，乙烯利药液通常呈酸性不能与碱性物质混合使用；胺鲜酯遇碱易分解，不能与碱性农药、化肥混用；B9不能与铜制剂混用，分别使用时也要相隔1周以上（张金琴等，2015）。

　　萘乙酸与波尔多液混用时要适当提高萘乙酸浓度。向调节剂中加入某些增效物质，可以提升调节剂的功效并节省调节剂用量，从而增强使用效果。如赤霉素增效剂与赤霉素混用可大大减少赤霉素的用量，向药液中加入中性洗衣粉、肥皂片、去污粉、平平加和三乙醇氨等展着剂，可增强药液的吸附强度，延长药液干燥时间，提高药效。

　　我国农业生产面临粮食安全、生态安全、生物和非生物逆境频繁发生等问题，如何在栽培学的范畴保障我国农业生产的可持续性发展，提高农产品的竞争力已成为作物栽培学科的首要任务。值此之际，回顾和总结作物化学控制的成就，并不断提升它的技术水平就显得尤为必要。充分利用现有的农药、植物生长调节剂品种，复配出新的高效产品是我们目前的一项重要工作，也会成为一大趋势，我们要抓住这一机遇，发展新型的农化产品。

第六节　植物生长调节剂技术的发展前景

　　随着植物和化学科技的发展，植物生长调节剂的创新不断地进步，朝着高效和多品种方向发展，对新产品的使用安全性提出了更高的要求。在植物生长发育中具有独特生理功效的一些化合物得以发掘和合成，如油菜素内酯和独脚金内酯。国际上对植物生长调节剂的创新，狭义上仅指新单剂的开发，而广义上则包含新单剂、混剂和新剂型开发，以及已知植物生长调节剂的功能拓展。

一、研制新品种

随着植物生长调节剂研究的不断深入，更新、更好的植物生长调节剂正取代着老的植物生长调节剂，如甲哌鎓取代了矮壮素，甲哌鎓在调节棉花生长上比矮壮素更具有优越性，使用浓度更低，作用时间更长，副作用更小；吲熟酯在很多方面取代了乙烯利，它在催熟的同时不降低果实的质量；激动素取代了 6- 苄氨基嘌呤，它的使用浓度更低，效果更好；茉莉酸将更多地取代一些生长促进剂和生长抑制剂，因为它可以更好地提高产量，提高作物的抗病、抗虫和抗逆能力等。新产品不断产生，老产品不断被淘汰将是植物生长调节剂发展的一个重要趋势。

（一）新单剂的开发

就目前全球植物生长调节剂普遍状况而言，新单剂的开发相对缓慢。一个单剂从功效测试直至农药登记所需的时间和资金，无论对学界还是业界来说，都是很大的负担。以美国为例，登记一个调节剂所需时间为 18 个月到数年不等，花费几十万至几百万美元不等。

2010 年以后，美国市场上还是出现了一些新的活性成分登记。脱落酸、28- 高油菜素内酯和水杨酸是植物的天然激素，在经历数十年的学术研究的资料积累后，终于开始走向田间，应用于提升作物的抗性和品质。广泛用于饲料、食品和医药等领域中的一些化合物，如氨基丁酸和氯化胆碱，在植物和农业领域的基础研究资料也得以积累，被许可登记作为植物生长调节剂。

（二）混剂的开发

相较于新型单剂开发，开发混剂的成本要小很多，推向市场的速度也快得多，这是国际调节剂领域发展的一种主流趋势。混剂不仅指不同调节剂成分之间的混配，也包括调节剂与除草剂、杀菌剂和杀虫剂等成分的混配，甚至包括与肥料的混配。

1. 不同植物生长调节剂的混剂

比较常见的有 IBA + KT、IBA + GA$_3$ + Kinetin、6-BA + GA$_{4+7}$ 和 NAA + IBA。2010 年以后美国市场陆续有调节剂混剂产品登记，如 Valent BioSciences 的 GA$_3$ + ABA；EPRO CORPORATION 的抗倒酯 + 多效唑、抗倒酯 + 调嘧醇以及抗倒酯 + 调嘧醇 + 多效唑；UNITED SUPPLIERS 的 Complex Polymeric Polyhyroxy Acid + Kinetin；Loveland Products 公司推出的种子处理产品 Consensus 和 Consensus RTU，则含有 IBA + 水杨酸 + 壳聚糖。2014—2015 年巴斯夫在英国登记了 3 个调节剂混剂产品，其活性成分是甲哌鎓 + 调环酸钙、甲哌鎓 + 乙烯利 + 矮壮素以及调环酸钙 + 抗倒酯。

2. 植物生长调节剂与除草剂的混剂

噻苯隆可以用作棉花脱叶剂，其与敌草隆的混剂脱叶效果更佳，尤其是在低温条件下。Loveland Products 公司草甘膦除草剂产品 Makaze Yield Pro 中含有 0.05% IBA 和 0.0088% Kinetin，该混剂能显著改善草甘膦对作物可能带来的药害，提升作物的生长势。

3. 植物生长调节剂与杀菌剂的混剂

2013年巴斯夫在英国上市一个专门为油菜开发的植物生长调节剂Caryx（30 g/L叶菌唑＋210 g/L甲哌鎓），有助于改善植物树冠的生长，减少倒伏，促进根系发育，增加产量。2014年爱利思达在美国获批登记1%超敏蛋白与18.83%四氟醚唑的混剂，用于控制或者抑制大豆和玉米的病害。2016年先正达在美国获批登记一款种子处理剂，该产品由3种调节剂（GA$_3$、IBA和Kinetin）、3种杀菌剂（精甲霜灵、氟唑环菌胺和苯醚甲环唑）和1种杀虫剂（噻虫嗪）组成，用于促进谷类作物种子萌发，预防病虫害的发生。

4. 植物生长调节剂与肥料的混剂

植物生长调节剂与肥料的混剂还可以用于草坪和观赏花卉。Andersons公司专长于开发肥料与农药的混剂产品，其旗下有多个含有多效唑和抗倒酯与肥料的混剂产品。

（三）现有植物生长调节剂的新剂型开发

农药剂型种类很多，比较常见的植物生长调节剂的剂型有可湿性粉剂、可溶性粉剂、可溶液剂、乳油、微乳剂和悬浮剂。活性成分的稳定性和溶解度是决定剂型的重要考量指标，而不同剂型采用的溶剂和表面活性剂的差异，也会导致活性成分的功效差异。

对于一些水溶解度低的植物生长调节剂，如多效唑和抗倒酯，早期的产品多为乳油剂型，而目前国际市场已经推出更环保的微乳剂剂型。吲哚丁酸和萘乙酸的水溶性很差，早期多为粉剂，目前也已经利用其钠盐或者钾盐开发出可溶液剂产品。

市场上的1-甲基环丙烯多为粉剂、片剂、微囊粒剂和可溶液剂。2016年印度联合磷化（UPL）的果蔬采后管理公司Decco Worldwide开发的调节剂TruPick（1-甲基环丙烯）获得美国环保署批准登记。TruPick采用了新型微吸附技术，是首个1-甲基环丙烯凝胶制剂。

（四）现有植物生长调节剂的功能拓展

对现有植物生长调节剂进行功能的拓展，是延续活性成分及相关产品寿命和降低研发成本的重要途径。植物生长调节剂功能拓展包括两个方面，即对现有产品适用作物的拓展，以及对同一活性成分应用功能的增加。

增加适用作物以先正达Palisade2E和巴斯夫Apogee为例。Palisade2E的有效成分为25.5%抗倒酯，2006年上市时登记作物是草坪，2012年获美国登记批准用于大麦、小麦和燕麦等谷类作物以及甘蔗。Apogee的有效成分为27.5%调环酸钙，2000年登记时在苹果和梨上使用，随后进一步被批准用于甜樱桃、花生和草坪上。增加适用作物的登记，使得抗倒酯和调环酸钙的应用范围大大拓展，为农民提供了更广泛的选择，也降低相应的厂商研发调节剂的成本，增大了利润空间。

活性成分新功能的增加以S-诱抗素（abscisic acid, S-ABA）为例。2010年Valent BioSciences在美国市场推出了用于葡萄等着色的ProToneSG，含有20% S-ABA。该产品目前已在澳大利亚、加拿大、智利和南非等国获得批准。同年，该公司又登记了一个含有 10% S-ABA 的提高园艺植物抗逆性的产品。2011 年 Valent BioSciences 登记了玉米种子处理剂 BioNik，该产品含有 25% S-ABA，可在玉米种植时推迟种子发芽，使雌花和雄花同步开花以利于授粉。该产品已于 2013 年上市。

（五）未来有潜力获准调节剂登记的化合物

在具有植物生长发育调节功能的各种化合物中，有许多是因为没有登记，不能作为合法的植物生长调节剂而应用于作物生产。这些化合物中有一些的研究历史很长，另一些则是新近发现的。

多胺类化合物是广泛存在于原核和真核生物中的天然化合物，丰富的理论研究和应用研究资料揭示了它们的多重生理功能，如诱导花芽、促进果实发育、延缓植物的衰老、增强植物对生物和非生物胁迫的抗性，这些都构成了多胺在农业中应用的可能。

独脚金内酯是具有抑制植物分枝作用的新型植物激素，因其可用于调控植物株型而得到学术界和产业界的关注。目前，人工合成的 GR_{24} 等独脚金内酯类似物已被证实有植物生长调节剂（PGR）活性。独脚金内酯除了抑制分枝的形成，还能促进丛枝真菌菌丝的分枝和养分的吸收，以及促进寄生植物种子的萌发。粮食作物的分蘖、果树的分枝和观赏植物的株型都是重要的经济性状，独脚金内酯及其类似物可能具有潜在应用前景。

丁烯羟酸内酯属于 Karrikins 类，是从烟水中分离出来的对植物种子萌发起促进作用的化合物（罗晓峰等，2016）。氰醇类物质可能也是烟水中的活性物质之一。烟水在促进种子萌发、提高生物量和果实品质方面表现出显著的促进效应，此外烟水还能调控药用植物次生代谢产物积累。目前对 Karrikins 类化合物的生理功能和作用机制的研究尚在研究初期。

二、多功能混合制剂的开发

在植物生长发育过程中，任何生理过程都不是单一植物激素或植物生长调节剂在起作用。因此，开发高效和多功能的植物生长调节剂的混合制剂也是今后的发展方向之一。每一种植物生长调节剂都有它独特的有利作用，但同时也可能带来一定的副作用，为达到农业生产中某一特殊要求，往往需要将两种或两种以上的调节剂混合使用，取长补短，充分发挥各自的调节作用，起到相加或相乘的效应（段留生等，2011）。

（一）植物生长调节剂复合剂型

复合制剂不等同于混用，它是将两种或两种以上的调节剂经加工制造而成为一种新的产品，需要单独进行农药产品登记。

复合制剂需要满足以下条件。

（1）两种以上调节剂经加工制造成为一个均匀体，可存放 1 年或 2 年以上。

（2）用化学分析法或食品法可随时按某种方法测定其有效成分含量，为企业和国家有关部门的质量检测提供分析依据，并能编制出企业标准。

（3）有特定的加工工艺、方法和加工设备，产品有冷、热贮存稳定性等测试数据，各组分年分解率小于7%，有相关的毒性及环境监测数据。

植物生长调节剂的复合制剂发展迅速，目前这一类复配剂已有较大应用市场，如赤霉素＋油菜素内酯、赤霉素＋吲哚乙酸、赤霉素＋生长素＋细胞分裂素和乙烯利＋油菜素内酯等，这类复合剂的出现，使各种作用的植物生长调节剂形成优势互补。

（二）与农药、肥料的复合剂型

植物生长调节剂与农药、肥料或微量元素及其他化合物混用，有利于提高综合利用率，减少使用环节，降低农业生产成本，兼具植物营养、治虫防病和生长调节功能。因此，植物生长调节剂与农药、肥料及微量元素等混用将是未来的发展趋势。如异戊烯腺嘌呤＋井冈霉素、异戊烯腺嘌呤＋盐酸吗啉胍，使植物生长调节剂产品同时具有杀菌及调节植物生长发育的功效。

植物生长调节剂与肥料，尤其是水溶性肥料混合一般不会影响其活性，而且液体水溶性肥多为含氨基酸水溶肥料，侧重于补充植物生长所需的微量元素，是对施用基础肥料的补充，通过植物生长调节剂和水溶性肥料的综合作用，能更好地促进植物生长发育。如复合氨基酸中的—NH_2、—OH、—COOH和蛋白质水解后的小肽类水溶性物质，都可刺激作物生长，具有一定的生理活性。复合氨基酸与微量元素肥料混用，特别是其中的—COOH与铜（Cu）、铁（Fe）、锌（Zn）、锰（Mn）的螯合态微量元素，提高了微量元素进入植物细胞膜的亲和力和利用率。因此，氨基酸与微量元素螯合复配，在小剂量的情况下，配合应用植物生长调节剂，具有明显的效果。

在研发新型植物生长调节剂时，必须树立生态环保的观念，利用天然植物及海洋资源或发酵产物作为提取植物生长调节剂的原料将是重要的发展方向，要尽量选用残效期短、毒性低的品种，做到科学施用。同时要兴利除弊，安排好茬口和作物品种，做好再利用残留有效成分的工作。另外根据不同区域作物生产中出现的诸如高低温、旱涝和病虫草害等问题，研究针对性强、更环保的植物生长调节剂及其与化肥、农药和除草剂等的配合使用，将成为今后的热点。

三、新型应用技术的开发

现代农业的发展已离不开信息技术的支持。人工智能技术可贯穿于农业生产的各个环节中，以其独特的技术优势提升农业生产技术水平，实现智能化的动态管理，减轻农业劳动强度，展示出巨大的应用潜力。在植物生长调节剂应用方面，应用农业专家系统可进行查询和计算机模拟，应用农业机器人或无人机可进行影像识别、质量监测和喷施等。

（一）农业专家系统

运用人工智能的专家系统，集成了地理信息系统、信息网络、智能计算、机器学习、知识发现和优化模拟等多方面高新技术，汇集农业领域知识、模型和专家经验等，采用适宜的知识表示技术和推理策略，运用多媒体技术并以信息网络为载体，向农业生产管理提供咨询服务，指导科学种田，具有在一定程度上代替农业专家的作用。因此，利用信息化技术开发农业专家系统，对于指导农民在农业生产过程中节水节肥、高产高效、定向生长调控，促使我国农业由传统粗放型向现代集约型信息农业转变，提高作物产量、改善品质、提高农业管理的智能化决策水平以及提高农业生产效益具有重要现实意义。如农作物生长调控专家系统，由知识库、推理机、诊断解释和决策模块组成。以互联网为运行基础，系统采用客户层、应用层和数据层三层体系结构。应用农作物生长调控专家系统可以指导农作物生产，也可以对农作物栽培管理中出现的问题，如病虫害、高温、低温和高湿生理病害等问题进行诊断，并提出解决问题的生产管理措施，也可以对生产进行决策，找到最优的栽培管理方案。

近年来，农业专家系统与其他技术、领域结合成为信息技术领域研究的趋势。如专家系统将与 3S（全球定位系统 GPS、地理信息系统 GIS 和遥感系统 RS）技术集成。随着计算机辅助决策技术等单项技术在农业领域的应用逐渐成熟，专家系统与 3S 技术的集成将成为当今专家系统的发展趋势。农业专家系统的网络化是推广农业科学技术、指导生产实践的有效手段之一。随着互联网的普及，基于浏览器/服务器网络模式的农业专家系统必将成为其发展的趋势。Windows 图形界面技术的成熟、可视化编程语言的不断进步及多媒体技术的应用，将使得农业专家系统更加生动、直观且更易于用户操作和使用。

（二）农业机器人

农业机器人是一种集传感技术、监测技术、人工智能技术、通信技术、图像识别技术、精密及系统集成技术等多种前沿科学技术于一身的机器人。其在提高农业生产力，改变农业生产模式，解决劳动力不足，实现农业的规模化、多样化、精准化等方面显示出极大的优越性，可以改善农业生产环境，防止农药、化肥对人体造成危害，实现农业的工厂化生产。如日本开发的喷农药机器人外形很像一部小汽车，机器人上装有感应传感器、自动喷药控制装置及压力传感器等。计算机视觉识别技术能用于检验农产品的外观品质，检验效率高，可替代传统人工视觉检验法，为消费者的健康提供保证。

农用无人机喷药技术，就是利用无人机搭载喷药装置，并通过控制系统和传感器进行操控，达到对作物进行定量精准喷药。该技术为提高我国农业生产信息化、农业生产过程机械化提供良好的技术支撑和平台。无人机喷药适用范围广，喷药效果好，还能够触达人工作业所达不到的地域。无人机喷药技术将大幅度促进相关喷洒技术的研发，如将智能技术和计算机技术应用于无人机喷洒农药，让喷药装置具有"识别"能力从而自动决定是否喷雾，做到"对靶喷雾"，提高作业精度。

本章主要参考文献

陈汝民，李娘辉，潘瑞炽，等，1993. 茉莉酸甲酯对水稻光合速率及其同化产物运输的调节作用 [J]. Journal of Integrative Plant Biology (8)：600-605.

戴爱梅，陈志，吐鲁达洪，等，2014. 0.0075% 芸苔素内酯 AS 对小麦的生长调节作用和增产效应 [J]. 现代农药，13(6)：54-56.

段留生，田晓莉，2011. 作物化学控制原理与技术 [M]. 北京：中国农业大学出版社 .

范秀珍，肖华山，刘德盛，等，2003. 三十烷醇和磷酸二氢钾混用对水稻的生理效应 [J]. 福建师范大学学报 (自然科学版)(4)：80-84.

高睿，2021. 矮壮素对不同水处理下藜麦生长发育及产量的影响 [D]. 长春：东北师范大学 .

高振，王冀川，孙婷，等，2020. 缩节胺与萘乙酸和芸苔素内酯配施在杂交棉上的化学调控互作效应 [J]. 贵州农业科学，48(10)：10-14.

郭建文，田新会，张舒芸，等，2018. 拔节期喷施矮壮素对小黑麦抗倒伏性及产量的影响 [J]. 甘肃农业大学学报，53(6)：42-49.

杭波，杨晓军，陈养平，等，2012. 无机肥料配合腐植酸铵、复硝酚钠对玉米生长的影响 [J]. 腐植酸 (5)：25-28.

郝青南，杨芳，汪媛媛，等，2022. 氮肥与复硝酚钠复配对南方大豆光合特性和产量及品质的影响 [J]. 中国油料作物学报，44(3)：610-620.

胡兆平，李伟，陈建秋，等，2013. 复硝酚钠、DA-6 和 α− 萘乙酸钠对茄子产量和品质的影响 [J]. 中国农学通报，29(25)：168-172.

康靓，张娜，张永强，等，2022. 矮壮素滴施量对滴灌冬小麦茎秆特征及其抗倒伏性的影响 [J]. 新疆农业科学，59(1)：63-69.

李博，方俊文，王莹，2020. 植物生长调节剂与肥料复配的潜力与问题 [J]. 磷肥与复肥，35(3)：1-4.

李冬梅，2015. 蔬菜植物生长调节剂使用技术规范 [J]. 农业科技通讯 (5)：300-301.

李合生，2006. 现代植物生理学 [M]. 北京：高等教育出版社 .

李灵章，陈頔，刘卓成，等，2018. 复配生长调节剂对草地早熟禾生长的影响 [J]. 草业科学，35(12)：2872-2882.

梁广坚，黄桂萍，邓莉，等，2011. 硼、糖、钙和 DA-6 对枇杷花粉管生长的影响 [J]. 肇庆学院学报，32(2)：50-52，56.

刘祥宇，2021. 植物生长调节剂在农业生产中的应用探讨 [J]. 南方农业，15(18)：6-7.

罗晓峰，戚颖，孟永杰，等，2016. Karrikins 信号传导通路及功能研究进展 [J]. 遗传，38(1)：52-61.

吕凤仙，和江明，李崇娟，等，2022. 菜心和芥蓝种间杂交创制异源四倍体蔬菜种质 [J]. 浙江农业学报，34(8)：1638-1647.

马彩霞，桑政，张永豪，等，2018. 不同生长调节剂组配叶面肥对生菜生长的影响 [J]. 黑龙江农业科学，2018(6)：62-65，69.

马春梅，田阳青，赵强，等，2022. 植物生长调节剂复配对棉花产量的影响 [J]. 作物杂志 (6)：181-185.

毛桂玲，李梅兰，任毛飞，2021. 三种肥料增效剂对黄瓜幼苗生长的影响 [J]. 北方园艺 (18)：1-6.

莫志军，莫凯迪，邓洁，2021. 不同激素对双牌虎爪姜快速繁殖的影响 [J]. 耕作与栽培，41(6)：52-54.

欧阳寿强，2002. 壳聚糖对不结球白菜矮杂号营养品质的影响和对其氮代谢的调节作用 [D]. 南京：南京农业大学 .

潘瑞炽，古焕庆，1995. 茉莉酸甲酯对花生幼苗生长和抗旱性的影响 [J]. 植物生理学报 (3)：215-220.

齐德强，冯乃杰，郑殿峰，等，2019. 不同复配壮秧剂对水稻机插秧根系形态及抗性生理的影响 [J]. 南方农业学报，50(5)：974-981.

万翠，姚锋娜，郭恒，等，2016. 植物生长调节剂调环酸钙的应用与发展现状 [J]. 现代农药，15(5)：1-4.

王永山，王风良，沈田辉，等，1996. 百草枯和乙烯利混配对棉花催熟效果好 [J]. 农药 (10)：45-46.

王泳超，燕博文，曹红章，等，2022. DA-6 与 CCC 复配对密植下玉米叶片光合及抗早衰能力的影响 [J]. 华北农学报，37(4)：90-102.

熊腾飞，林庆胜，冯夏，2022. 植物生长调节剂种子丸粒化包衣对菜心种苗质量的影响 [J]. 种子，41(6)：102-106.

殷万元，姜兴印，张风文，等，2016. 多菌灵与植物生长调节剂联合施用对再植障碍的影响 [J]. 北方果树 (3)：9-14.

鱼冰星，王宏富，杨净，等，2019. 多效唑和乙烯利对谷子穗颈、穗部性状及灌浆的影响 [J]. 核农学报，33(6)：1199-1207.

元明浩，孟广萍，朱阳阳，2009. 不同植物生长调节剂对大豆产量及生长形态的影响 [J]. 安徽农业科学，37(35)：17447-17449.

张金琴，冯忠辉，2015. 植物生长调节剂的特性及使用注意事项 [J]. 农民致富之友 (13)：47.

张特，李广维，李可心，等，2022. 滴施缩节胺对棉花生长发育及产量的影响 [J]. 作物杂志 (4)：124-131.

张义，刘云利，刘子森，等，2021. 植物生长调节剂的研究及应用进展 [J]. 水生生物学报，45(3)：700-708.

张运红，吴礼树，耿明建，等，2009. 寡糖的生物学效应及其在农业中的应用 [J]. 植物生理学通讯，45(12)：1239-1245.

第二章

主要农业气象灾害
对经济作物的致灾机制

第一节　高温对经济作物的致灾机制

联合国政府间气候报告委员会第五次报告指出，近几年来气候变暖是气候变化的主要特征，由于大量温室气体的排放，预估全球气温正以每 10 年 0.2 ℃的趋势增长（Piao et al., 2010；Masson-Delmotte et al., 2018）。目前，高温（high temperature, HT）已经给世界范围内的农业生产带来了重要影响。高温导致产量下降，为未来的全球粮食安全带来极大风险。据报道，1960—2010 年的 50 年间，中国平均地表气温上升了 1.2 ℃，预计到 21 世纪末还将上升 1 ~ 5 ℃，且极端高温灾害下平均气温每增加 1 ℃，粮食作物产量估计将损失 6% ~ 7%，温度的上升必将对作物生长发育造成重大影响（Ahuja et al., 2010；Mittler et al., 2012）。高温热害主要是指日最高气温达到 35 ℃以上，生物体无法适应而引发各种灾害现象。通常情况下，高温胁迫是指温度瞬时升高（一般高于周围环境 10 ~ 15 ℃），植物生长发育停止（田婧等，2012；陈芳等，2013）。高温胁迫能够显著影响植物的正常生长发育，图 2-1 总结了高温胁迫对植株造成的影响（Mittler et al., 2012）。除此之外，还会引起细胞膜完整性损伤，叶片或花器官组织畸变，花粉活力及萌发率下降，花粉败育，结荚率降低、种子组分构成异常及数量下降，最终影响作物的产量和品质（徐如强等，1997；马德华等，1999；Prasad et al., 2002；Prasad et al., 2006）。并且高温常伴随阴雨或干旱等不利天气，严重影响作物的正常生产，增加了农业生产的风险性，不利于我国农业健康持续发展。同时，人们对作物品质与种类有了更高的追求，既要实现周年生产与供应，又要丰富的新品种。而作物对高温逆境如此敏感，使其商品性和营养品质均下降，严重情况下甚至会绝收。植物已经进化出了应对复杂多变的环境温度、气候条件以及对生长发育至关重要的相互联系的信号途径。因此，加强高温胁迫对作物影响的研究，发掘和提高作物对高温的适应能力，了解植物对高温反应的分子机制，对提高作物对高温的耐受性尤为重要。

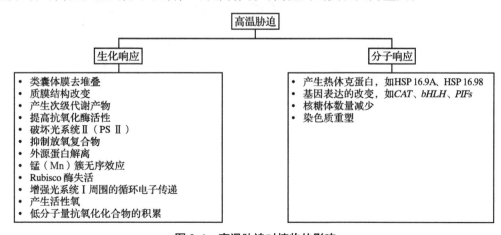

图 2-1　高温胁迫对植物的影响

一、高温对经济作物生长、发育和产量形成的影响

对于荔枝来说，温度超过种子最适温度时，种子活力随温度的升高逐渐降低至丧失活力，高于临界温度的高温催芽对种子的发芽率、发芽势、种子活力指数、相对胚根长度和出芽时间等具有抑制作用，温度越高，影响越显著（付丹文等，2014）。高温胁迫下，大豆种子萌发率和活力均显著下降，种子畸变的比率明显提升（Ren et al., 2009）。秋瓜种子在 35 ℃高温胁迫下发芽率降低 13.45% ~ 15.29%，在 38 ℃高温胁迫下发芽率降低 20.38% ~ 83.98%。高温胁迫会引起黄瓜和番茄植株徒长，植株的徒长导致地上部的光合产物大于地下部，从而使根冠比、根体积下降（王涛等，2019；Shaheen et al., 2016）。高温胁迫还会抑制番茄花药发育和释放花粉粒数量、花粉活力等（图 2-2）。高温会使茄子苗期植株生长异常、生长势较弱或生长受抑，叶片边缘表现不规则缺失或皱褶；开花坐果期表现为花粉发育异常，花粉萌发率低、活力下降、花粉管伸长缓慢，花器发育不良，授粉受精不正常，落花落果增加，畸形果增多以及果皮失去光泽等（李植良等，2009）。高温（45 ℃）胁迫导致赤霞珠葡萄顶部叶片呈烧焦状，出现坏死斑，叶片边缘有不同程度的卷曲、干枯，叶柄夹角变大，叶片 90% 面积都失去绿色，但叶柄颜色正常，未出现坏死症状；君子 1 号顶部 3 片叶完全萎蔫，其余叶片均出现坏死斑，随高温时间延长，叶柄相连的叶脉干枯变褐，叶片出现大面积的坏死斑，可见其叶柄表皮细胞对高温比较敏感（图 2-3 和图 2-4）。

A—B：LA3847 和 LA4284，分别代表在对照条件下的花（左花）和高温条件下的花（右花），在高温下柱头没有明显的外露；C：LA4256 有柱头外露和花柱变形，作为对热敏感的标志（右花）；D：LA0373 在对照和高温条件下花药球果上方的柱头都外露；E—G：LA1930 在所有材料中大多数柱头外露；E：具开裂的雄蕊球果的花，显示长花柱外露于花药水平以上；F：未开裂的花显示出外露的柱头；G：在控制条件下多具有外露柱头的自交不亲和花；H—I：LA0716 在对照和高温条件下分别显示出外露的柱头。

图 2-2 高温对花结构的影响

A：赤霞珠；B：君子 1 号。

图 2-3　高温处理对葡萄植株形态的影响

A：赤霞珠；B：君子 1 号。

图 2-4　葡萄叶片在高温处理过程中的变化

生长期高温对荔枝的产量具有显著的负作用，生长期最高温每增加 1 ℃，将导致产量降低 10.86 ~ 22.98 kg/667 m²，成熟期遇高温产量显著降低 53.98 kg/667 m²（齐文娥等，2019）。同时，成熟期荔枝在经历连续雨天后，如马上遇高温，也会造成荔枝大量裂果，因为荔枝在高温环境下，要通过蒸腾作用来维持正常的生理需求，温度越高，蒸腾的水分越多，根系吸收水分越多。由于荔枝树一般通过叶片蒸腾水分，叶片无法将根系快速吸收的水分蒸腾出去，所以果肉占比越高，荔枝越容易裂果，而果核越大的荔枝品种其裂果率越小。芒果开花期对温度条件要求较严格，当气温高于 35 ℃时，容易造成花柱干枯过快、受精困难，产生很多无胚果，同时高温也会使已受精的幼果灼伤，导致幼果败育、畸形甚至脱落，影响芒果产量和品质。大豆盛花期遇高温，对大豆叶片的影响是非延续性的，且对后期"源"没有影响，部分荚的荚柄细胞崩溃呈丝状、荚壳维管束变稀疏，导致"流"不畅，籽粒内部细胞中空，减少"库"的数量，造成落荚、空瘪荚、缺粒荚增多，总粒数减少，粒重降低，产量下降。因此，盛花期高温会对大豆"流"和"库"造成影响，最终导致减产（卢城等，2021）。在开花和结荚期间，高温胁迫能够造成大豆植株种子形成率下降，并减缓种子的生长。从开花期到成熟期，每天白天 35 ℃高温胁迫处理 10 h，可造成最大减产约为 27.0%。但高夜温处理后，在任何生殖生长阶段均未发现有明显的产量损失，因此，大豆产量的下降可能主要归因于白天的高温胁迫（Ren et al., 2009）。Djanaguiraman

等（2010）研究表明，在高温胁迫下，大豆结荚率、结实率、种子大小和每株种子产量分别下降了35.2%、18.6%、64.5%和71.4%，推测其原因可能是高温胁迫造成大豆花粉解剖结构变化导致花粉萌发率下降，随后Jayawardena等（2019）的报道再次表明了相似的结果。

二、高温对经济作物光合及碳代谢的影响

光合作用是植株产量形成的基础，也是植物对高温胁迫最敏感的生理过程之一。相关研究指出，暴露在高温胁迫下的植物表现出叶绿素（Chlorophyl, Chl）生物合成减少，这是发生在质体中的第一个过程。高温胁迫导致植物Chl积累减少，是由于高温胁迫降低了Chl的合成并加速了Chl的降解，也可能是两者共同作用的结果。高温条件下对Chl生物合成的抑制是由于参与Chl生物合成机制的许多酶被破坏。研究指出，随着温度升高和胁迫时间的延长，大豆和番茄植株叶片中Chl含量逐渐下降，且温度越高下降越快。胁迫时间越长，Chl含量越低，Chl合成速率下降、叶绿体结构与功能受损，进而导致光合作用异常（Jayawardena et al., 2011；苏春杰等，2021）。

光系统Ⅱ（Photosystem Ⅱ, PSⅡ）被认为是光合作用元件中最敏感的元件之一。高温导致类囊体膜在高温下流动性增加，导致PSⅡ捕光复合物从类囊体膜上脱落。高温胁迫对PSⅡ的影响程度也存在差异，高温胁迫下葡萄通过降低PSⅡ的光能吸收、量子产量和电子传递，促进吸收的光能进行热耗散，降低PSⅡ光化学效率，导致CO_2同化力降低，进而影响CO_2同化和H_2O的光解反应，且温度越高叶绿素荧光值降低越显著，对葡萄光能转换效率抑制作用也越明显，造成反应中心PSⅡ出现可逆或不可逆失活（吴久赟等，2021）。沈征言等（1993）研究发现，高温胁迫后，菜豆叶片的光合作用普遍受到抑制，受抑程度因品种的耐热性而异。

高温胁迫抑制植物叶绿素合成，使叶绿体结构发育不良，导致番茄叶片净光合速率（Pn）下降、生长缓慢，胁迫程度随着温度的升高而加重，高温胁迫还导致番茄叶片的非气孔限制作用发挥主导作用，光合效率显著降低（张富存等，2011；范玉洁等，2022）。随着高温胁迫时间的增加，黄瓜幼苗Pn呈现下降趋势，高温胁迫第1天后Pn下降较明显，随胁迫时间延长，持续下降但差异不显著，表明高温胁迫在初期对黄瓜幼苗的伤害较大。随着高温胁迫时间增加，胞间CO_2浓度（Ci）和蒸腾速率（Tr）呈现先增加后降低趋势，表明初期Ci和Tr的增加与高温胁迫密切相关，导致幼苗失水增加，后期降低说明幼苗具有一定的调节水分代谢的能力，且光合能力可以维持在一定水平（崔庆梅等，2021）。高温胁迫下，大豆叶片相对含水量明显降低，随着温度升高和胁迫时间的延长，蒸腾作用加剧，大豆体内水分的亏缺越来越严重（卢琼琼等，2012；韩永华等，2001）。

高温胁迫还能使大豆叶片中可溶性糖水平随温度的升高而呈明显的增加趋势，增幅为61.5%～91.0%。此外，在高温胁迫下，大豆叶片中的还原糖和总可溶性碳水化合物含量增加，而蔗糖含量下降，蔗糖含量的下降可能是光合作用减弱引起植株体内碳水化合物合成下降所致。由此可知，大豆体内可溶性糖含量的积累可能是其提高抗热性的一种潜在机能，以缓解高温胁迫对植株不同组织部位的伤害程度。

三、高温对经济作物酶及内源激素的影响

韩永华等（2001）研究发现，高温渗透胁迫会导致大豆叶片中的丙二醛（malondialdehyde, MDA）水平显著升高，对细胞膜造成伤害。不同参试大豆材料的 MDA 含量受高温影响增幅不同，增加幅度在 15% ～ 64%（魏崃等，2016）。高温胁迫下，大豆幼苗叶片中 MDA 的积累会随温度升高和胁迫时间的延长而迅速增加，结果表明，大豆的膜脂过氧化程度与高温胁迫关系密切（卢琼琼等，2012）。高温导致葡萄叶片超氧阴离子和过氧化氢（hydrogen peroxide, H_2O_2）含量增加，由图 2-5 和图 2-6 可看出，随温度升高两个品种的葡萄叶片上的蓝色和棕色斑点增多，且君子 1 号的受害程度大于赤霞珠。

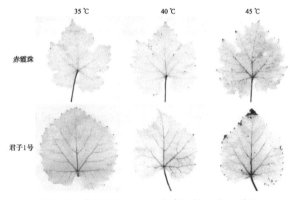

图 2-5　高温处理 48 h 叶片超氧阴离子染色

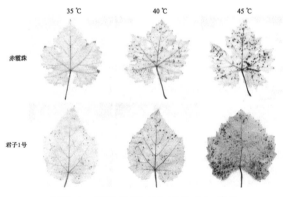

图 2-6　高温处理 48 h 叶片 H_2O_2 染色

图 2-7 和图 2-8 为高温高湿胁迫对大豆种子（子叶和胚乳）、叶片和荚的影响。由图可知，高温高湿导致大豆种子（子叶和胚乳）、叶片和荚的信号通路［ABA、丝裂原活化蛋白激酶（MAPK）、G 蛋白和 Ca^{2+} 介导和磷脂酰肌醇］受到严重影响，从而影响一系列代谢途径，如光合作用、糖酵解、蛋白质生物合成、氧化应激防御等，进而提高种子活力，同时，也有一些途径起到相反作用，导致种子活力降低。在持续的高温高湿条件下，子叶功能相对增强，蔗糖和可溶性蛋白含量增加，淀粉和 MDA 含量减少，超氧化物歧化酶（Superoxide dismutase, SOD）、过氧化物酶（peroxidase, POD）和过氧化氢酶（Catalase, CAT）活性增强，蛋白质生物合成减少，通过提高胚的生存力、叶片的光合作用和养分供应、

豆荚的防御和养分供应导致种子活力提高（Wei et al., 2020）。

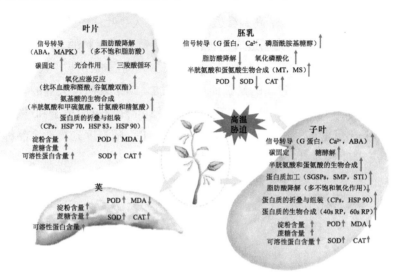

高温胁迫下，两个品种叶片、豆荚皮、子叶和胚的代谢途径、细胞过程和代谢产物含量发生了显著变化。阳性代谢途径、细胞过程和代谢物用红色"↑"标记，而阴性用蓝色"↓"标记。CAT：过氧化氢酶；CP：侣伴蛋白；MDA：丙二醛；MT：5-甲基四氢蝶酰三谷氨酸-高半胱氨酸甲基转移酶；MS：甲硫氨酸合酶；POD：过氧化物酶；SOD：超氧化物歧化酶；STI：热休克蛋白 STI；RP：核糖体蛋白；SMP：种子成熟蛋白 PM22；SHSP：小热休克蛋白；HSP：热休克蛋白。

图 2-7　高温胁迫对大豆生理生化过程的影响

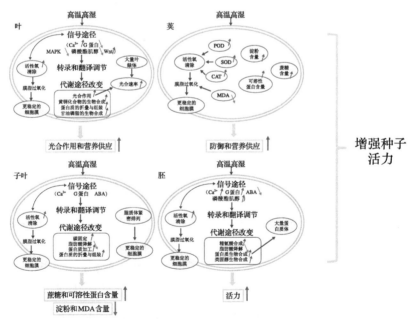

在叶、荚皮、子叶和胚中增强的代谢途径和细胞过程或增加的代谢物用"↑"标记，而减弱的用"↓"标记。ABA：脱落酸；CAT：过氧化氢酶；MAPK：丝裂原活化蛋白激酶；MDA：丙二醛；POD：过氧化物酶；ROS：活性氧；SOD：超氧化物歧化酶；Wnt：Wnt信号通路。

图 2-8　高温胁迫下大豆活力增强机制的图示

四、高温危害经济作物的分子生物学机制

高温胁迫影响大豆生理生化最终结果会体现到其产量上。Thomas等（2003）研究发现，一个受生长素调控的基因（*ADR12*）的表达在高温胁迫下显著下调，说明高温胁迫可能导致大豆种子发育进程发生了变化。

高温逆境影响葡萄叶片 *Hsp* 和 *Hsf* 的表达，窦飞飞等（2021）对两个热敏性品种进行高温胁迫处理后，分别有 32 个和 29 个响应高温胁迫热激蛋白及热激转录因子相关基因发生表达（表 2-1），并均通过上调这些 *Hsp* 基因来响应高温胁迫处理，这表明它们可能正向调节葡萄的耐热性；同时还鉴定出一些 *Hsf*，除 VIT_00s0179g00150 热激转录因子外，VIT_11s0016g03940、VIT_02s0025g04170 下调表达，这两个高表达的基因（*Hsp* 和 *Hsf*），在葡萄响应高温胁迫中起重要作用。

表 2-1　葡萄响应高温胁迫的相关基因

基因 Id	变化倍数（$\log_2$FoldChange）		基因功能描述
	新郁	北红	
VIT 16s0022g00510	2.80	1.59	23.6 kDa 热休克蛋白，线粒体
VIT 02s0025g00280	3.43	2.93	83 kDa 热激蛋白
VIT 06s0004g04470	2.12	1.31	热休克同源的 70 kDa 蛋白 2-like
VIT 04s0008g01110	3.08	2.20	热休克因子蛋白 Hsf30
VIT 16s0050g01150	2.07	1.01	83 kDa 热休克蛋白
VIT 11s0037g00510	1.82	2.25	热休克 70 kDa 蛋白
VIT 04s0008g01590	2.24	3.22	17.3 kDa 的 I 类热休克蛋白
VIT 02s0154g00480	2.71	3.08	23.6 kDa 热休克蛋白，线粒体
VIT 01s0010g02290	3.60	1.45	25.3 kDa 热休克蛋白，叶绿体类
VIT 04s0008g01490	2.82	2.61	小型热休克蛋白 17.3 kDa
VIT 13s0019g02850	1.90	2.56	18.2 kDa I 类热休克蛋白
VIT 13s0019g03000	1.23	2.26	18.1 kDa I 类热休克蛋白
VIT 02s0154g00490	5.15	2.97	小型热休克蛋白，叶绿体
VIT 13s0019g00860	1.55	1.41	15.7 kDa 热休克蛋白，过氧化物酶体
VIT 16s0098g01060	3.12	1.96	小型热休克蛋白，叶绿体
VIT 04s0008g01580	2.88	2.70	17.3 kDa 的第 I 类热休克蛋白
VIT 04s0008g01530	2.34	1.86	17.3 kDa 的第 II 类热休克蛋白
VIT 18s0089g01270	2.09	3.64	22.0 kDa 的第 IV 类热休克蛋白
VIT 04s0008g01510	3.30	2.36	17.3 kDa 的第 II 类热休克蛋白
VIT 13s0019g02780	1.34	1.09	18.2 kDa 的第 I 类热休克蛋白
VIT 04s0008g01520	1.69	2.41	17.1 kDa 的第 II 类热休克蛋白

续表

基因 Id	变化倍数（log$_2$FoldChange）		基因功能描述
	新郁	北红	
VIT 13s0019g00930	2.91	3.27	热休克同源 70 kDa 蛋白
VIT 04s0008g01550	2.53	1.70	17.3 kDa 的第 II 类热休克蛋白
VIT 00s0179g00150	2.25	1.57	热应激转录因子 A-6t
VIT 11s0016203940	−1.18	−2.19	热应激转录因子 C-1
VIT 18s0041g01230	1.77		基质 70 kDa 热休克相关蛋白，叶绿体
VIT 12s0057g00670	1.46		热休克蛋白 90-6，线粒体
VIT 17s0000g07190	1.07		热休克蛋白 101
VIT 08s0007g06710	1.09		90 kDa 热休克蛋白 ATP 酶同系物的激活剂
VIT 13s0019g03160	1.97		18.1 kDa 的第 I 类热休克蛋白
VIT 04s0008g01500	2.18		17.3 kDa 的第 II 类热休克蛋白
VIT 19s0085g01050	3.11		17.6 kDa 的第 I 类热休克蛋白 3-like
VIT 13s0019g02930		2.09	18.1 kDa 的第 I 类热休克蛋白
VIT 13s0019g02740		1.87	18.2 kDa 的第 I 类热休克蛋白
VIT 09s0002g06790		1.48	26.5 kDa 的热休克蛋白，线粒体
VIT 02s0025g04170		−2.20	热应力转录因子 B-2b

sfA1 过表达转化大豆，不仅能够激活转基因大豆植株体内热激蛋白基因 *GmHsp22* 的转录，还增强了另外 2 个基因 *GmHsp23* 和 *GmHsp70* 的表达，显著提高了转基因大豆植株的耐高温能力（52 ℃）（魏崃等，2016；陈晓军等，2006）。Li 等（2014）利用在线工具鉴定并分析了 38 个大豆 *Hsfs* 家族基因的遗传结构和蛋白功能域，并验证 *GmHsf-34* 的过表达改善了拟南芥植物对干旱和高温胁迫的忍耐性。大豆 *HSP70* 基因家族的全基因组表达谱分析结果表明，*HSP70* 家族基因不仅参与大豆组织器官的发育，还对高温和干旱胁迫产生应激响应，从而保护大豆植株抵抗非生物胁迫的危害。此外，大豆中受赤霉素诱导的 MYB 类转录因子结合蛋白 1 基因（*GmGBP1*）过表达转化烟草的结果发现，相对于对照材料（叶片失绿变黄、萎蔫坏死），48 ℃下高温胁迫的转基因烟草叶片并未明显变黄；55 ℃高温胁迫后，转基因烟草幼苗存活率为 24.14%，仍高于对照。结果表明，过表达大豆 *GmGBP1* 能在一定程度上提高转基因烟草幼苗的耐高温性（聂腾坤等，2016）。

高温胁迫影响大豆生理生化的最终结果会体现到其产量上。研究表明，高温胁迫导致受生长素调控的基因（*ADR12*）在高温胁迫条件下显著下调，说明高温胁迫可能导致大豆种子发育进程发生了变化。另外，一个大豆种子正常发育期间表达的 β - 葡萄糖苷酶基因，在 28 ℃ /18 ℃（最高温 / 最低温）生长条件下的大豆种子中能够检测到，但在 40 ℃ /30 ℃生长条件下的大豆种子中未检测到，说明大豆种子组分发育的正常进程可能被高温胁迫打乱。

第二节 低温对经济作物的致灾机制

由于环境的不断变化，植物在生长发育期间经常遭受各种生物及非生物胁迫。低温作为其中主要的非生物胁迫之一，常常抑制植物的生长发育甚至导致植物死亡。不同于其他生物可以通过移动来躲避低温胁迫的发生，植物只能通过短期改变自身的生理生化水平以及长期的遗传进化来适应低温胁迫。根据低温的程度和植物受害情况，可将低温胁迫分为冷害和冻害两种类型。图 2-9 为冷害和冻害对植物细胞影响的差异比较。冷害是指温度大于 0 ℃的低温伤害。冷害的发生会影响植物细胞膜的结构稳定，从而影响所有需要通过细胞膜而进行的生理生化进程。冷害发生时，植物体内酶活性降低，植物不能及时抵抗并清除体内活性氧（ROS），导致 ROS 大量积累并最终影响植物细胞膜的稳定性，使细胞出现离子渗漏、细胞失水。冷害的发生往往促使植物体内核糖核酸（RNA）二级结构发生改变，使得基因和蛋白质的表达受抑制，植物转录水平和蛋白质水平的稳定受影响。另外，冷害还会干扰植物体内蛋白质复合体的稳定从而影响植物体内整个代谢过程。因而，冷害能够影响植物的整个生理代谢过程，最终减缓植物的生长发育甚至引发植物死亡。冻害是指温度小于 0 ℃的低温伤害。由于外界环境温度过低，植物细胞外发生结冰使细胞产生胞内－胞外化学势差异，细胞内水分不断向细胞外迁移导致植物细胞因严重脱水而死亡。另外，冻害发生时细胞内水分也会由于温度过低而形成冰晶，对细胞结构造成不可逆的机械损伤，导致细胞死亡。

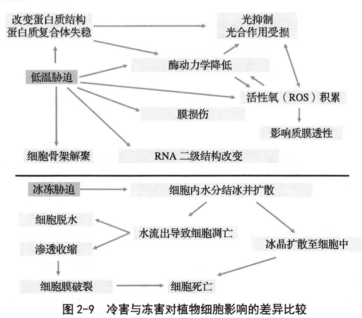

图 2-9 冷害与冻害对植物细胞影响的差异比较

一、低温对经济作物生长、发育和产量形成的影响

低温冷害条件下会引起荔枝褐变症状，内果皮出现水浸状褐斑，外果皮褐变，失去光

泽，整批果实出现同样的症状，当果实遭受低温伤害后再转移到常温条件下，褐变速度会加快（庞学群等，2001；胡位荣，2003）。图 2-10 为低温胁迫下荔枝叶片形态的变化，结果发现，处理 4 d 后，荔枝叶片开始卷曲，叶脉变红（Zhang et al., 2022）。低温通常会导致番茄果实颜色发育不良、表面凹陷，复温后还会导致番茄腐烂，其受伤害程度与低温胁迫的严重程度成正比，在复温后，与对照相比，番茄果实褐变的发生率更高（图 2-11 和图 2-12）（Albornoz et al., 2019）。

图 2-10　低温胁迫下荔枝叶片表型的研究

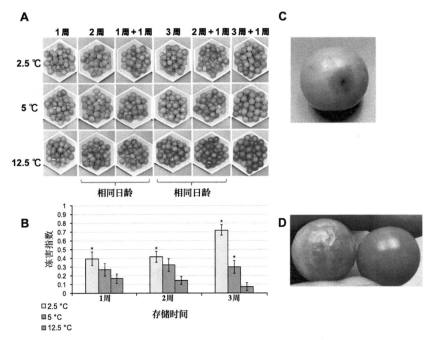

A：温度和储存时间的影响，水果在 2.5 ℃、5 ℃或 12.5 ℃下保存 3 周，在 1 周、2 周和 3 周之后将水果转移到 20 ℃保持 1 周；B：冷害指数（平均值 ± 标准差），每列代表每个处理 32 个水果的平均值，通过 Kruskal-Wallis 检验，在给定时间点，标有星号的柱与对照组（12.5 ℃）相比有显著差异（P < 0.05）；C：腐烂的水果图像，水果在 2.5 ℃下储存 3 周，然后在 20 ℃下储存 1 周；D：表面凹陷的水果图像，水果在 2.5 ℃下储存 3 周，然后在 20 ℃下储存 1 周，显示出表面点蚀迹象（左），而对照水果在 12.5 ℃下储存 3 周，然后在 20 ℃下储存 1 周（右）。

图 2-11　裂果樱桃番茄果实的外部变化

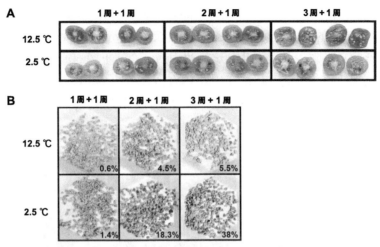

A：番茄的横切面；B：番茄中提取的种子和出现褐变迹象种子的百分比。

图 2-12　裂果樱桃番茄果实的内部变化

大豆属于喜温耐冷凉作物。不同品种的最低和最适宜温度不尽相同，通常最低发芽温度范围为 6 ~ 8 ℃，最适发芽温度范围为 25 ~ 30 ℃。一般情况下出苗延迟率随着温度的降低而增加，温度越低，播种至出苗的时间越长。大豆幼苗期的冷害指标是 13 ~ 15 ℃，这一时期低温主要是影响幼苗叶片伸长率。大豆开花结荚期是大豆生理上的冷害关键时期，这一时期冷害的指标为 17 ℃。大豆花荚期温度越低，低温持续时间越长，大豆产量降低越严重。相关研究已从不同的生理机制验证了低温胁迫导致作物减产的原因，认为花期低温胁迫造成大豆减产损失的原因是低温胁迫影响了叶片光合产物的输出，致使大豆的总状花序的花和荚不能从源器官（叶片）内获得充足的光合同化物，使植株顶端的花荚发育不良，严重时甚至大量脱落（Mohammed，2007）。赵晶晶等（2021）研究指出，低温胁迫降低了大豆株高和产量，提高了底荚高度，其中，合丰 50 和垦丰 16 的减产范围分别为10.29% ~ 30.88% 和 9.58% ~ 24.22%，底荚高度的增加不利于植株下部产量的形成，并且受胁迫植株的二粒荚数、三粒荚数和四粒荚数显著降低，这导致大豆的单株荚数和单株籽粒数有不同程度的减少。

二、低温对经济作物光合及碳代谢的影响

在 2 叶期、4 叶期和 6 叶期，低温胁迫导致黄瓜幼苗 Pn、Gs 和 Tr 显著降低，而 Ci 显著增加，其中，Pn 分别显著降低 90%、84% 和 74%，Gs 分别显著降低 83%、73% 和 69%，Tr 分别显著降低 82%、80% 和 69%，Ci 分别显著增加 135%、80% 和 60%。同时，低温胁迫导致黄瓜叶片叶绿素荧光参数（Fv/Fm）、光化学淬灭系数（qP）和表观电子传递速率（ETR）均呈显著降低趋势（Amin et al.，2021）。与常见低温条件相比，濒临极端低温时，甘蔗群体材料对低温胁迫的抗性分化更为明显，也更显示出其潜在光合能力的明显差异，而这种抗冷性不是通过水分关系等间接因素起作用，而是直接与叶绿体功能维持相关。通过对比分析极端低温和常规低温条件下甘蔗材料的表现差异及强抗冷材料与冷敏

感材料的差异时发现，极端低温下冷敏甘蔗品种几近丧失光合能力，主要表现为 Pn 几乎为 0，发射叶绿素荧光的能力也几近丧失，即初始荧光（Fo）和最大荧光（Fm）值均接近 0，表明叶绿体遭受严重破坏，叶绿素从叶绿体蛋白质复合体上脱离或分解破坏流失（王海玲等，2021）。低温胁迫还降低了荔枝叶片的 Fv/Fm 值（图 2-13），从低温胁迫 2 d 开始，Fv/Fm 值下降，在 5 ~ 12 d，正常温度条件下的对照值为 0.75，而低温处理的 Fv/Fm 值约为 0.3（Zhang et al., 2022）。

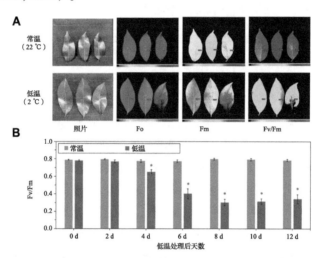

A：在第 12 天的时间点，在作为对照的常温和作为处理的低温下，荔枝叶片表型、Fo、Fm 和 Fv/Fm 参数和叶绿素荧光成像；B：低温和常温条件下荔枝叶片的 Fv/Fm 值。星号（*）表示处理组和对照组在同一时间点的显著差异（$P \leqslant 0.05$，$n = 3$，t 检验）。

图 2-13 常温和低温条件下叶片叶绿素荧光参数的变化

大豆花期进行低温胁迫导致叶片中淀粉含量减少，果糖含量增加，提高了酸性转化酶（acid invertase, AI）、中性转化酶（neutral invertase, NI）和蔗糖合成酶（sucrose synthase, SS）活性，抑制了蔗糖磷酸合成酶（sucrose phosphate synthase, SPS）活性，其中，合丰 50 叶片蔗糖含量下降幅度为 33.23% ~ 66.74%，垦丰 16 叶片蔗糖含量下降幅度为 23.27% ~ 55.34%，低温胁迫后恢复期间，上述指标呈相反的变化趋势，不同基因型品种间呈现相同的变化趋势（赵晶晶等，2021）。低温胁迫造成大豆叶片内蔗糖含量减少的主要原因是蔗糖合成途径受到抑制，而分解途径加快，从源库角度来看，源器官（叶片）内蔗糖含量的减少不利于其向外运输，花作为大豆的主要库器官，无法从源器官得到充足的光合同化物，致使其大量脱落，导致产量降低。低温可以提高叶片内果糖、蔗糖和淀粉含量（Zeng et al., 2011；Qi et al., 2013；Bertamini et al., 2006；Miao et al., 2007），胁迫恢复后，叶片内淀粉含量难以恢复到对照水平（宫香伟等，2017）。Liu 等（2004）研究发现，短暂的非生物胁迫环境会使植株叶片内淀粉和蔗糖含量迅速下降。

三、低温对经济作物酶及内源激素的影响

低温胁迫条件下，黄瓜叶片脱落酸（abscisic Acid, ABA）和茉莉酸（jasmonic acid,

JA）含量增加，而吲哚乙酸（indole-3-acetic acid, IAA）和赤霉素（gibberellins, GA）含量降低，在 2 叶期、4 叶期和 6 叶期，ABA 和 JA 分别增加 137%、293%、328% 和 136%、140%、187%；IAA 和 GA 分别下降 97%、64%、29% 和 50%、40%、46%（Amin et al., 2021）。荔枝在遭受低温胁迫后会产生一定的抗逆保护作用，其生理生化指标会发生变化。凤梨释迦、圆滑番荔枝和刺果番荔枝在进行人工低温胁迫后，其 POD 活性在 15 ℃低温胁迫下均出现大幅下降，当低温胁迫达到 5 ℃时，刺果番荔枝和圆滑番荔枝 POD 活性出现明显增加并高于常温水平，只有凤梨释迦 POD 活性仍然低于常温水平。3 种番荔枝在 3 个低温梯度下的 SOD 活性接近或低于常温水平，5 ℃下刺果番荔枝 SOD 活性下降最少，圆滑番荔枝次之，凤梨释迦下降最多。3 种番荔枝 MDA 含量在 15 ℃时出现不同程度的增加，增加幅度依次为凤梨释迦 > 圆滑番荔枝 > 刺果番荔枝。在低温胁迫下，3 种番荔枝可溶性蛋白增加情况为刺果番荔枝增量最大，圆滑番荔枝次之，凤梨释迦增加最少。可溶性总糖的含量增加情况也是刺果番荔枝增加最大，其次为凤梨释迦，最低的是圆滑番荔枝。SOD 和 POD 是植物细胞膜的保护酶，活性越高，植物的抗逆性越强；MDA 表示逆境胁迫对植物细胞膜的危害程度，MDA 越低表示受损害程度越小，可溶性蛋白和可溶性总糖的含量与植物抗寒性成正比关系。因此，综上 5 项生理生化指标的测定结果，可以得出三种番荔枝的抗寒特性强弱顺序：刺果番荔枝 > 圆滑番荔枝 > 凤梨释迦（池敏杰等，2019）。

甘蔗自身具有一定的抗冷性。研究发现，低温胁迫下，CAT 和 POD 活性的提高以及渗透调节物质脯氨酸的积累，能够有效清除 ROS 和氧自由基，减缓和抵御细胞的伤害，从而表现出自身的抗冷性。另外，经过甜菜碱（betaine, GB）或脯氨酸（proline, Pro）预处理，也可促进甘蔗芽在低温胁迫下的生长发育，提高甘蔗幼苗对低温胁迫的抵抗能力。

宋剑陶等（1992）对大豆抗冷性生理生化指标进行筛选，指出抗冷性越强的品种 SOD 酶活性越高，MDA 含量越低，且低温会导致 MDA 含量的增加幅度越小。郝晶等（2007）指出耐冷大豆品种在萌发期间的 SOD、POD 和 CAT 活性对低温反应灵敏，低温胁迫处理后 SOD、POD 和 CAT 活性较高或较稳定。张大伟等（2010）通过研究低温胁迫对大豆萌发期电导率、MDA、脯氨酸和可溶性糖等生理指标的影响，从 12 个大豆品种中筛选出绥农 14、垦丰 7 号、合丰 25 和垦农 18 等 6 个耐低温性强的大豆品种。脯氨酸含量是评价品种耐低温能力的重要指标之一，耐低温能力越强的品种，脯氨酸积累得越多（张美云等，2001；Duke et al., 1977）。

四、低温危害经济作物的分子生物学机制

Park 等（2015）利用转录组学分析不同耐寒甘蔗品种对低温胁迫的响应差异，分析发现了 600 个差异表达基因，其中大部分基因与跨膜转运活性有关。Nogueira 等（2003）用低温处理后分析甘蔗 RNA 表达谱，分离鉴定出 34 个冷诱导表达序列标签（expressied Sequence Tags, ESTS），其中发现了 20 个响应低温胁迫的新基因。Menossi 等（2007）在低温胁迫甘蔗幼苗研究中发现，25 种基因的表达受到抑制，34 种基因上调表达，说明这些基因参与甘蔗抗冷性的形成。陈香玲等（2010）利用目标起始密码子多态性（start codon targeted polymorphism, SCoT）分子标记分析 2 个抗寒性不同的甘蔗品种在低温胁迫下的差异表达基因，发现有 2 个功能未知转录衍生片段（transcript-derived fragment, TDF）只在抗寒品种中稳定出现，初步判断可能与甘蔗的抗寒基因表达相关。表 2-2 为甘蔗低温相关基因名单。

表 2-2　甘蔗低温相关基因名单

基因名称	克隆方法	参考文献
NAC 转录抑制因子 *SsNAC23*	cDNA 文库 cDNA library	Nogueira et al., 2005
转录激活因子 *ScCBF1*	同源克隆 Homologous cloning	成伟等，2015
脱落酸胁迫成熟诱导基因 *SoASR*	同源克隆 Homologous cloning	谭秦亮等，2013
NADP 异柠檬酸脱氢酶基因 *SoNADP-IDH*	差异蛋白 Differential protein、RACE	谢晓娜等，2015
S- 腺苷甲硫氨酸合成酶基因 *ScSAM*	差异蛋白 Differential protein、RACE	宋修鹏等，2014
苯丙氨酸解氨酶基因 *PAL*	差异蛋白 Differential protein、RACE	宋修鹏等，2013

图 2-14 为黄瓜 *CsNOA1* 途径产生的一氧化氮（NO）激活淀粉代谢途径，由图可知，*CsNOA1* 的结构性过表达导致可溶性糖、淀粉大量积累，同时，淀粉生物合成相关基因（*SS1* 和 *SS2*）上调和淀粉降解相关基因（*SA1*）下调，最终导致淀粉含量增加。冷胁迫下结合因子（*CBF3*）表达上调，冷胁迫指数降低，相反，与野生型相比，低温抑制了 *CsNOA1* 的表达，以上结果表明，*CsNOA1* 具有调节黄瓜幼苗耐冷性的作用（Liu et al., 2016）。

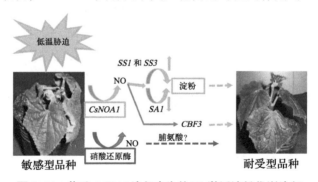

图 2-14　黄瓜 *CsNOA1* 途径产生的 NO 激活淀粉代谢途径

低温胁迫后，通过核磁共振和表皮颜色进行分析，低温解除后，番茄自身无法恢复或修复受低温影响的机制（图 2-15）。同时，低温还导致番茄果实内淀粉含量减少，种皮颜色发生变化，并进一步影响内部组织。随着低温时间延长，番茄果实 MDA 含量升高，并在复温后达到峰值，再次证明，复温会加重冷胁迫对番茄果实的损伤。从基因表达角度分析，低温胁迫条件下，*ACS2*、*LoxB*、*ACO1*、*AOX1a* 和 *CBFI* 具有响应低温胁迫的作用，同时，上述基因也可通过相互之间协同作用抵御低温胁迫。转录物的积累在不同条件下都在果皮中较高（*CBF1*），同时，在两个组织中同样表达（*ACO1*、*AOX1a*）或取决于温度和储存时间（*ACS2*、*LoxB* 和 *DHN*）（Albornoz et al., 2019）。

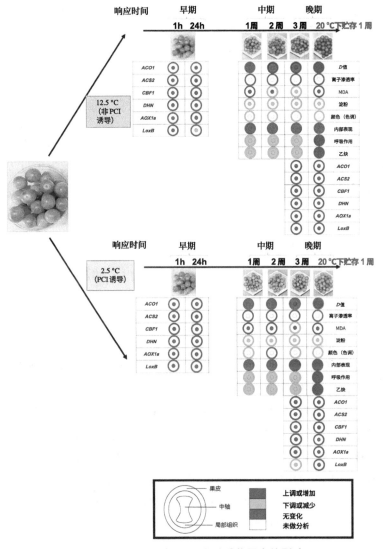

图 2-15　低温胁迫对番茄果实的影响

第三节　干旱对经济作物的致灾机制

　　干旱指降雨时空分布不均匀，往往某时段内，蒸发量比降水量大，导致水分支出大于水分收入，造成水分收支不平衡、水分短缺，出现气象干旱。干旱是全球最主要的自然灾害之一，在全球气候变化的背景下，干旱发生的强度和频率增加，干旱灾害发生呈常态化。干旱作为一种主要的自然灾害，对全球区域农业、水资源和环境均产生深远的影响。我国水资源短缺，干旱、半干旱地区约占国土面积的一半，在农业气象灾害中，旱灾发生频率最高、面积最大，我国气象灾害的发生约占自然灾害的 70%，受灾面积 0.22 亿 ~ 0.56 亿 hm²，而旱灾的发生又占气象灾害的 50% 左右。干旱是一种复杂的过程，首先由气象干旱引起，发展到一定程度将引起农业干旱、生态干旱、水文干旱以及社会经济干旱。农业干旱是指由于土壤含水量低于作物需水量引起作物体内水分亏缺，影响作物正常生长发育，从而导致减产或失收的现象。根据农业干旱的定义，农业干旱的直接判断标准并不是降水量等气象指标，而是作物体内水分含量是否影响到作物的正常生长发育过程。植物对干旱胁迫的响应是一个复杂的物理化学过程，其响应方式分为应激响应、主动适应和被动适应 3 种，分别对应着干旱开始、轻度干旱、中度干旱、严重干旱和极端干旱 5 个阶段。应激响应是指在胁迫的开始阶段，作物立即做出的抑制、放慢或停止生长的反应或行为。在土壤干旱达到一定程度之前，作物为适应干旱发生调节性和适应性变化，而其生理过程受到影响程度较小。但当土壤干旱达到一定程度后，作物生理过程受到严重破坏，干旱经由土壤传递到作物生理过程，再传递到作物生态过程，最后导致减产。

一、干旱对经济作物的生长、发育和产量形成的影响

表 2-3 为不同的缺水处理对甜瓜叶面积、根的分枝以及芽和根的长度的影响。随着缺水天数的增加，芽的生长受到明显抑制（图 2-16）。同时，叶面积、根系体积和根系分枝都明显低于水分充足的对照植物的数值。然而，在缺水 7 d、14 d 和 21 d 之后，根的长度明显增加。与对照组相比，在缺水 7 d、14 d 和 21 d 之后，叶面积分别减少 20.90%、35.03% 和 56.10%。21 d 后，根分枝减少 84.21%，而 14 d 和 7 d 后分别减少了 49.89% 和 15.70%。与对照组相比，在缺水 7 d、14 d 和 21 d 之后，芽长分别减少 20.90%、63.31% 和 78.63%，而在缺水条件下，根长分别增加 28.57%、66.12% 和 122.86%。由于逐渐缺水，干物质重和鲜重比受到正向影响，在缺水 7 d、14 d 和 21 d 之后，根干重 / 根鲜重（RDW/RFW）、茎干重 / 茎鲜重（SDW/SFW）和叶干重 / 叶鲜重（LDW/LFW）都有明显增加。21 d 后，RDW/RFW、SDW/SFW 和 LDW/LFW 的增幅最大，分别为 61.76%、104.63% 和 65.38%，而 7 d 后的增幅最小，为 16.91%、8.33% 和 14.90%。然而，在缺水处理 14 d 之后，与对照组相比，分别增加 38.24%、37.04% 和 37.02%（Ansari et al., 2019）。

表 2-3 不同的缺水处理对甜瓜叶面积、根分枝以及芽长和根长的影响

参数	干旱胁迫天数			
	0 d*	7 d	14 d	21 d
（根干重 / 根鲜重）/ %	13.60±1.11 c	15.90±1.13 bc	18.80±1.50 ab	22.00±1.26 a
（茎干重 / 茎鲜重）/ %	10.80±0.30 c	11.70±0.72 bc	14.80±1.34 b	22.10±1.33 a
（叶干重 / 叶鲜重）/ %	20.80±1.76 b	23.90±1.91 b	28.50±3.04 ab	34.40±2.80 a
根分枝 / N	14.00±1.16 a	12.10±1.21 ab	9.34±0.22 bc	7.60±0.42 c
根长 / cm	24.50±1.95 d	31.50±1.62 c	40.70±1.88 b	54.60±2.90 a

续表

参数	干旱胁迫天数			
	0 d*	7 d	14 d	21 d
芽长 / cm	107.00±7.19 a	88.50±4.37 b	65.52±5.61 c	59.90±2.34 c
叶面积 / cm²	133.00±6.00 a	110.00±8.74 ab	98.50±7.08 bc	85.20±6.37 c

注：* 为对照。同一量数值后不同小写字母表示 0.05 水平上存在显著差异，全书同。

图 2-16　缺水对甜瓜表型的影响

Jangpromma 等（2012）研究表明，盆栽条件下，甘蔗经过 10 d 的干旱胁迫处理，除了生物量显著降低外，地上部的茎径也显著减小，且复水后不能完全恢复，这可能与干旱对生物量和茎粗影响持续的时间长短有关。甘蔗的茎数、茎高、茎粗和茎重是受环境影响较大的性状，水分亏缺时，这些性状受到限制，且在中度水分胁迫下，甘蔗产量与茎高、茎数、茎粗和茎重呈正相关。茎长是衡量甘蔗最终库容大小的重要参数。株高的降低都会使其商业产量降低。干旱可导致植株节间长度、株高和单茎重降低，最终的甘蔗平均产量也降低。干旱胁迫下，甘蔗根长是影响甘蔗生物量形成的主要因素之一，干旱期和恢复期的根冠比（同化物的分配）是维持甘蔗生物量的关键性状。植物要获得生长所需的水分和营养物质就必须发展有效的根系结构。

张翠仙等（2019）研究指出，在不同浓度聚乙二醇 6000（PEG-6000）胁迫处理下，三年芒和马切苏 2 个芒果品种的发芽率、发芽势、发芽指数和活力指数均低于正常处理的对照，且随着 PEG-6000 浓度的升高，发芽时间变长。同时，不同浓度 PEG-6000 模拟胁迫下芒果幼苗的生长也受到不同程度的抑制，具体体现在胚根鲜重、胚根长、胚芽鲜重和胚芽长等生长指标的变化情况上，即随 PEG-6000 浓度的升高，马切苏的胚根鲜重、胚根长、胚芽鲜重和胚芽长均显著低于对照，而三年芒在 10% 浓度 PEG-6000 浓度下，胚根鲜重和胚根长显著高于 5%、15% 和 20% 浓度处理，当 PEG-6000 浓度为 20% 时，2 个芒果品种均只有胚根生长，没有芽生长，说明干旱胁迫对胚芽生长的抑制作用更明显，可能是干旱胁迫抑制了光合作用，影响根系对水分的吸收，阻碍物质的转运和积累，从而抑制芒果幼苗的生长。

图 2-17 为干旱胁迫对大豆的影响，干旱胁迫会导致大豆形态发生变化，表现为减小叶面积、降低株高、减少分枝、降低生物量；干旱还会增加大豆根系的表面积，并增加根系密度，大豆能够通过主动改变形态结构来适应和缓解水分胁迫带来的影响（Arya et al., 2021）。干旱胁迫会减少荚数、导致大豆种子发育不良、降低粒重等，最终造成产量损失。大豆在第 2 节期（V2 期）时，用 6% 聚乙二醇处理后，植株开始枯萎，叶片卷曲，茎秆下垂（Noman et al., 2019）。轻度干旱条件下，大豆根长和根质量都有所增加，但在重度干旱时，根长和根质量都显著下降。不同抗旱型品种根系形态存在区别，根长密度、根系下扎性以及不同土层中根系分布等性状间存在明显差异。抗旱型品种根系发达，而干旱敏感型品种则相反。大豆根有主根和侧根之分，主根比较粗壮，侧根比较细弱，多数根的直径范围为 0 ~ 1 mm。研究认为，侧根负责养分和水分的吸收，种子根和不定根主要负责向上运输水分和养分。干旱胁迫下，大豆主根生长受到抑制，侧根生长受促进，水分亏缺能够诱导根系产生更多的二级侧根和三级侧根，这可以保持根系的吸收功能且减弱了大豆根系对养分的消耗，表明尽管干旱促大豆侧根发育，改变土壤中根系分布情况，但随着干旱程度的增加，侧根数量减少。这与根系形态有关，直根系作物会依靠减少侧根生长发育从而提高主根深扎能力以及吸取深层土壤水分，而须根系作物则主要依靠增大土壤中庞大的须根来弥补根系下扎能力减弱带来的水分吸收上的损失（图 2-18）。

干旱引起形态变化，如营养生物量的损失，伴随着荚果数量、种子数量、种子重量的减少和种子生化组成的改变；细胞调节干旱的影响，合成渗透调节物质，如脯氨酸和糖醇，以平衡维持细胞膜完整性的渗透势；在许多抗旱大豆品种中，根通过改变根长、分枝和其他表型来调整其结构以适应缺水条件，从而吸收更多的土壤水分；严重的干旱胁迫导致 ROS 积累，这可通过氧化生物分子引起细胞和组织损伤。

图 2-17 干旱对大豆各种影响

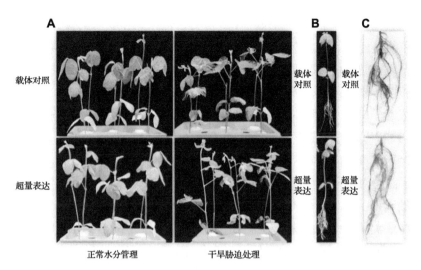

A：载体对照和超量表达在正常水分管理和干旱胁迫处理下的表型；B：载体对照和超量表达在干旱胁迫下植株表型；C：载体对照和超量表达在干旱胁迫下根系表型。

图 2-18　干旱胁迫下大豆 V2 期表型

二、干旱对经济作物光合及碳代谢的影响

姚全胜等（2006）研究发现，土壤含水量过高（33.3%）或不足（17.3%）能显著降低盆栽芒果幼苗的净光合速率及气孔导度，同时土壤水分缺乏，蒸腾速率显著降低，土壤含水量和相对的气孔导度表现出很强的相关性。刘国银等（2014）研究发现，贵妃芒与台农芒 2 个品种的叶片含水量与土壤含水量之间呈正相关关系，并达到极显著水平，其中贵妃芒相关性大于台农芒，而且不同物候期土壤含水量与叶片含水量相关性不同。减少灌溉可提高淀粉的分解速率和增加果糖含量（Léchaudel et al., 2005），同时也能改变果实大小的分布（Spreer et al., 2007）。Madigu 等（2009）研究表明，非灌溉果实比灌溉果实更硬。随着果实成熟，非灌溉果实的 β - 胡萝卜素和花青素含量高于灌溉果实。硬度和淀粉含量之间有较高相关性，灌溉与非灌溉相关系数分别为 $r^2 = 0.86$，$r^2 = 0.96$。Zuazo 等（2011）研究发现，33% 作物蒸发蒸腾量（ETc）持续亏缺灌溉和 50% ETc 持续亏缺灌溉果皮百分含量高于其他 2 个处理。灌溉果实 β - 胡萝卜素的含量增加比非灌溉快。非灌溉果实在整个生长发育期的花青素含量均高于灌溉处理，可能是由于水分亏缺减少了营养生长，从而形成更多的光保护色素，增加果实的光吸收。灌溉果实具有较高的叶绿素含量可能是由于冠幅的增加。Spreer 等（2007）对充分灌溉、分根区灌溉、调亏灌溉和不灌溉 4 个处理的研究表明，调亏灌溉与充分灌溉相比，产量减少，然而对果实的生长和采后质量无不利影响；但分根区灌溉，增加果实单果重，同时果实可食率比其他各个处理都高，在采收时，对照含酸量最低，然而，对照与各个处理之间的糖酸比均无显著差异，不同灌水处理的外观没有明显差异。Madigu 等（2009）研究表明，碳水化合物的代谢在芒果果实生长发育中起着至关重要的作用，尤其是对淀粉含量的影响，不灌溉处理果实淀粉含量显著高于灌溉处理，随着果实成熟，淀粉含量开始下降，可能由于合成减少，分解代谢增加，导致糖含量增加。

在糖代谢方面，干旱胁迫使荔枝叶片淀粉酶、转化酶和苯丙氨酸解氨酶（PAL）活性加强，淀粉和蔗糖含量下降，转化的可溶性糖和还原性糖含量增加。裂果与空气湿度有关。研究发现，台风期间荔枝日裂果率（DCR）、果径日净增值（DNG）和蒸汽压亏（VPD）之间极显著相关（李建国等，1992）。VPD 骤降抑制叶片蒸腾，使水分大量涌入果实，导致大量裂果发生。VPD 明显下降，使果实（尤其受胁迫果实）出现猛长的启动外因。可能是 VPD 导致叶片蒸腾强度下降，使叶片不再争夺大量水分，不再从果实抽取水分补足亏缺，因而上行水流转向果实（黄辉白等，1994）。

研究干旱胁迫对不同大豆品种叶片光合作用的影响，结果表明叶片的 Pn、Tr 和 Gs 显著降低，在始荚期（R2 期），Ci 值下降较大，Ls 较高，说明气孔因素对光合作用起主要限制作用。在盛荚期（R4 期）和鼓粒盛期（R6 期），Ci 下降不明显，Ls 降低，而表观叶肉导度下降，表明非气孔因素此时降低了光合作用。在大豆苗期进行不同程度的干旱胁迫，研究发现，Pn、Gs 和 Tr 随干旱胁迫强度的增加而减少，重度干旱胁迫条件下水分利用效率（WUE）显著降低。叶绿素含量总体呈下降趋势，中度和重度干旱胁迫时下降最明显，在轻度胁迫下，大豆幼苗光合作用较高。在大豆苗期、花期和结荚期进行控水处理，观察结荚期光合生理，结果表明，正常供水时，大豆结荚期 Pn、Ci、Tr、Gs 及生物量均达最大值，不同时期不同干旱胁迫时 Pn、Ci、Tr、Gs 及生物量呈下降趋势，中度胁迫时下降幅度较大，在结荚期各指标影响更大，因此，此时期应尤其注意水分管理。

三、干旱对经济作物酶及内源激素的影响

水分胁迫下，荔枝细胞结构及生理代谢都会受到不同程度破坏，植株体内也会产生相应代谢机制来抵抗这种破坏。水分胁迫可使光合作用效率降低，干旱下荔枝叶肉细胞叶绿体结构受到不同程度损伤，叶片膜透性（电解质和无机磷渗透）增加，且不耐旱品种下降幅度更大。干旱胁迫使荔枝叶片 H_2O_2 和 MDA 含量显著增加，使细胞膜脂过氧化加剧；同时，活性氧清除物质 POD、SOD、抗坏血酸过氧化物酶（aseorbateperoxidase, APX）、谷胱甘肽还原酶（gluathione reductase, GR）和谷胱甘肽（glutathione, GSH）含量上升，使植株一定程度上加强活性氧清除能力。干旱胁迫对呼吸作用也有一定影响，葡萄糖 –6– 磷酸脱氢酶是磷酸戊糖途径（pentose phosphate pathway, PPP）的关键酶，水分胁迫下荔枝叶片葡萄糖 –6– 磷酸脱氢酶活性下降，其呼吸作用受到破坏。但植株会产生相应的协调机制，如水分胁迫下荔枝叶片乙醇酸氧化酶活性降低，减少了光呼吸对同化产物的消耗，有利于荔枝在水分胁迫下生存；叶片线粒体膜钙离子 ATP 酶（Ca^{2+}-ATPase）活性提高，有利于维持线粒体膜上 Ca^{2+} 的运输，提高抗旱性。水分胁迫下，荔枝叶片蛋白酶活性增加导致可溶性蛋白含量下降，脯氨酸脱氢酶（proline dehydrogenase, PDH）活性下降引起脯氨酸含量上升。植物内源激素在水分胁迫下也有较大变化。陈立松等（1999）以 2 年生盆栽荔枝幼苗为试验材料，发现干旱胁迫下荔枝叶片 ABA 含量上升，IAA 含量下降。Stern 等（2003）在研究 4 种灌水条件（100%、50%、25% 和 0%）对毛里求斯荔枝木质部

玉米素核苷（trans-Zeatin-riboside, ZR）含量影响时，发现 ABA 和 ZR 在水分亏缺时有所增加，且以二氢玉米素核苷（dihydrozeatin riboside, DHZR）增加显著。

干旱胁迫下，耐旱甘蔗品种叶片中的氧自由基清除酶反应较不耐旱品种更为迅速，且酶系统中的 SOD、POD、CAT、SS 以及非可溶性蛋白（ISP）含量均显著提高，同时叶片中的 MDA、非可溶性糖（ISS）含量也维持在一个较为稳定的水平。而另一项研究表明，在所有水平的水分胁迫下，耐旱型甘蔗的 SOD 活性均高于敏感型，说明耐旱甘蔗品种清除 ROS 的能力优于敏感品种得益于 SOD 活性的升高；干旱胁迫下，耐旱品种中过氧化氢（H_2O_2）的水平未变，CAT、POD 和 APX 活性升高，而敏感型甘蔗的 CAT 活性降低，POD 和 APX 活性不变，且在重度干旱胁迫下 ROS 和 MDA 含量增加，证明了耐旱品种在干旱胁迫下，植株体内较高的 CAT、POD 和 APX 活性有效减轻了过量 ROS 对细胞的毒害。研究表明，干旱胁迫下甘蔗叶片中 MDA 含量显著增加，SOD、POD、CAT 和谷胱甘肽还原酶（GSH-R）的活性也不同程度地上升，说明植株可通过保护酶系统清除含氧自由基等有害物质来减轻细胞膜系统过氧化对细胞的损伤（吴凯朝等，2015；张木清等，1996）。Koehler 等（1982）发现，干旱胁迫会使甘蔗叶片细胞渗透势下降，同时还会使还原糖和钾的浓度上升，说明在干旱胁迫下，甘蔗能通过增加细胞溶质的方式进行渗透调节。研究指出，在甘蔗伸长期甘蔗叶片中可溶性糖和脯氨酸含量出现大幅度提高，而可溶性蛋白含量下降（杨荣仲等，2011；韩世健等，2012）。可溶性糖含量增加可能有利于调节叶片渗透势，从而保持叶片水分和气孔开放，保证光合作用的正常进行（杨雪莲等，2012），而复水后其含量急剧下降，可能是糖运转为蔗糖生长所需。受到干旱胁迫后，甘蔗叶片中可溶性糖含量和脯氨酸含量提高，有利于降低叶肉细胞渗透势，提高叶片的保水能力，从而维持其正常生理功能，使植株在干旱环境下保持正常生长。在恢复供水后，甘蔗叶片中可溶性蛋白的稳步增加表明了新的蛋白质不断合成，使甘蔗叶片生理功能恢复正常，从而加快恢复正常生长。恢复供水后甘蔗叶片可溶性糖和脯氨酸含量的下降，可能与物质运转有关，为新的叶片生长提供能量、碳源和氮源。研究表明，甘蔗伸长期在聚乙二醇（PEG）胁迫下，叶片 Pro 含量明显升高，脯氨酸脱氢酶（PDH）明显下降，而在恢复供水后，PDH 活性明显增强，脯氨酸含量急剧下降，这可能是 PDH 加速过量的游离脯氨酸降解。因此，甘蔗伸长期在干旱复水处理叶片渗透调节物质脯氨酸、可溶性糖、可溶性蛋白的积极响应表明了他们与水分胁迫的紧密联系。刘硕等（2022）研究结果表明，随着干旱胁迫的持续，4 个品种的抗氧化酶活性均不断升高；ROC22 和云瑞 12-263 的抗氧化酶活性高于云蔗 11-1074 和粤甘 52 号，较高的抗氧化酶活性有助于减轻干旱带来的伤害。云蔗 11-1074 的 MDA 含量较高，说明其细胞膜遭破坏程度较为严重，干旱胁迫导致各品种渗透物质含量提升，如脯氨酸、可溶性糖和可溶性蛋白。

干旱条件下，大豆体内 MDA 含量逐渐增加，并且这些物质的含量随着干旱程度的加剧，各指标增加幅度加大。抗旱性强的品种根系 MDA 含量缓慢增加，而抗旱性弱的品种在轻度干旱时 MDA 含量就迅速增加。干旱胁迫下，大豆根系保护酶活性显著增加，干旱胁迫促进大豆体内可溶性糖含量升高。但抗氧化酶活性并不是一直升高，当干旱胁迫强度超出一定范围时，SOD、CAT 和 POD 活性表现为下降趋势。李博书等（2022）研究干旱胁迫对不同生育时期大豆叶片抗氧化酶活性的影响，结果表明，大豆植株处于干旱胁迫时，随着干旱程度的增加，POD 活性呈先升高后降低趋势，酶活性变化规律表现为鼓粒期 < 开花期 < 苗期，且在相同生长发育阶段，黑农 48 叶片中 POD 活性明显高于合丰 46；CAT 活性随干旱程度加重也呈先升高后降低趋势，酶活性的增加幅度也呈鼓粒期 < 开花期 < 苗期的变化规律。在同一生长期黑农 84 的 CAT 活性明显高于合丰 46，重度干旱胁迫复水后，POD 和 CAT 活性均呈下降趋势。徐芬芬等（2022）研究干旱胁迫对根系的生理指标的影响，结果表明，20% PEG 胁迫下，大豆幼苗根系脯氨酸含量、SOD 活性、POD 活性和 CAT 活性较对照相比增加，同时显著增加 MDA 含量，说明干旱胁迫加快膜脂过氧化进程，抑制大豆生长。杜昕等（2022）研究表明，大豆鼓粒期遇干旱胁迫，叶片超氧阴离子和 H_2O_2 含量与正常供水的对照相比显著提高；干旱胁迫处理下抗坏血酸（ascorbic acid, AsA）和 GSH 含量显著上升，说明干旱胁迫促使大豆体内的氧化应激反应发生。大豆苗期进行干旱胁迫时，GA 和 ABA 含量增加，ZR 和生长素含量下降，还有研究表明，干旱胁迫下，大豆叶片 ZR 含量降低，ABA、GA_3 含量降低，导致 IAA/ABA、ZR/ABA、GA_3/ABA 值呈降低趋势，表明植物的生长发育是由多种内源激素共同调控作用的结果。

四、干旱危害经济作物的分子生物学机制

Dedemo 等（2012）利用 cDNA-AFLP 分析不同耐旱甘蔗品种干旱胁迫下的基因差异表达，共发现 1316 个差异表达（TDFs），其中 9 个功能未知 TDF 只在抗旱品种中稳定出现，初步判断可能与甘蔗的抗旱基因表达相关。Vantini 等（2015）和 Pedrozo 等（2015）利用相同方法分析水分胁迫下甘蔗根系和叶片的基因表达差异，分别发现 173 个和 7 个差异表达基因。Prabu 等（2011）利用 cDNA–SSH 文库分析甘蔗品种 Co740 干旱胁迫下基因表达差异，分离鉴定 158 个干旱诱导基因，其中 41 个为响应干旱胁迫的新基因。李长宁等（2015）、Rodrigues 等（2009）利用基因芯片技术分析甘蔗对水分胁迫的响应差异，分析发现差异基因表达数目与水分胁迫程度和抗旱品种密切相关。Rodrigues 等（2011）也利用同样的方法分析干旱胁迫下 3575 个基因的表达谱，共筛选出 1670 个差异表达基因，其中上调表达基因有 1038 个，下调表达基因有 632 个，说明这些基因参与甘蔗抗旱性的形成。Rocha 等（2007）利用相同的方法分析干旱胁迫下基因表达差异并建立了 SUCAST 数据库。Zhou 等（2012）利用蛋白质双向电泳与质谱鉴定技术分析干旱胁迫下蛋白质表达差异，发现一个与干旱胁迫密切相关的未知蛋白质 22kD。Gentile 等（2013）利用高通量测序技术分析不同耐旱甘蔗品种 miRNA 表达水平差异，共发现 20 个差异表达的 miRNA，定量 PCR 发现，这些基因通过参与编码转录因子、转运蛋白和衰老蛋白从而抵抗干旱胁迫环境。表 2–4 为甘蔗干旱相关基因名单。

表 2-4　甘蔗干旱相关基因名单

基因名称	克隆方法	参考文献
Δ1- 吡咯啉 -5- 羧酸合成酶基因 P5CS	同源克隆 Homologous cloning、RACE	Iskandar et al., 2014
δ- 鸟氨酸转氨酶基因 δ-OAT	抑制消减文库 SSH、RACE	张积森等，2009 a
甜菜碱醛脱氢酶基因 BADH	同源克隆 Homologous cloning、RACE	余爱丽，2004
胚胎晚期丰富蛋白基因 Sc-LEA	cDNA 文库 cDNA library	刘金仙等，2009
过氧化氢酶基因 ScCAT1	同源克隆 Homologous cloning	Su et al., 2014
抗坏血酸过氧化物酶基因 TAPX	同源克隆 Homologous cloning	Wang et al., 2015
MYB 转录因子 MYB transcription factors	同源克隆 Homologous cloning	Geethalakshmi et al., 2015
WRKY 转录因子 Sc-WRKY	cDNA 文库 cDNA library	Li et al., 2015
NAC 转录抑制因子 SsNAC23	cDNA 文库 cDNA library	Nogueira et al., 2005
AP2 /EREBP 类转录因子 SodE R F3	cDNA 文库 cDNA library	Trujillo et al., 2008
转录激活因子 ScCBF1	同源克隆 Homologous cloning	成伟等，2015
脱落酸信号转导关键酶基因 SoSnpk2.1	基因芯片 Microarray、RACR	谭秦亮等，2013
9- 顺式 - 环氧类胡萝卜素双加氧酶基因 SoNCED	同源克隆 Homologous cloning、RACE	Li et al., 2013
丝氨酸 / 苏氨酸蛋白激酶基因 ScCIPK	同源克隆 Homologous cloning	黄珑等，2015
NADP 异柠檬酸脱氢酶基因 SoNADP-IDH	差异蛋白 Differential protein、RACE	谢晓娜等，2015
S- 腺苷甲硫氨酸合成酶基因 ScSAM	cDNA 文库 cDNA library	宋修鹏等，2014
苯丙氨酸解氨酶基因 PAL	差异蛋白 Differential protein、RACE	宋修鹏等，2013
S- 腺苷蛋氨酸羧化酶基因 Sc-SAMDC	cDNA 文库 cDNA library	刘金仙等，2010
琥珀酸半醛脱氢酶基因 SSADH	消减杂交文库 SSH、RACE	张积森等，2009 b

基因名称	克隆方法	参考文献
脂氧合酶基因 *ScLOX*	RACE	Andrade et al., 2014
脱水蛋白基因 *Dehydrin*	RACE	Andrade et al., 2014
热激蛋白 *HSP70*	同源克隆 Homologous cloning	Augustine et al., 2015

干旱处理导致植物体内 SOD 活性呈先升高后降低趋势, 进一步从基因表达水平来看, 有 3 个编码超氧化物歧化酶基因在干旱胁迫下上调或下调表达, 其中有 1 个基因注释到 Cu-Zn 家族超氧化物歧化酶, 在干旱胁迫 8 h 下调表达, 而在干旱胁迫 24 h 上调表达, 有 2 个基因注释到 Fe-Mn 家族超氧化物歧化酶, 在干旱胁迫 8 h 和 24 h 均上调表达。另外, 相关研究还鉴定到 12 个基因编码过氧化物酶、3 个基因编码谷胱甘肽过氧化物酶和 1 个编码过氧化氢酶。表明植株在干旱胁迫下可通过上调或下调植株编码的抗氧化酶系统相关基因调控相应酶的活性, 进而积极响应干旱胁迫。同时, 干旱胁迫下大豆叶片脯氨酸含量呈持续升高趋势, 在基因表达水平上, 有 3 个基因注释编码富含脯氨酸的蛋白质, 并且在 8 h 和 24 h 均上调表达, 这与生理上表现出持续升高的趋势相一致。

植物中的 *DREB* (dehydration responsive element binding protein) 转录因子具有多种功能, 在应对生物和非生物胁迫中扮演重要角色 (刘坤等, 2022)。因此, *DREB* 转录因子的鉴定和利用是分析耐逆分子机制和创制耐逆新品种的基础。随着高通量测序技术的发展和更多植物基因组数据的公开, 对 *DREB* 家族在不同植物中都进行了深入的研究。许建玉等 (2022) 研究指出, 干旱胁迫下 10 个 *DREB* 转录因子都被激活, 这表明大豆中的部分 *DREB* 可以在大豆应对干旱胁迫过程中发挥重要的转录调控作用, 这 10 个基因对于大豆干旱处理后的响应模式不同, 说明这些基因在大豆响应干旱胁迫过程中有各自特异的调控方式。其中, *GmDREB8* 在水分亏缺时表达显著上调, 说明其极可能参与植物响应干旱胁迫过程, 但其具体调控机理还有待探究。转录因子的结构域或氨基酸基序经常参与 DNA 结合、核定位、蛋白质相互作用和转录激活活性 (Agarwal et al., 2006), 在 *GmDREB8* 蛋白的 AP2 结构域中, 第 14 和第 19 位分别是缬氨酸和谷氨酸, 这可能对 DREB 蛋白的 DNA 结合特异性起决定性作用 (Liang et al., 2017), 通过分析大豆 *GmDREB8* 中的保守基序, 鉴定出 5 个基序, 包含 2 个保守的 YRG 和 RAYD 基序, 和其他物种中的 *DREB* 基因结构类似, 这可能是 *GmDREB8* 功能保守的原因。基因结构分析结果显示, *GmDREB8* 不含内含子, 这可能是由于内含子的缺失能够减少基因从转录到翻译所需要的时间, 使基因快速表达并生成功能蛋白, 以触发植物体内相应机制或应对环境的变化 (Chen et al., 2007)。亚细胞定位结果显示 *GmDREB8* 蛋白定位在细胞核上, 可能在应对干旱胁迫过程中发挥重要的转录调控作用。当大豆植株受到 ABA 和 SA 处理时, *GmDREB8* 表达增加, 表明 *GmDREB8* 在大豆幼苗中的表达均受到这两种激素的诱导, 且受 ABA 诱导更强烈。*GmDREB8* 的异源表达降低了拟南芥对干旱胁迫的耐受性，而大豆 VIGS 沉默株系叶片在干旱处理下表现为耐受性增强。*GmDREB8* 的转录水平由激素和干旱胁迫诱导，但 *GmDREB8* 在耐旱性中起负调控作用。

第四节 渍涝对经济作物的致灾机制

渍涝是世界上大多数国家农业生产中面临的重大非生物逆境之一，根据联合国粮农组织的报告和国际土壤学协会绘制的世界土壤图估算，全球易受到渍涝胁迫的耕地约占总耕地面积的 12%，共导致作物减产 20% 左右，中国发生渍涝的土地面积约为国土面积的 2/3，严重制约中国粮食的生产发展。第五次气候变化评估报告（IPCC AR5）曾指出，大气中温室气体含量不断增多，将引起极端降水事件发生的频次和强度增加，进而提高洪涝灾害风险。与其他非生物胁迫相比，洪涝灾害对作物的危害程度最大，约占受灾比例的 60%。近年来，台风暴雨已成为我国的主要灾害性天气之一。渍涝分为渍害和涝害，渍害是土壤水分长时间内维持饱和或接近饱和状态，致使根系缺氧发育不良而造成的危害；涝害是指由于本地降水过多，地面径流不能及时排除，农田积水超过作物耐淹能力，造成农业减产的危害，土壤湿度超过最大持水量 90% 时即会发生危害。渍涝对植物的危害并不是由于水分过多而引起的直接伤害，其实质是由其引起的次生伤害。图 2-19 总结了渍涝对植物造成的危害。

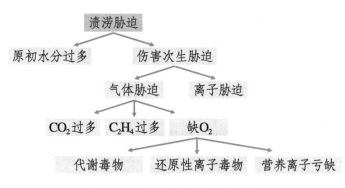

图 2-19 渍涝对植物危害的类型

一、渍涝对经济作物生长、发育和产量形成的影响

淹水 80 d 后，所有淹水处理的芒果全部成活，且成活率为 100%，但芒果对淹水胁迫在形态发育方面产生了一定的可塑性，如水层以下至土壤表面的茎部可见明显的皮孔膨大，而且所有植株都没有形成水淹不定根。淹水胁迫下芒果植株的茎节伸长，其中淹水组的最大茎节均为顶芽下的第一节茎节，植株高度也相应地增加；与正常水分管理的对照相比，淹水组的株高增长量提高了 80.66%，茎节长提高了 46.34%，均达到显著差异水平，但地上生物量并无显著差异。以上结果表明，芒果通过形成肥大皮孔来缓解淹水胁迫造成

的缺氧，如此保证了植物体内的正常生理代谢和茎的节间伸长生长，以此适应淹水胁迫（王海波等，2021）。

甘蔗生长期受浸渍的情况在沿江两岸蔗区和低洼蔗地常有发生。据报道，浸水引起损失的程度与浸水的深浅、浸水时间的长短、水温高低和水是否流动等因素有关。一般浸水时间越长、浸水越深、水温越高，甘蔗受害越严重，不流动的水比流动水害处大，幼嫩甘蔗浸没顶3 d左右即死亡，生长半年以上的甘蔗浸没顶7～10 d也会死亡。梁子久（1977）指出，珠海三角洲围田区，春植蔗积水30 d，水浸6～8 d，较积水2～3 d减产32.6%，而积水90 d、水浸28 d的减产达77.3%；秋植蔗积水40 d，水浸7～8 d较未浸水对照减产28.6%，积水70 d，水浸20 d的减产达41.8%。另有研究表明，蔗地间接地被流动水淹36 d后，4个品种平均减产65.8 t/hm²，减产率达63.86%，茎数、每茎节间数大幅度减少，株高、茎周长亦减少，锤度下降11.63%（王鉴明等，1987）。

淹水是一种环境胁迫因子，对大豆株型的影响非常明显。淹水胁迫可抑制大豆植株的正常生长，表现为降低大豆株高，增加茎基部茎粗，减少叶面积等。研究表明，淹水胁迫前期，对第1节期（V1期）大豆植株影响效果不显著，随胁迫时间延长，株高生长受到抑制，进而影响地上部发育，导致叶面积降低（王诗雅等，2021）。倪君蒂等（2000）研究发现，全淹处理5 d后，大豆株高和根重与淹水前相比无差别，即在全淹条件下，苗的地上部和根完全停止生长，并随淹水胁迫时间延长，大豆植株发生烂死，烂死最先发生于顶芽。不同苗龄大豆幼苗对淹水反应不同，经全淹6 d后，6 d龄苗存活率为0，7 d、8 d和10 d苗龄的存活率分别为10%、43%和80%左右。表明在全淹条件下，苗的存活率与苗龄大小密切相关，即淹水时苗龄小，抗涝性弱，易被淹死，相反，苗大，抗涝性强，排涝后生存率高，但只要幼苗的顶芽不被淹没，植株就能不断向上伸长而不被淹死。大豆生长过程中，不同时期淹水都会对大豆产量造成不同程度的影响（王诗雅等，2020）。苗期淹水对产量影响较小，但花荚期淹水对产量的影响很大，持续受渍，随时间延续，产量有明显的下降趋势（程伦国等，2006）。任海祥等（2014）研究证明，花荚期淹水导致产量下降的主要原因是淹水造成的大量落花落荚，同时证明鼓粒期渍水也会致使百粒重严重下降，造成大豆减产。

短期淹水造成黄瓜叶数、叶面积、叶鲜重和叶根重，与对照相比分别降低14%、17%、25%和25%，图2-20为短期淹水对黄瓜表型的影响（Olorunwa et al., 2022）。

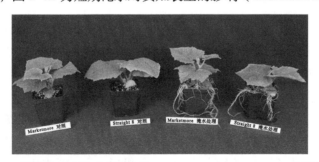

图2-20　短期淹水胁迫对黄瓜品种Marketmore和Straight 8表型的影响

淹水胁迫显著（$P < 0.05$）降低了大豆株高、数字生物量和叶片倾斜度，分别较对照降低 20.51%、45.25% 和 15.60%。另外淹水也降低了大豆植株 3D 叶面积、投影叶面积和光穿透深度，降幅分别为 31.22%、18.67% 和 26.59%。大豆淹水后增加了整体叶片角度值，较对照增加 20.98%（图 2-21 和图 2-22）。

A：对照；B：淹水胁迫处理。

图 2-21　淹水胁迫对大豆形态的影响

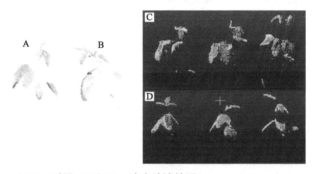

A 和 C：对照；B 和 D：淹水胁迫处理。

图 2-22　淹水胁迫处理下大豆 Hue（色调）图像和 NDVI 图

二、渍涝对经济作物光合及碳代谢的影响

渍水引起的甘蔗生理变化包括水分和养分的吸收减少以及植物的蒸腾作用、光合作用和呼吸作用等代谢活动减弱。植物吸收养分和水分受到根系呼吸作用和细胞渗透速率的影响。渍水还引起植物的相对生长率和净同化率下降、叶绿素含量降低，转化酶活性的提高使双糖水解为单糖，这样甘蔗植株在渍水环境中也可以生存（陈玉水，2003）。受淹蔗地的甘蔗或是正常甘蔗，蔗糖含量的积累随时间推进而上升，田间蔗汁锤度都有所增长，但水淹蔗地的蔗糖分比正常甘蔗低。水淹蔗地宿根蔗的锤度比正常宿根蔗平均少 1.94%，蔗糖分积累平均少 1.52%；水淹蔗地新植蔗的锤度较正常新植蔗平均少 0.37%，蔗糖分平均少 0.18%（姚全等，1996）。植物在淹水条件下可通过增强可溶性蛋白的合成能力来提高其抗逆性，非结构性碳水化合物是植物生存和生长的重要物质（施美芬等，2010），氧气匮乏是植物遭受淹水胁迫的主要因子，长时间淹水会使植物叶片和根系以无氧呼吸为主，致使植物对糖类的利用效率降低，因此会出现非结构性糖的积累（张立冬等，2018）。已有研究表明，在淹水胁迫条件下，耐淹植物会通过提高其体内淀粉和可溶性糖的含量来应对能量饥渴。王海波等（2021）指出，芒果叶片可溶性糖、淀粉和可溶性蛋白含量受淹水

胁迫的影响基本一致。淹水胁迫促进了叶片可溶性糖和淀粉含量的积累，较对照分别提高了 25.17% 和 51.40%，这表明芒果幼苗可通过提高非结构性碳水化合物（淀粉）和可溶性糖的含量来抵御胁迫，从而帮助芒果度过能量危机。淹水还导致芒果可溶性蛋白含量比对照组显著增加 13.85%，这些可溶性蛋白里存在一些抗氧化酶。此外，淹水胁迫下芒果叶片中非结构性碳水化合物（淀粉）、可溶性糖和可溶性蛋白含量有所增加，这表明芒果能形成一定的淹水适应机制，抵御淹水对芒果造成的伤害。

随淹水胁迫时间延长，大豆 Pn、Gs 和 Ci 显著下降，表明短期淹水胁迫对大豆光合作用的影响主要是气孔限制因素。大豆叶片碳水化合物是光合作用的产物，在植物响应逆境胁迫的过程中具有重要意义，尤其非结构性碳水化合物（如蔗糖和淀粉）的代谢在很大程度上影响着植株的生长及其对环境的响应。左官强等（2019）研究表明，初花期淹水胁迫显著降低了鼓粒期大豆的最大净光合速率，但对叶绿素含量、最大电子传递效率、本征光能吸收截面、捕光色素分子处于激发态的最小平均寿命等参数无显著影响；淹水胁迫还导致 PS Ⅱ 的潜在光化学效率 Fv/Fo 以及 PS Ⅱ 最大光化学效率 Fv/Fm 值降低。邢兴华等（2019）研究发现，花期淹水胁迫下大豆叶片中可溶性糖、蔗糖和淀粉含量均大幅增加。大量积累的碳水化合物不仅满足叶片在淹水条件下自身代谢需要，增加植株对淹水环境的适应性（施美芬等，2010），也可反馈抑制光合作用（Farrar et al., 2000）。邢兴华等（2019）研究结果表明，淹水胁迫下两大豆品种叶片中 SPS、SS（合成方向）、SS（分解方向）和 AI 活性增加，可见淹水胁迫下蔗糖代谢被激活。其中，SPS、SS（合成方向）活性增加幅度小于 SS（分解方向）和 AI，表明蔗糖分解能力大于合成能力，蔗糖含量趋向于下降。与之相反，叶片中蔗糖含量显著增加，说明淹水胁迫下大豆叶片蔗糖的外运能力降低，蔗糖代谢激活生成的碳水化合物首先用于维持生存的能量需求。与徐豆 18 相比，淹水胁迫下南农 1138-2 叶片中 SPS、SS（合成方向）活性增加幅度较大，SS（分解方向）、AI 活性增加幅度较小，有利于蔗糖的积累。

三、渍涝对经济作物酶及内源激素的影响

刘聪聪等（2022）将樱桃番茄千禧品种和红妃 6 号品种分别在淹水 2 d 和 6 d 后解除胁迫并恢复正常水分管理，结果表明两个品种的抗氧化酶活力水平、MDA 含量和超氧阴离子含量各指标较对照表现更好或持平；随淹水胁迫时间延长，红妃 6 号品种的根系活力、抗氧化酶活性等指标仍能在胁迫解除后 2～6 d 期间得到恢复，而千禧品种在长期淹水胁迫下各项指标恢复能力减弱，且恢复时间也逐渐延长，因此淹水胁迫后应尽快排出水分从而减轻淹水胁迫对樱桃番茄幼苗造成的损伤。淹水胁迫显著提高芒果叶片的相对电导率，降低叶片的相对含水量，淹水组的相对电导率较对照组的相对电导率提高了 40.32%，说明淹水胁迫下芒果叶片的细胞膜受到了明显的破坏，从而致使其内含物质外流而使得叶片的相对电导率增高。其中，淹水组的相对含水量显著降低了 16.72%，这可能是因为土壤水分过多而使得根系的呼吸受阻，进而导致叶片的相对含水量减少。淹水胁迫过程中，荔枝叶片脯氨酸含量降低，MDA 含量增加。随淹水胁迫时间延长，樱桃的根系中丙酮酸脱羧酶

（PDC）、乳酸脱氢酶（LDH）和乙醇脱氢酶（ADH）活性呈先升后降趋势，进而导致根系中乙醛和乙酸含量显著升高（陈强，2007）。淹水胁迫导致 3 个丝瓜品种（荆李丝瓜、早佳丝瓜和绿冠丝瓜）主根中 LDH、PDC 和 ADH 活性随淹水胁迫时间延长均表现为先升高后降低趋势，这可能是植物本身对淹水胁迫的一种应激反应；虽然 3 个丝瓜品种在淹水胁迫下主根的无氧呼吸能力增强，但所采取的无氧呼吸的主要途径不同，其中早佳丝瓜主根中糖酵解产物丙酮酸优先在 PDC 作用下生成乙醛并在 ADH 作用下生成乙醇，以减少乙醛在植物体内的积累，同时还可通过乙醇发酵途径获取能量，减轻淹水胁迫造成的损伤；而绿冠丝瓜主根的 LDH 活性升高幅度更大，丙酮酸可优先在 LDH 作用下直接生成乳酸，导致乳酸在植物体内积累较多，而乳酸积累过多会引起细胞质酸化，造成液泡膜和线粒体结构的破坏并导致乙醛积累（朱进等，2022）。

在淹水条件下，乙烯（ethylene, ETH）的合成对不定根和通气组织的形成至关重要（Qi et al., 2019；Mignolli et al., 2020）。前人用 ETH 处理大豆根系，可诱导不定根的形成，并增加根表面积（Kim et al., 2018）。同时，ETH 可诱导 VIIERF 家族中的 *SK1/SK2*（*SNORKEL1/SNORKEL2*）调控赤霉素合成基因的表达，增加植物体内 GA 含量，加速植株节间伸长，使植物逃离缺氧环境。由此可见，乙烯在植物的耐涝形态适应机制中发挥着重要的信号转导作用（Hattori et al., 2009）。生长素（auxin, IAA）运输抑制剂 1- 萘氨甲酰苯甲酸（NPA）在番茄（Vidoz et al., 2010）、黄瓜（Qi et al., 2019）等植物受到淹水后不定根生长受到抑制。对不同基因型大豆的研究发现，耐涝品种的赤霉素（gibberellin acid, GA）含量在涝渍下显著增加，耐涝品种的赤霉素含量显著高于涝渍敏感品种（Kim et al., 2018）。另有研究表明，外源 GA 能有效降低淹水胁迫条件下油菜叶片和根系中的 MDA 含量，从而提高植物的耐涝性（Wang et al., 2015）。赵婷（2022）研究指出，ABA 含量在墨红和黔北蕉芋的叶片中呈上升趋势，且耐涝品种墨红淹水处理后的 ABA 含量高于黔北蕉芋，这可能是由于叶片中 ABA 的积累可促进美人蕉气孔关闭，从而减少水分散失，提高植物水分利用率；但是，墨红和黔北蕉芋根系中的 ABA 含量均低于对照，且耐涝品种墨红 ABA 含量显著低于涝渍敏感品种黔北蕉芋，说明在淹水胁迫前期，较低的 ABA 含量有利于不定根的形成，后期不定根停止生长以至于 ABA 含量变化趋于平缓。Zhang 等（2016）研究表明，淹水胁迫加快了棉花叶片中 ABA 含量的积累，增加 H_2O_2 含量，促进气孔关闭，从而减少蒸腾过程中的水分损失，进而提高棉花植株对淹水胁迫的抗性。Vidoz 等（2010）研究表明，淹水胁迫下番茄下胚轴中的 IAA 含量显著增加，说明淹水胁迫后番茄不定根的形成与生长素含量水平相关。

四、涝渍危害经济作物的分子生物学机制

丝裂原活化蛋白激酶（MAPK）在植物逆境信号转导过程中起了非常重要的桥梁作用（Zhang et al., 2001）。MAPK 级联途径的激活与低温、盐、干旱、活性氧及渗透压等逆境有密切关系（Boller, 1995; Knogge et al., 2009）。林昊等（2022）通过互作蛋白质的预测结果显示，Glyma06g08390 互作的蛋白质共有 10 个（Glyma11g11450.1、

Glyma19g40390.1、Glyma10g01640.1、Glyma02g15690.1、Glyma17g06020.1、Glyma03g37790.2、Glyma14g07800.1、Glyma05g26403.1、Glyma08g09310.1、Glyma05g26396.1），这些蛋白质中有 2 个是 MAPK 信号通路相关蛋白质，分别是 MAPK2（Glyma02g15690.1）和 MAPKK2（Glyma17g06020.1）。结果表明，Glyma06g08390 可能与 MAPK2、MAPKK2 发生互作，激活了 MAPK 信号通路来响应涝害胁迫，分离到一个 bZIP 转录因子 Glyma06g08390，预测了与其互作的蛋白质，发现 Glyma06g08390 可能与 MAPK2、MAPKK2 相互作用，因此试验证明 Glyma06g08390 可能通过激活 MAPK 信号通路来响应大豆涝害胁迫。李志（2022）指出，淹水胁迫下，AvERF078 基因的表达量在猕猴桃根系中显著增加，将 AvERF078 基因转入涝渍敏感猕猴桃红阳中，并进行淹水胁迫处理，与对照株系相比，转基因株系的死亡率显著降低、地上部的鲜重和干重显著增加。林延慧等（2021）对大豆品种齐黄 34 进行没顶淹水处理，通过转录组数据分析，筛选出 7 个与耐涝相关的差异表达 bHLH 家族 MYC2（KO: 13422）转录因子，将表达量变化最明显的 GmbHLH25-15 作为研究对象。MYC2 属于植物 bHLH 转录因子家族，是 JA 信号转导过程中的核心转录因子之一，受 JAZ 蛋白调控（Du et al., 2017；Mallappa et al., 2006）。MYC（myelocytomatosisi）转录因子（transcription factors, TFs）在响应多种信号途径（包括生物、非生物、发育、光照及激素）中起主要的调控作用（Mallappa et al., 2006；Gangappa et al., 2013）。在拟南芥响应盐胁迫的过程中，MYC2 通过抑制 P5CS1 的表达来调控脯氨酸的生物合成，而 MYC2 的活性又被 MKK3-MPK 所调节（Verma et al., 2020）。通过 GmbHLH25-15 蛋白的互作网可以看出，与其互作的 10 个蛋白质都是铵转运蛋白。转录组分析结果显示，4 个铵转运蛋白编码基因的淹水处理与对照相比，2 个上调表达，2 个下调表达。氮是植物必要的营养素，因此也是植物生长发育的主要限制因素。土壤中，氮素主要以硝态氮 NO_3^- 和铵态氮 NH_4^+ 的形态存在（李新鹏等，2007）。在通风良好的农业土壤中，作物主要吸收硝态氮，相反，在厌氧的土壤中，铵态氮是无机氮的主要形式，比如水稻整个种植季节很大程度上都是吸收铵态氮作为营养。在水田中，铵态氮同化比硝态氮需要更少的能量，铵态氮的利用效率要优于硝态氮（Bloom et al., 1992），而铵态氮的吸收受到 NH_4^+ 转运蛋白（AMT）的调控（Kaiser et al., 2002；Sohlenkamp et al., 2002）。拟南芥中分离到 6 个 AMT 基因，包括 AtAMT1; 1 ~ AtAMT1; 5 和 AtAMT2; 1。其中 AtAMT1; 1 在根、茎叶中均有表达，AtAMT1; 2、AtAMT1; 3、AtAMT1; 5 和 AtAMT2; 1 主要在根中特异表达（Gazzarrini et al., 1999; Shelden et al., 2001; Neuhäuser et al., 2007）。敲除 AtAMT1; 1 或 AtAMT1; 3，拟南芥缺氮根系对铵的吸收下降了 30%，而且这两个基因的功能表现出加性效应（Loqué et al., 2005）。没顶淹水是一种比水田作物更加极端的缺氧环境，大豆为了节省能量也可能主要通过吸收铵态氮作为自身的营养供给。另外，Knogge 等（2009）推测 bHLH 转录因子 GmbHLH25-15 可能通过正向或者负向调控铵转运蛋白进而调节铵态氮的吸收，供给自身营养，抵御涝害胁迫。

本章主要参考文献

陈芳，郑炜君，李盼松，等，2013.小麦耐热性鉴定方法及热胁迫应答机理研究进展 [J].植物遗传资报，14(6)：1213-1220，1226.

陈立松，刘星辉，1999.水分胁迫对荔枝叶片内源激素含量的影响 [J].热带作物学报 (3)：31-35.

陈强，2007.淹水对不同砧木甜樱桃生理生化特性的影响 [D].泰安：山东农业大学.

陈香玲，李杨瑞，杨丽涛，等，2010.低温胁迫下甘蔗抗寒相关基因的 cDNA-SCOT 差异显示 [J].生物技术通报，217(8)：120-124.

陈晓军，叶春江，吕慧颖，等，2006.GmHSFA1 基因克隆及其过量表达提高转基因大豆的耐热性 [J].遗传 (11)：1411-1420.

陈玉水，2003.渍水与甘蔗 [J].广西蔗糖 (1)：49-52.

成伟，郑艳茹，葛丹凤，等，2015.甘蔗转录激活因子 ScCBF1 基因的克隆与表达分析 [J].作物学报，41(5)：717-724.

程伦国，朱建强，刘德福，等，2006.涝渍胁迫对大豆产量性状的影响 [J].长江大学学报（自科版）农学卷，3(2)：109-112，103.

池敏杰，刘育梅，2019.3 种番荔枝属植物对低温胁迫的生理响应及抗寒性评价 [J].亚热带植物科学，48(4)：339-342.

崔庆梅，吴利荣，陈斐，等，2021.高温胁迫对黄瓜幼苗生理生化及光合作用的影响 [J].延安大学学报（自然科学版），40(1)：23-26，31.

窦飞飞，张利鹏，王永康，等，2021.高温胁迫对不同葡萄品种光合作用和基因表达的影响 [J].果树学报，38(6)：871-883.

杜昕，李博，毛鲁枭，等，2022.褪黑素对干旱胁迫下大豆产量及 AsA-GSH 循环的影响 [J].作物杂志 (1)：174-178.

范玉洁，姜慧敏，温祥珍，等，2022.长期高温与增施 CO_2 对番茄叶片光合作用及淀粉含量的影响 [J].山西农业科学，50(1)：41-45.

付丹文，王丽敏，欧良喜，等，2014.高温对荔枝种子活力的影响 [J].广东农业科学，41(5)：89-91.

官香伟，刘春娟，冯乃杰，等，2017.S3307 和 DTA-6 对大豆不同冠层叶片光合特性及产量的影响 [J].植物生理学报，53(10)：1867-1876.

韩世健，罗维钢，周洁琼，等，2012.伸长后期干旱胁迫下不同甘蔗品种的抗旱差异评价 [J].安徽农业科学，40(35)：17044-17047.

韩永华，郑易之，李甜，等，2001.高温/渗透双重胁迫对大豆某些生理反应具累加效应的初报 [J].大豆科学 (1)：41-44.

郝晶，张立军，谢甫绨，2007.低温对大豆不同耐冷性中萌发期保护酶活性的影响 [J].大豆科学 (2)：171-175.

胡位荣，2003.荔枝 (Litchi chinensis Sonn.) 果实冷害生理及冰温贮藏技术的研究 [D].广州：华南农业大学.

黄辉白，高飞飞，李建国，1994.果实膨大生长和吸水与气候变化之间的关系 [J].园艺学报 (2)：124-128.

黄珑，苏炜华，张玉叶，等，2015.甘蔗 *CIPK* 基因的同源克隆与表达 [J].作物学报，41(3)：499-506.

李博书，陈晶，杨亮，等，2022.干旱胁迫对不同生育时期大豆叶片抗氧化酶活性的影响 [J].大豆科技 (3)：12-17.

李建国，黄辉白，袁荣才，等，1992.荔枝裂果与果实生长及水分吸收动力学的关系 [J].华南农业大学学报 (4)：129-135.

李新鹏，童依平，2007.植物吸收转运无机氮的生理及分子机制 [J].植物学通报 (6)：714-725.

李长宁，谢金兰，王维赞，等，2015.水分胁迫下甘蔗差异表达基因筛选及激素相关基因分析 [J].作物学报，41(7)：1127-1135.

李植良，孙保娟，罗少波，等，2009.高温胁迫下华南茄子的耐热性表现及其鉴定指标的筛选 [J].植物遗传资源学报，10(2)：244-248.

李志，2022.对萼猕猴桃对淹水胁迫的响应机制及耐涝基因 *AvERF078* 的功能分析 [D].武汉：华中农业大学.

梁子久，1977.秋旱与洪涝对甘蔗产量的影响 [J].甘蔗糖业 (10)：14-19.

林昊，徐靖，朱红林，等，2022.大豆耐涝 bZIP 转录因子 Glyma06g08390 的生物信息学分析 [J].分子植物育种，20(21)：6970-6974.

林延慧，徐冉，朱红林，等，2021.大豆耐涝 bHLH 转录因子筛选及生物信息学分析 [J].大豆科学，40(3)：319-326.

刘聪聪，兰超杰，李欢，等，2022.淹水胁迫及恢复对樱桃番茄苗期根系和叶片细胞膜稳定性的影响 [J].灌溉排水学报，41(9)：61-70.

刘国银，于恩厂，魏军亚，等，2014.2 个芒果品种的叶片含水量与土壤水分的关系 [J].江苏农业科学，42(2)：124-126.

刘金仙，阙友雄，郭晋隆，等，2009.甘蔗胚胎晚期丰富蛋白基因 (*LEA*) cDNA 全长克隆及表达特性 [J].农业生物技术学报，17(5)：836-842.

刘金仙，阙友雄，郭晋隆，等，2010.甘蔗 S- 腺苷蛋氨酸脱羧酶基因 *Sc-SAMDC* 的克隆和表达分析 [J].中国农业科学，43(7)：1448-1457.

刘坤，李国婧，杨杞，2022.参与植物非生物逆境响应的 *DREB/CBF* 转录因子研究进展 [J].生物技术通报，38(5)：201-214.

刘硕，樊仙，全怡吉，等，2022.干旱胁迫对甘蔗光合生理特性的影响 [J].西南农业学报，35(8)：1776-1785.

卢城，宫青涛，陶雨佳，等，2021.盛花期高温对大豆结荚及产量的影响 [J].大豆科学，40(4)：504-509，516.

卢琼琼，宋新山，严登华，2012.高温胁迫对大豆幼苗生理特性的影响 [J].河南师范大学学报 (自然科学版)，40(1)：112-115，124.

马德华，庞金安，霍振荣，等，1999.黄瓜对不同温度逆境的抗性研究 [J].中国农业科学 (5)：28-35.

倪君蒂，李振国，2000.淹水对大豆生长的影响 [J].大豆科学 (1)：42-48.

聂腾坤，赵琳，李文滨，等，2016.大豆 *GmGBP1* 基因对转基因烟草幼苗耐热性的影响 [J].农业生物技术学报，24(3)：313-322.

庞学群,张昭其,段学武,等,2001.pH 值和温度对荔枝果皮花色素苷稳定性的影响 [J].园艺学报 (1):25-30.

齐文娥,欧阳曦,2019.气象条件对荔枝单产的影响 [J].中国南方果树,48 (3):47-49,52.

任海祥,王燕平,邵广忠,等,2014.东北春大豆耐涝品种的筛选 [J].大豆科技 (2):18-22.

沈征言,朱海山,1993.高温对菜豆生育影响及菜豆不同基因型的耐热性差异 [J].中国农业科学 (3):50-55.

施美芬,曾波,申建红,等,2010.植物水淹适应与碳水化合物的相关性 [J].植物生态学报,34(7):855-866.

宋剑陶,顾增辉,1992.抗冷性不同的大豆品种生理生化差异研究 [J].种子 (4):2-7,36.

宋修鹏,黄杏,莫凤连,等,2013.甘蔗苯丙氨酸解氨酶基因 (PAL) 的克隆和表达分析 [J].中国农业科学,46(14):2856-2868.

宋修鹏,张保青,黄杏,等,2014.甘蔗 S- 腺苷甲硫氨酸合成酶基因 (ScSAM) 的克隆及表达 [J].作物学报,40(6):1002-1010.

苏春杰,靳亚忠,吴瑕,等,2021.高温胁迫对番茄光合影响及缓解机制研究进展 [J].黑龙江八一农垦大学学报,33(3):13-20.

谭秦亮,李长宁,杨丽涛,等,2013.甘蔗 ABA 信号转导关键酶 SoSnRK2.1 基因的克隆与表达分析 [J].作物学报,39(12):2162-2170.

田婧,郭世荣,2012.黄瓜的高温胁迫伤害及其耐热性研究进展 [J].中国蔬菜 (18):43-52.

王海波,苗灵凤,杨帆,2021.长时间水淹胁迫对芒果生长及生理特性的影响 [J].海南大学学报(自然科学版),39(2):141-145.

王海玲,张雅芳,段维兴,等,2021.甘蔗光合低温耐受性及其与抗旱性的关联 [J].生态学杂志,40(11):3577-3584.

王鉴明,温礼,陈以诚,等,1987.长期浸水对甘蔗生长的影响和对低洼地植蔗的意见 [J].甘蔗糖业 (6):14-21.

王诗雅,冯乃杰,项洪涛,等,2020.水分胁迫对大豆生长与产量的影响及应对措施 [J].中国农学通报,36(27):41-45.

王诗雅,郑殿峰,冯乃杰,等,2021.植物生长调节剂 S3307 对苗期淹水胁迫下大豆生理特性和显微结构的影响 [J].作物学报,47(10):1988-2000.

王涛,黄语燕,陈永快,等,2019.高温胁迫下外源壳聚糖对黄瓜幼苗生长的影响 [J].江苏农业科学,47(23):142-146.

魏崃,吴广锡,唐晓飞,等,2016.过表达 GmHSFA1 大豆在干旱条件下对高温的响应 [J].大豆科学,35(2):257-261.

吴久赟,徐桂香,李海峰,等,2021.高温胁迫对葡萄叶绿素荧光和光合特性参数的影响 [J].新疆农业科学,58(12):2274-2281.

吴凯朝,黄诚梅,邓智年,等,2015.干旱后复水对甘蔗伸长期生理生化特性的影响 [J].南方农业学报,46(7):1166-1172.

谢晓娜,杨丽涛,王盛,等,2015.甘蔗 NADP 异柠檬酸脱氢酶基因 (SoNADP-IDH) 的克隆与表达

分析 [J]. 中国农业科学，48(1)：185-196.

邢兴华，徐泽俊，齐玉军，等，2019. 外源二乙基二硫代氨基甲酸钠对花期淹水大豆碳代谢的影响 [J]. 中国油料作物学报，41(1)：64-74.

徐芬芬，王爱斌，2022. 干旱胁迫对大豆种子萌发和幼苗生理的影响 [J]. 中国野生植物资源，41(6)：8-11.

徐如强，孙其信，张树榛，1997. 小麦光合作用与耐热性的关系初探 [J]. 作物品种资源 (1)：30-31，48.

许建玉，陆阳，孙睿东，等，2022.GmDREB8 在大豆干旱胁迫下的功能分析 [J/OL]. 南京农业大学学报：1-12. https://kns.cnki.net/kcms/detail/32.1148.S.20220704.1739.002.html.

杨荣仲，李杨瑞，王维赞，等，2011. 干旱霜冻条件下甘蔗耐寒性评价（英文）[J]. Agricultural Science & Technology, 12(9)：1303-1307.

杨雪莲，朱友娟，2012. 植物干旱胁迫研究进展 [J]. 农业工程，2(11)：44-45.

姚全，王毅强，莫祖祥，1996. 涝害对甘蔗产量及蔗糖分积累的影响 [J]. 广西蔗糖 (1)：16-17，41.

姚全胜，雷新涛，王一承，等，2006. 不同土壤水分含量对杧果盆栽幼苗光合作用、蒸腾和气孔导度的影响 [J]. 果树学报 (2)：223-226.

余爱丽，2004. 斑茅抗逆性评价及其 BADH 基因的克隆表达 [D]. 福州：福建农林大学.

张翠仙，柏天琦，解德宏，等，2019. PEG-6000 模拟干旱胁迫对芒果种子萌发的影响 [J]. 南方农业学报，50(3)：600-606.

张大伟，杜翔宇，刘春燕，等，2010. 低温胁迫对大豆萌发期生理指标的影响 [J]. 大豆科学，29(2)：228-232.

张富存，张波，王琴，等，2011. 高温胁迫对设施番茄光合作用特性的影响 [J]. 中国农学通报，27(28)：211-216.

张积森，陈由强，郭春芳，等，2009a. 甘蔗水分胁迫响应的 δ- 鸟氨酸转氨酶基因克隆及分子特征分析 [J]. 热带作物学报，30(8)：1062-1068.

张积森，郭春芳，王冰梅，等，2009b. 甘蔗水分胁迫响应相关醛脱氢酶基因的克隆及其表达特征分析 [J]. 中国农业科学，42(8)：2676-2685.

张立冬，李新，秦洪文，等，2018. 三峡水库消落区周期性水淹对狗牙根非结构性碳水化合物积累与分配的影响 [J]. 三峡生态环境监测，3(2)：27-33.

张美云，钱吉，郑师章，2001. 渗透胁迫下野生大豆游离脯氨酸和可溶性糖的变化 [J]. 复旦学报（自然科学版）(5)：558-561.

张木清，陈如凯，余松烈，1996. 水分胁迫下蔗叶活性氧代谢的数学分析 [J]. 作物学报 (6)：729-735.

赵晶晶，周浓，郑殿峰，2021. 低温胁迫对大豆花期叶片蔗糖代谢及产量的影响 [J]. 中国农学通报，37(9)：1-8.

赵婷，2022. 美人蕉属植物耐涝性评价及对淹水胁迫的形态生理与基因表达差异响应 [D]. 贵州：贵州大学.

朱进，李文静，徐兰婷. 2022. 淹水胁迫对不同丝瓜品种根系呼吸生理和通气组织的影响 [J]. 中国瓜菜，35(8): 62-69.

左官强，王诗雅，冯乃杰，等，2019. 烯效唑对淹水胁迫下大豆光合生理及表型的影响 [J]. 生态学杂志，38(9)：2702-2708.

AGARWAL P K, AGARWAL P, REDDY M K, et al., 2006. Role of DREB transcription factors in abiotic and biotic stress tolerance in plants [J]. Plant Cell Reports, 25 (12): 1263-1274.

AHUJA I, DE V R, BONES A, et al., 2010. Plant molecular stress responses face climate change [J]. Trends in plant science, 15: 664-674.

ALBORNOZ K, CANTWELL M I, ZHANG L, et al., 2019. Integrative analysis of postharvest chilling injury in cherry tomato fruit reveals contrapuntal spatio-temporal responses to ripening and cold stress [J]. Scientific Reports, 9 (1): 2795.

AMIN B, ATIF M J, WANG X, et al., 2021. Effect of low temperature and high humidity stress on physiology of cucumber at different leaf stages [J]. Plant Biology (Stuttg), 23 (5): 785-796.

ANDRADE L M, BENATTI T R, NOBILE P M, et al., 2014. Characterization, isolation and cloning of sugarcane genes related to drought stress [J]. BMC Proceedings, 8 (4): 110.

ANSARI W, ARTI N, AHMAD J, et al., 2019. Drought mediated physiological and molecular changes in muskmelon (*Cucumis melo* L.) [J]. PLoS One. 14(9): e0222647.

ARYA H, SINGH M B, BHALLA P L, 2021. Towards Developing Drought-smart Soybeans [J]. Front Plant Science, 12: 750664.

AUGUSTINE S M, NARAYAN J A, SYAMALADEVI D P, et al., 2015. *Erianthus arundinaceus* HSP_{70} ($EaHSP_{70}$) overexpression increases drought and salinity tolerance in sugarcane (*Saccharum* spp. hybrid) [J]. Plant Science, 232: 23-34.

BERTAMINI M, MUTHUCHELIAN K, RUBINIGG M, et al., 2006. Low-night temperature increased the photoinhibition of photosynthesis in grapevine (*Vitis vinifera* L. cv. Riesling) leaves [J]. Environmental and Experimental Botany, 57 (1): 25-31.

BLOOM A J, SUKRAPANNA S S, WARNER R L, 1992. Root respiration associated with ammonium and nitrate absorption and assimilation by barley [J]. Plant Physiology, 99 (4): 1294-1301.

BOLLER T, 1995. Chemoperception of Microbial Signals in Plant Cells [J]. Annual Review of Plant Physiology and Plant Molecular Biology, 46 (1): 189-214.

CHEN M, WANG Q Y, CHENG X G, et al., 2007. GmDREB2, a soybean DRE-binding transcription factor, conferred drought and high-salt tolerance in transgenic plants [J]. Biochemical and Biophysical Research Communications, 353 (2): 299-305.

DEDEMO G C, VANTINI J D S, GIMENEZ D F R, et al., 2012. Detection by cDNA-AFLP analysis of differentially expressed genes between drought-tolerant and drought-sensitive sugarcane cultivars[C]// San Diego: International Plant and Animal Genome Conference Xx.

DJANAGUIRAMAN M, PRASAD P, 2010. Ethylene production under high temperature stress causes premature leaf senescence in soybean [J]. Functional Plant Biology, 37 (11):1071-1084.

DU M, ZHAO J, TZENG D T W, et al., 2017. MYC_2 Orchestrates a Hierarchical Transcriptional Cascade That Regulates Jasmonate-Mediated Plant Immunity in Tomato [J]. Plant Cell, 29 (8): 1883-1906.

DUKE S H, SCHRADER L E, MILLER M G, 1977. Low Temperature Effects on Soybean (*Glycine max* [L.] Merr. cv. Wells) Mitochondrial Respiration and Several Dehydrogenases during Imbibition and Germination [J]. Plant Physiology, 60 (5): 716-722.

FARRAR J, POLLOCK C, GALLAGHER J, 2000. Sucrose and the integration of metabolism in vascular plants [J]. Plant Science, 154 (1): 1-11.

GANGAPPA S N, MAURYA J P, YADAV V, et al., 2013. The regulation of the Z- and G-box containing promoters by light signaling components, SPA$_1$ and MYC$_2$, in *Arabidopsis* [J]. PLoS One, 8 (4): e62194.

GAZZARRINI S, LEJAY L, GOJON A, et al., 1999. Three functional transporters for constitutive, diurnally regulated, and starvation-induced uptake of ammonium into Arabidopsis roots [J]. Plant Cell, 11 (5): 937-948.

GEETHALAKSHMI S, BARATHKUMAR S, PRABU G, 2015. The MYB Transcription Factor Family Genes in Sugarcane (*Saccharum* sp.) [J]. Plant Molecular Biology Reporter, 33 (3): 512-531.

GENTILE A, FERREIRA T H, MATTOS R S, et al., 2013. Effects of drought on the microtranscriptome of field-grown sugarcane plants[J]. Planta, 237(3): 783-798.

HATTORI Y, NAGAI K, FURUKAWA S, et al., 2009. The ethylene response factors SNORKEL1 and SNORKEL2 allow rice to adapt to deep water [J]. Nature. 460(7258): 1026-1030.

ISKANDAR H, WIDYANINGRUM D, SUHANDONO S, 2014. Cloning and Characterization of P5CS1 and P5CS2 Genes from Saccharum officinarum L. under Drought Stress [J]. Journal of Tropical Crop Science, 1: 23-30.

JANGPROMMA N, THAMMASIRIRAK S, JAISIL P, et al., 2012. Effects of drought and recovery from drought stress on above ground and root growth, and water use efficiency in sugarcane (*Saccharum officinarum* L.) [J]. Australian Journal of Crop Science, 6 (8): 1298-1404.

JAYAWARDENA D M, HECKATHORN S A, BISTA D R, et al., 2011. High-Temperature Stress and Soybean Leaves: Leaf Anatomy and Photosynthesis [J]. Crop Science, 51: 2125-2131.

JAYAWARDENA D M, HECKATHORN S A, BISTA D R, et al., 2019. Elevated carbon dioxide plus chronic warming causes dramatic increases in leaf angle in tomato, which correlates with reduced plant growth [J]. Plant Cell Environ, 42 (4): 1247-1256

KAISER B N, RAWAT S R, SIDDIQI M Y, et al., 2002. Functional analysis of an Arabidopsis T-DNA "knockout" of the high-affinity NH_4^+ transporter AtAMT1;1 [J]. Plant Physiology, 130 (3): 1263-1275.

KIM Y, SEO C W, KHAN A L, et al., 2018. Exo-ethylene application mitigates waterlogging stress in soybean(*Glycine max* L.) [J]. BMC Plant Biol, 18(1): 254.

KNOGGE W, LEE J, ROSAHL S, et al., 2009. Signal Perception and Transduction in Plants[J]. Springer Berlin Heidelberg, 337-361.

KOEHLER P H, MOORE P H, JONES C A, et al., 1982. Response of Drip-Irrigated Sugarcane to Drought Stress1 [J]. Agricultural Science, 74 (5): 906-911.

LÉCHAUDEL M, GÉNARD M, LESCOURRET F, et al., 2005. Modeling effects of weather and source-sink relationships on mango fruit growth [J]. Tree Physiol, 25 (5):583-597.

LI C N, SRIVASTAVA M K, NONG Q, et al., 2013. Molecular cloning and characterization of *SoNCED*, a novel gene encoding 9-cis-epoxycarotenoid dioxygenase from sugarcane (*Saccharum officinarum* L.) [J]. Genes & Genomics, 35 (1): 101-109.

LI C, LI D, SHAO F, et al., 2015. Molecular cloning and expression analysis of *WRKY* transcription factor genes in *Salvia miltiorrhiza* [J]. BMC Genomics, 16 (1): 200.

LI P S, YU T F, HE G H, et al., 2014. Genome-wide analysis of the Hsf family in soybean and functional identification of *GmHsf-34* involvement in drought and heat stresses [J]. BMC Genomics, 15 (1): 1009.

LIANG Y, LI X, ZHANG D, et al., 2017. *ScDREB8*, a novel A-5 type of *DREB* gene in the desert moss *Syntrichia caninervis*, confers salt tolerance to *Arabidopsis* [J]. Plant Physiology and Biochemistry, 120: 242-251.

LIU F, JENSEN C R, ANDERSEN M N, 2004. Drought stress effect on carbohydrate concentration in soybean leaves and pods during early reproductive development: its implication in altering pod set[J]. Field Crops Research, 86 (1): 1-13.

LIU X, LIU B, XUE S, et al., 2016. Cucumber (*Cucumis sativus* L.) Nitric Oxide Synthase Associated Gene1 (*CsNOA1*) Plays a Role in Chilling Stress [J]. Front Plant Science, 7: 1652.

LOQUÉ D, LUDEWIG U, YUAN L, et al., 2005. Tonoplast intrinsic proteins $AtTIP_{2;1}$ and $AtTIP_{2;3}$ facilitate NH_3 transport into the vacuole [J]. Plant Physiology, 137 (2): 671-680.

MADIGU N O, MATHOOKO F M, ONYANGO C A, et al., 2009. Physiology and quality characteristics of mango (*Mangifera indica* L.) fruit grown under water deficit conditions [J]. Acta Horticulturae(837): 299-304.

MALLAPPA C, YADAV V, NEGI P, et al., 2006. A basic leucine zipper transcription factor, G-box-binding factor 1, regulates blue light-mediated photomorphogenic growth in *Arabidopsis* [J]. Plant Cell Tissue and Organ Culture, 281 (31): 22190-22199.

MASSON-DELMOTTE V, ZHAI P, PORTNER H, 2018. Global warming of 1.5℃ : An IPCC Special Report on the impacts of global warming of 1.5℃ above pre-industrial levels and related global greenhouse gas emission pathways, in the context of strengthening the global response to the threat of climate change, sustainable development, and efforts to eradicate poverty [R]. Geneva: IPCC.

MENOSSI M, SILVA-FILHO M C, VINCENTZ M, et al., 2007. Sugarcane functional genomics: gene discovery for agronomic trait development [J]. International Journal of Plant Genomics, 2008: 458732.

MIAO M, XU X, CHEN X, et al., 2007. Cucumber carbohydrate metabolism and translocation under chilling night temperature [J]. Journal of Plant Physiology, 164 (5): 621-628.

MIGNOLLI F, TODARO J S, VIDOZ M L. 2020. Internal aeration andrespiration of submerged tomato hypocotyls are enhanced by ethylene-mediated aerenchyma formation and hypertrophy [J]. PlantPhysiology, 169(1): 49-63.

MITTLER R, FINKA A, GOLOUBINOFF P, 2012. How do plants feel the heat? [J]. Trends in Biochemical Sciences, 37 (3): 118-125.

MOHAMMED A H M A, 2007. Physiological aspects of mungbean plant (*Vigna radiata* L. Wilczek) in response to salt stress and gibberellic acid treatment [J]. Research Journal of Agriculture and Biological Sciences, 3: 200-213.

NEUHÄUSER B, DYNOWSKI M, MAYER M, et al., 2007. Regulation of NH_4^+ transport by essential cross talk between AMT monomers through the carboxyl tails [J]. Plant Physiology, 143 (4): 1651-1659.

NOGUEIRA F T S, SCHLÖGL P S, CAMARGO S R, et al., 2005. SsNAC23, a member of the NAC domain protein family, is associated with cold, herbivory and water stress in sugarcane [J]. Plant Science, 169 (1): 93-106.

NOGUEIRA F T S, DE R V E J, MENOSSI M, et al., 2003. RNA expression profiles and data mining of sugarcane response to low temperature [J]. Plant Physiology, 132 (4):1811-1824.

NOMAN M, JAMEEL A, QIANG W D, et al., 2019. Overexpression of *GmCAMTA12* Enhanced Drought Tolerance in Arabidopsis and Soybean [J]. International Journal of Molecular Sciences, 20 (19): 4849.

OLORUNWA OJ, ADHIKARI B, BRAZEL S, et al., 2022.Short waterlogging events differently affect morphology and photosynthesis of two cucumber (*Cucumis sativus* L.) cultivars [J]. Frontiers in plant science, 13: 896244.

PARK J W, BENATTI T R, MARCONI T, et al., 2015. Cold Responsive Gene Expression Profiling of Sugarcane and Saccharum spontaneum with Functional Analysis of a Cold Inducible Saccharum Homolog of NOD26-Like Intrinsic Protein to Salt and Water Stress [J]. PLoS One, 10 (5): e0125810.

PEDROZO C A, JOHN J, JORGE A D S, et al., 2015. Differential morphological, physiological, and molecular responses to water deficit stress in sugarcane[J]. Journal of Plant Breeding and Crop Science, 7(7): 225-231.

PIAO S, CIAIS P, HUANG Y, et al., 2010. The impacts of climate change on water resources and agriculture in China [J]. Nature, 467(7311): 43-51.

PRABU G, KAWAR P G, PAGARIYA M C, et al., 2011. Identification of Water Deficit Stress Upregulated Genes in Sugarcane[J]. Plant moleculear biology reporter, 29(2): 291-304.

PRASAD P V V, BOOTE K J, ALLEN L H, et al., 2006. Species, ecotype and cultivar differences in spikelet fertility and harvest index of rice in response to high temperature stress [J]. Field Crops Research, 95 (2): 398-411.

PRASAD P V V, BOOTE K J, ALLEN L H, et al., 2002. Effects of elevated temperature and carbon dioxide on seed-set and yield of kidney bean (*Phaseolus vulgaris* L.) [J]. Global Change Biology, 8: 710-721.

QI H, HUA L, ZHAO L, et al., 2013. Carbohydrate metabolism in tomato (*Lycopersicon esculentum* Mill.) seedlings and yield and fruit quality as affected by low night temperature and subsequent recovery [J]. African Journal of Biotechnology, 10 (30): 5743-5749.

QI X, LI Q, MA X, et al., 2019. Waterlogging-induced adventitious root formation in cucumber is regulated by ethylene and auxin through reactive oxygen species signalling [J]. Plant Cell Environ, 42(5): 1458-1470.

REN C, BILYEU K, BEUSELINCK P, 2009. Composition, Vigor, and Proteome of Mature Soybean Seeds Developed under High Temperature [J]. Crop Science, 49: 1010-1022.

ROCHA F R, PAPINI-TERZI F S, NISHIYAMA M Y JR, et al., 2007. Signal transductionrelated responses to phytohormones and environmental challenges in sugarcane[J]. BMC Genomics, 8(1): 71.

RODRIGUES F A, GRACA J P D, LAIA M L D, et al., 2011. Sugarcane genes differentially expressed during water deficit[J]. Biologia Plantarum, 55(1): 43-53.

RODRIGUES F A, LAIA M D, ZINGARETTI S M, 2009. Analysis of gene expression profiles under water stress in tolerant and sensitive sugarcane plants[J]. Plant Science, 176(2): 286-302.

SHAHEEN M R, AYYUB C M, AMJAD M, et al., 2016. Morpho-physiological evaluation of tomato genotypes under high temperature stress conditions [J]. Journal of the Science of Food and Agriculture, 96 (8): 2698-2704.

SHELDEN M C, DONG B, DE BRUXELLES G L, et al., 2001. Arabidopsis ammonium transporters, AtAMT$_{1;1}$ and AtAMT$_{1;2}$, have different biochemical properties and functional roles [J]. Plant and Soil, 231 (1): 151-160.

SOHLENKAMP C, WOOD CC, ROEB GW, et al., 2002. Characterization of Arabidopsis $AtAMT_2$, a high-affinity ammonium transporter of the plasma membrane [J]. Plant Physiology, 130 (4): 1788-1796.

SPREER W, NAGLE M, NEIDHART S, et al., 2007. Effect of regulated deficit irrigation and partial rootzone drying on the quality of mango fruits (*Mangifera indica* L., cv.'Chok Anan') [J]. Agricultural Water Management, 88 (1): 173-180.

STERN R A, NAOR A, BAR N, et al., 2003. Xylem-sap zeatin-riboside and dihydrozeatin-riboside levels in relation to plant and soil water status and flowering in 'Mauritius' lychee [J]. Scientia Horticulturae, 98 (3): 285-291.

SU Y, GUO J, LING H, et al., 2014. Isolation of a novel peroxisomal catalase gene from sugarcane, which is responsive to biotic and abiotic stresses [J]. PLoS One, 9 (1): e84426.

THOMAS J M G, BOOTE K J, ALLEN JR L H, et al., 2003. Elevated Temperature and Carbon Dioxide Effects on Soybean Seed Composition and Transcript Abundance [J]. Crop Science, 43 (4): 1548-1557.

TRUJILLO LE, SOTOLONGO M, MENÉNDEZ C, et al., 2008. $SodERF_3$, a novel sugarcane ethylene responsive factor (ERF), enhances salt and drought tolerance when overexpressed in tobacco plants [J]. Plant Cell Physiology, 49 (4): 512-525.

VANTINI J S, DEDEMO G C, JOVINO GIMENEZ D F, et al., 2015. Differential gene expression in drought-tolerant sugarcane roots[J]. Genetics and Molecular Research, 14(2): 7196-7207.

VERMA D, JALMI S K, BHAGAT P K, et al., 2020. A bHLH transcription factor, MYC2, imparts salt intolerance by regulating proline biosynthesis in Arabidopsis [J]. FEBS Journal, 287 (12): 2560-2576.

VIDOZ ML, LORETI E, MENSUALI A, et al., 2010. Hormonal interplay during adventitious root formation in flooded tomato plants [J]. The Plant Journal, 63(4): 551-562.

WANG G, FAN W, PENG F, 2015. Physiological responses of the young peach tree to waterlogging and spraying SA at different timing [J]. Journal of Fruit Science, 32: 872-878.

WANG S, ZHANG K K, HUANG X, et al., 2015. Cloning and Functional Analysis of Thylakoidal Ascorbate Peroxidase (TAPX) Gene in Sugarcane [J]. Sugar Tech, 17: 356-366.

WEI J P, LIU X L, LI L Z, et al., 2020. Quantitative proteomic, physiological and biochemical analysis of cotyledon, embryo, leaf and pod reveals the effects of high temperature and humidity stress on seed vigor formation in soybean[J]. BMC Plant Biology, 20(1): 127.

ZENG Y, YU J, CANG J, et al., 2011. Detection of Sugar Accumulation and Expression Levels of Correlative Key Enzymes in Winter Wheat (Triticum aestivum) at Low Temperatures [J]. Bioscience, Biotechnology, and Biochemistry, 75 (4): 681-687.

ZHANG J Y, HUANG S N, WANG G, et al., 2016. Overexpression of Actinidia deliciosa pyruvate decarboxylase gene enhances waterlogging stress in transgenic Arabidopsis thaliana [J]. Plant Physiology and Biochemistry, 106: 244-252.

ZHANG S, KLESSIG D F, 2001. MAPK cascades in plant defense signaling [J]. Trends in plant science, 6 (11): 520-527.

ZHANG X, LIU H, HUANG L, et al., 2022. Identification of Chilling-Responsive Genes in Litchi chinensis by Transcriptomic Analysis Underlying Phytohormones and Antioxidant Systems [J]. International Journal of

Molecular Sciences, 23(15): 8424.

ZHOU G, YANG L T, LI Y R, et al., 2012. Proteomic Analysis of osmotic stress-responsive proteins in sugarcane leaves[J]. Plant Mol Biol Rep (2): 349-359.

ZUAZO V D, PLEGUEZUELO C, TARIFA D F, 2011. Impact of sustained-deficit irrigation on tree growth, mineral nutrition, fruit yield and quality of mango in Spain [J]. Fruits, 66 (4): 257-268.

第三章

植物生长调节剂缓解
经济作物农业气象灾害伤害的效应及机制

植物生长调节剂是指具有植物激素活性的人工合成的化学物质。因其具有显著、高效的调节作用，在经济作物的生产中应用广泛。但需要注意的一点是其作用效果会因作物种类、或同一作物不同品种的敏感性、调节剂种类、调节剂施用浓度、施用时期和施用方法的不同而发生改变。植物生长调节剂可以提高植物对环境胁迫耐受性。本章首先对一些常用的缓解气象灾害伤害的主要调节剂做基本介绍，随后结合实例详细阐述其缓解农业气象灾害胁迫的机制。

褪黑素（melatonin）是生物体内普遍存在的一种吲哚胺类化合物，在植物中，褪黑素在 20 世纪 90 年代初首次被发现，此后一直受到国内外科研工作者的广泛关注。褪黑素可以参与植物种子萌发、根系发育、开花、坐果和果实成熟等过程，也可作为抗氧化剂，增强植物应对干旱、寒冷和盐害等非生物胁迫的能力。其主要在大豆、甜瓜、黄瓜、茶树、番茄、咖啡、猕猴桃和菊花等经济作物上应用。

脱落酸（abscisic acid, ABA）是一种抑制生长的植物激素，因能促使叶子脱落而得名。研究表明，脱落酸与植物离层形成、诱导休眠、抑制发芽、促进器官衰老和脱落、增强抗逆性等密切相关。脱落酸的合理利用对农作物的增产增收及改良品种都有重要意义。其主要在甘蔗、甜瓜和茶等经济作物上应用。

茉莉酸（jasmonic acid, JA）是植物体内一类非常重要的脂类生长调节物质，参与调控植物某些重要的生长发育过程以及对环境因子的响应，如叶片表皮毛的发育起始、花青素的积累及抗冻害反应等。其主要在甜瓜等经济作物上应用。

2,4- 表油菜素内酯（2, 4-epibrassinolide）是油菜素甾醇家族的一种植物甾醇激素，具有促使植物细胞分裂和减缓非生物胁迫对植物伤害的双重功效，可促进作物根系发育，提高作物叶绿素含量，增强光合作用。其主要在大豆、番茄、茄子等经济作物上有所应用。

水杨酸（salicylic acid, SA）是一种植物体内产生的简单酚类化合物，广泛存在于高等植物中。在植物生长、发育、成熟、衰老调控及抗逆诱导等方面，具有广泛的生理作用。其主要在番茄等经济作物上应用。

壳聚糖（chitosan）是一种天然的植物生长调节剂，能发根促茎，调节作物生长，增加作物的抗性，提高作物产量。其主要在甘蔗等经济作物上应用。

亚精胺（spermidine, Spd）是一种在植物体内广泛存在的，具有高生物活性的低分子量脂肪族含氮碱，其作为植物生长调节剂直接或间接参与植物多种生命活动，可增强植物对逆境胁迫的抗性。其主要在葡萄、樱桃番茄和油茶等经济作物上应用。

5- 氨基乙酰丙酸（5-ALA）是四氢吡咯的前缀化合物，其可调节叶绿素的合成，提高叶绿素和捕光系统Ⅱ的稳定性，促进光合作用。其主要在黄瓜等经济作物上应用。

胺鲜酯，化学名称为己酸二乙氨基乙醇酯（diethyl aminoethyl hexanoate, DA-6），是一种新型植物生长调节剂，其具有安全性、无毒性及使用简易等优点，同时可改善作物生长、提高产量及改善品质。主要在番茄等经济作物上应用。

二乙基二硫代氨基甲酸钠，化学式为（C_2H_5）$_2$NCSSNa，是茉莉酸合成途径抑制剂。其主要在大豆等经济作物上应用。

烯效唑（uniconazole）属广谱性、高效植物生长调节剂，兼有杀菌和除草作用，是赤霉素合成抑制剂。具有矮化植株、防止倒伏、提高叶绿素含量的作用。其主要在大豆等经济作物上应用。

第一节 植物生长调节剂缓解高温伤害的效应及机制

为阐明植物生长调节剂对高温伤害的缓解效应，我们首先选择了一些在经济作物上的应用报道案例（表 3-1），随后我们也对其作用机制进行了相应地阐述。

一、植物生长调节剂缓解高温伤害的研究与应用实例

表 3-1 植物生长调节剂缓解高温伤害的实例

序号	物种	胁迫因子	调节剂及其应用方法	参考文献
1	大豆	高温	根施 100 μmol/L 褪黑素	Imran et al., 2021a
			叶喷 0.25 μmol/L 2, 4- 表油菜素内酯	谢云灿，2017
2	番茄	高温	叶喷 10 μmol/L 褪黑素	Xu et al., 2016
3	菊花	高温	叶喷 200 μmol/L 褪黑素	齐晓媛等，2021
4	甜瓜	高温	叶喷 150 μmol/L 褪黑素	周永海等，2020
5	葡萄	高温	叶喷 1 mmol/L 亚精胺	杨娅倩，2020

二、植物生长调节剂缓解高温伤害的效应及机制

（一）褪黑素缓解大豆高温胁迫效应及机制

（1）维持形态。与对照植株相比，热胁迫 3 d，大豆的茎长、根长、生物量和叶绿素含量分别显著降低了 16.5%、14.4%、33.3% 和 18.5%。外源褪黑素逆转了热胁迫的这些负面影响。与热胁迫对照相比，大豆的茎长、根长、生物量和叶绿素含量分别提高了 15.5%、20.4%、35.7% 和 20.5%（图 3-1）。

（2）减少叶片活性氧的积累。高温（42 ℃高温处理 3 d 和 7 d）显著增加超氧阴离子（87.9% 和 98.6%）和 H_2O_2（72.2% 和 109.6%）含量。外源褪黑素可逆转上述效应，显著降低超氧阴离子产生速率（31.7% 和 36.6%）和 H_2O_2 的积累（35.1% 和 29.7%）。

（3）提高叶片抗氧化酶活性。高温（42 ℃）3 d 和 7 d 降低了酶活，较对照下降程度分别为 POD（74.5% 和 112.3%）、CAT（19.8% 和 112.3%）、SOD（24.9% 和 64.5%）和 APX（36.7% 和 58.5%）。外源褪黑素显著逆转了热胁迫的这些不利影响，提高了 POD（59.3% 和 53.3%）、CAT（58.6% 和 69.3%）、SOD（40.1% 和 83.5%）和 APX（51.8% 和 82.1%）的活性。

（4）影响叶片酚类、黄酮含量。在热胁迫下，褪黑素处理 3 d 使总酚含量显著增加 31.1%，多酚含量增加 39.0%。

（5）增加叶片脯氨酸含量。热胁迫处理的脯氨酸含量在第 3 天和第 7 天分别较对照（无胁迫）显著下降了 23.7% 和 45.2%，而褪黑素处理的脯氨酸含量比对照分别提高了 64.5% 和 86.4%。

图 3-1　褪黑素缓解大豆高温胁迫的效应机制

（二）2,4-表油菜素内酯（EBR）缓解大豆高温胁迫

（1）提高叶片相对含水量。外源 EBR 显著增加了高温胁迫下大豆叶片相对含水量，其中喷施浓度为 0.25 μmol/L 和 0.5 μmol/L 的处理相对含水量最高，较高温分别增加 30.9% 和 28.8%。

（2）减少电解质渗漏。高温胁迫显著增加了大豆叶片相对电导率，0.25 μmol/L 外源 EBR 可有效降低相对电导率。

（3）高温胁迫显著提高了大豆幼苗叶片 MDA、H_2O_2 的含量及超氧阴离子产生速率，外源 EBR 显著降低了高温胁迫下大豆叶片 MDA、H_2O_2 的含量及超氧阴离子产生速率。

（4）高温胁迫显著降低了大豆幼苗叶片中 GSH、AsA 含量。经过 EBR 处理的植株 AsA、GSH 含量显著高于高温对照处理，缓解了高温胁迫对细胞的过氧化伤害。

（5）高温胁迫显著提高了大豆幼苗叶片中可溶性糖、脯氨酸及可溶性蛋白的含量，而外源喷施 EBR 显著降低了高温胁迫下大豆幼苗叶片中可溶性糖和脯氨酸的含量，这可能与 EBR 处理显著降低高温下细胞质液的外渗有关。

（三）褪黑素缓解番茄高温胁迫的效应机制

（1）减少电解质渗漏。外源性褪黑素处理较高温对照降低了 41.08% 的相对电解质泄漏量。

（2）高而快速的 HSP 基因上调被认为是高温胁迫反应的一个特征。高温胁迫 3 h，*HSP17.4*、*HSP20*、*HSP20-1*、*HSP21*、*HSP70* 和 *HSP90* 等的转录水平上调数千到万倍。褪黑素处理进一步提高了这些基因的表达水平（图3-2）。

（3）褪黑素处理进一步诱导了几种*ATGs*的表达和自噬小体的产生，表明褪黑素在热应激下调节自噬降解受损的蛋白质或细胞器。

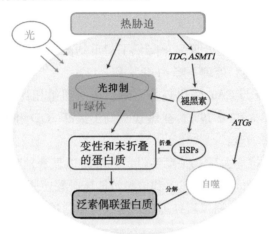

高温胁迫上调褪黑素生物合成基因的表达从而诱导内源性褪黑素的积累。同时，高温也会引起光抑制，导致细胞结构和功能的严重损伤。外源应用褪黑素以及通过*ASMT*基因的过表达，提高内源性褪黑素水平，均可通过诱导HSPs的表达或自噬的形成促进变性和不溶性蛋白的复折叠或降解。

图3-2 褪黑素缓解番茄高温胁迫的效应机制及对细胞蛋白质的保护机制

（四）褪黑素缓解菊花高温胁迫

（1）维持叶片叶绿体结构。高温胁迫24 h叶绿体明显膨大，失去极性，类囊体片层松散、排列紊乱，淀粉粒模糊，类囊体片层间积累大量的嗜锇小体，叶绿体和类囊体内部出现空洞。褪黑素预处理后高温胁迫下植株叶绿体只有轻微膨大，极性明显，类囊体片层清晰、工整，嗜锇小体积累数量较少。

（2）维持叶片光合。与高温相比，褪黑素＋高温处理植株的Ci显著降低，Pn、Gs和Tr显著增加，分别增加了21.1%、23.3%和16.7%。

（3）增加叶片叶绿素含量。与高温相比，褪黑素＋高温处理24 h的叶绿素a、叶绿素b、叶绿素（a+b）和类胡萝卜素含量分别增加了19.6%、30.0%、21.2%和48.7%。

（4）增加叶片渗透调节物质。褪黑素＋高温处理后脯氨酸和可溶性蛋白含量显著增加，可溶性糖含量出现先上升后下降的趋势。与对照相比，褪黑素＋高温处理3 h、12 h和24 h的脯氨酸含量分别提高11.1%、15.3%和14.4%，可溶性蛋白含量分别提高5.1%、9.7%和24.1%，可溶性糖含量分别提高7.9%、7.6%和5.3%，以上3个指标均高于高温处理且差异显著。

（5）高温处理后3 h、12 h和24 h，与未高温处理的对照相比叶片SOD活性分别增加15.8%、22.7%和74.4%，POD活性分别增加64.2%、69.6%和98.5%，CAT活性分别增加10.5%、30.3%和54.4%，差异显著。褪黑素＋高温处理的抗氧化酶活性在处理期间均显著高于高温胁迫处理，与高温胁迫处理相比处理后 3 h、12 h 和 24 h，褪黑素 + 高温处理的 CAT 活性分别提高 11.6%、9.7% 和 8.1%，SOD 活性分别提高 10.0%、8.2% 和 7.9%，POD 活性分别提高 22.7%、17.1% 和 9.7%。

（五）褪黑素缓解甜瓜高温胁迫

（1）高温 + 褪黑素较高温处理显著降低了甜瓜幼苗叶片 MDA 质量摩尔浓度和超氧阴离子产生速率，分别较高温处理下降 41.48% 和 3.12%。

（2）甜瓜叶片 SOD 与 CAT 变化趋势一致，与对照组相比，高温下的叶片 SOD 和 CAT 活性分别下降 11.28% 和 45.79%，褪黑素 + 高温提高 SOD 和 CAT 活性，分别比高温处理组提高 24.51% 和 25.71%。

（3）调节甜瓜幼苗抗坏血酸相关酶活性。高温胁迫显著地降低了脱氢抗坏血酸还原酶（dehydroascorbate reductase, DHAR）和单脱氢抗坏血酸还原酶（monodehydroascorbate reductase, MDHAR）的活性，褪黑素处理后幼苗在高温胁迫下仍维持较高的抗坏血酸循环相关酶活性。

（六）亚精胺缓解葡萄高温胁迫

（1）高温处理后，植株叶片的快速叶绿素荧光诱导动力学曲线（OJIP）严重变形。高温下喷施 Spd，植株 OJIP 曲线变形程度较轻，且 Fo 有所下降。

（2）缓解光合色素降解，保持绿度（图 3-3）。高温 + Spd 处理的植株光合色素含量均显著高于高温对照，叶绿素 a（Chla）、叶绿素 b（Chlb）、类胡萝卜素（Car）和总叶绿素（Chla+b）含量分别升高 28.7%、60.4%、42.1% 和 36.1%。

（3）与高温对照相比，高温胁迫下喷施 Spd 植株能够显著抑制 Gs 和 Pn 的下降，并维持较高的 Tr。

（4）高温下外源 Spd 不同程度促进了卡尔文循环关键酶基因的表达。包括核酮糖 -1,5- 二磷酸羧化酶（Rubisco）的大亚基基因 *VvRbcL2*、Rubisco 活化酶基因 *VvRCA*，果糖 -1,6- 二磷酸酶（FBPase）基因 *VvFBPase* 和甘油醛 -3- 磷酸脱氢酶（GAPDH）基因 *VvGAPDH*。

（5）减少叶片细胞膜损伤。高温处理后 5 h，葡萄幼苗叶片相对电导率显著升高，而高温下喷施 Spd 植株与高温对照植株相比叶片相对电导率降低了 41.6%。叶片 MDA 含量变化趋势与相对电导率一致，高温喷施 Spd 植株与高温对照植株相比 MDA 含量显著降低。

（6）减少活性氧（ROS）积累。高温处理后 5 h，葡萄幼苗的 ROS 含量显著上升。高温下叶面喷施 Spd，植株抗氧化酶活性增加，SOD、CAT 和 POD 活性分别为高温对照的 1.4 倍、1.9 倍和 2.0 倍，加速了葡萄叶片内氧自由基的清除速率。

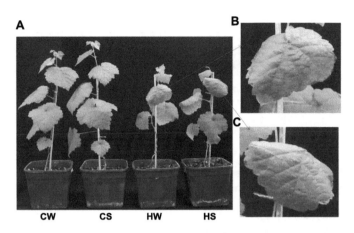

A：葡萄幼苗在不同条件下处理 5 d 后的表型；B：高温处理下喷施去离子水植株的第三片功能叶片；
C：高温处理下喷施 1.0 mmol/L Spd 植株的第三片功能叶片。CW：常温对照；CS：常温下喷
施 1.0 mmol/L Spd 组；HW：高温对照组；HS：高温喷施 1.0 mmol /L Spd 组。

图 3-3 不同处理条件下葡萄幼苗的生长表型

第二节 植物生长调节剂缓解低温伤害的效应及机制

为阐明植物生长调节剂对低温伤害的缓解效应，我们首先选择了一些在经济作物上的
研究与应用报道案例（表 3-2），随后我们也相应地对其作用机制进行了阐述。

一、植物生长调节剂缓解低温伤害的研究与应用实例

表 3-2 植物生长调节剂缓解低温伤害的实例

序号	物种	胁迫因子	调节剂及其应用方法	参考文献
1	大豆	低温	叶喷 5 μmol/L 褪黑素	Bawa et al., 2020
2	甘蔗	低温	叶喷 100 mmol/L 脱落酸	Huang et al., 2015
3	甜瓜	低温	叶喷 200 μmol/L 褪黑素	Zhang et al., 2017
			叶喷 10 μmol/L ABA 和 5 μmol/L JA	罗忍忍等，2022
4	茶树	低温	叶喷多种浓度褪黑素 （以 50 μmol/L 和 100 μmol/L 最有效）	Li et al., 2018
5	西瓜	低温	叶喷 150 μmol/L 或者根施 1.5 μmol/L 褪黑素	Li et al., 2017
			叶喷 100 μmol/L 褪黑素	Ding et al., 2017
6	番茄	低温	叶喷 5 mg/L 2, 4- 表油菜素内酯	Heidari et al., 2021
			叶喷 10 mg/L DA-6	Lu et al., 2021
7	茄子	低温	叶喷 0.1 μmol/L 2, 4- 表油菜素内酯	Wu et al., 2015

序号	物种	胁迫因子	调节剂及其应用方法	参考文献
8	黄瓜	低温	叶喷 30 mg/L 5- 氨基乙酰丙酸	Anwar et al., 2018
			根施 200 μM 褪黑素	Zhao et al., 2017

二、植物生长调节剂缓解低温伤害的效应及机制

（一）褪黑素处理缓解大豆低温胁迫

（1）表型如图 3-4 所示，褪黑素促进了低温下植株生长，增加了大豆幼苗株高和鲜重。

（2）调节内源褪黑素含量。

（3）褪黑素增加了可溶性蛋白和可溶性糖含量。

（4）促进植物矿物质元素的积累。低温处理下，锌、铜、锰、铁浓度显著降低，而低温 + 褪黑素处理下各元素含量显著升高。

（5）加强抗氧化系统。丙二醛（MDA）、过氧化氢（H_2O_2）、超氧阴离子含量以及电解质渗漏等显著下降。

（6）调节酶活性。与低温胁迫相比，低温 + 褪黑素处理下抗氧化酶（SOD、POD、CAT 和 APX）含量显著增加。

（7）调控抗氧化通路基因表达。实时定量 PCR（RT-qPCR）结果表明，调节剂增加了低温胁迫后 2 ~ 12 h 的铁超氧化物歧化酶（FeSOD）、POD 和 CAT 转录本的相对表达，而 APX 在 2 ~ 8 h 出现上调表达。

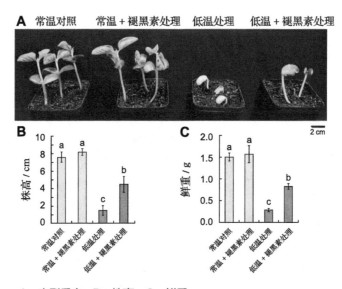

A：表型反应；B：株高；C：鲜重。

图中不同小写字母表示 0.05 水平上存在显著差异，全书同。

图 3-4 褪黑素（MT）对低温胁迫 4 d 的大豆幼苗生长的影响

（二）脱落酸缓解甘蔗低温胁迫

（1）缓解叶片细胞膜损伤。外源 ABA 处理后，2 个甘蔗品种（GT28 耐冷品种和 YL6 敏感品种）的 MDA 含量均显著下降，1 ~ 14 d 处理的 MDA 含量较对照下降 10.4% ~ 27.9%。外源 ABA 处理后，GT28 在 7 d、10 d 脯氨酸含量分别显著提高 13.0%、24.2%，YL6 在 7 d、10 d 和 14 d 脯氨酸含量分别显著提高 24.26%、22.08% 和 16.07%。

（2）调控内源激素。在 10 d 和 14 d，外源施用 ABA，GT28 品种的内源 ABA 含量分别提高 26.0% 和 24.7%。YL6 植株 ABA 含量在 3 d、7 d、10 d 和 14 d 增加显著，分别增加 26.6%、45.8%、23.9% 和 32.3%。与对照组相比，外源 ABA 处理后，两品种 GA$_3$ 含量下降，其中 GT 28 处理组降幅较大。与对照组相比，外源 ABA 处理后，两品种玉米素核苷（ZR）含量均呈下降趋势。

（三）褪黑素缓解甜瓜低温胁迫的效应机制

（1）降低低温对植物生长（地上鲜重和株高）的抑制效应。

（2）维持细胞氧化还原稳态，主要涉及抗坏血酸 – 谷胱甘肽（AsA-GSH）循环。低温胁迫 7 d 后，低温 +200 μmol/L 褪黑素植株的 AsA 含量和 AsA/DHA（二十二碳六烯酸）比值较低温处理植株分别提高 1.9 倍和 2.5 倍。另外低温 +200 μmol/L 褪黑素处理能够增加冷胁迫及胁迫后恢复阶段的 GSH 含量、还原型谷胱甘肽（GSSG）含量及 GSH/GSSG 比值。

（3）增加脯氨酸和可溶性蛋白含量。

（四）脱落酸和茉莉酸缓解甜瓜低温胁迫的效应机制

（1）在不同浓度 ABA 处理中，10 μmol/L ABA 处理后幼苗真叶均完好，无明显伤害症状。在不同浓度 JA 处理中，5 μmol/L JA 处理后叶片无明显伤害症状。与对照相比，10 μmol/L ABA 处理后甜瓜幼苗株高、茎粗和鲜重分别增加 40.43%、13.16% 和 35.68%。5 μmol/L JA 处理后甜瓜幼苗株高、茎粗和鲜重分别增加 83.91%、41.12% 和 91.96%（图 3–5）。

（2）降低叶片相对电导率，增加脯氨酸含量。与对照相比，10 μmol/L ABA 处理后甜瓜幼苗相对电导率降低 32.03%，脯氨酸含量增加 217.59%。5 μmol/L JA 处理后相对电导率降低 26.30%，脯氨酸含量增加 187.37%。

（3）抗氧化酶活性增加。10 μmol/L ABA 处理后幼苗叶片 SOD 增加 17.61%，CAT 和 POD 活性分别增加 61.20% 和 88.62%。5 μmol/L JA 处理幼苗 SOD 活性降低 18.18%，CAT 和 POD 活性分别显著增加 124.47% 和 171.47%。

（4）调控幼苗激素信号和活性氧清除酶相关基因。研究了 JA 信号途径（CmJAZ1、CmMYC2）和 ABA 信号途径（CmPP2C3、CmPYL1）相关基因以及活性氧清除酶基因 CmSOD1 的表达变化，发现 ABA 处理后 CmJAZ1、CmMYC2 和 CmPP2C3 的表达量显著下调，CmPYL1 和 CmSOD1 的表达量显著上调。JA 处理后 CmJAZ1、CmMYC2 和 CmPP2C3 的表达量显著下调，CmPYL1 和 CmSOD1 的表达量变化不明显。

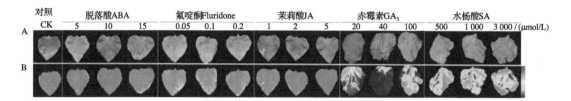

A：叶片表型；B：叶绿素荧光图。

图 3-5　喷施不同浓度 ABA 和 JA 对冷胁迫下甜瓜幼苗表型与叶绿素荧光的影响

（五）褪黑素缓解茶树低温胁迫

（1）缓解低温对细胞膜的损伤，提高茶树对低温胁迫的耐受性。50 μmol/L 褪黑素和 100 μmol/L 褪黑素处理的茶树，叶绿素含量与冷处理组（冷胁迫下非褪黑素处理的茶树）相比分别显著提高 24.9% 和 23.1%。与低温处理相比，100 μmol/L 褪黑激素处理 MDA 含量降低 32.1%，蛋白质含量增加 25.5%，可溶性糖含量增加 43.7%。

（2）提高抗氧化酶活性。经 100 μmol/L 褪黑激素处理后，茶树叶片 SOD 和 POD 活性较低温组增加 24.8% 和 71.8%。50 μmol/L 褪黑激素处理 CAT 活性最高，较对照增加 64.3%。

（3）调节叶片谷胱甘肽系统。低温胁迫下，GSH 含量升高，添加褪黑素后 GSH 含量进一步升高，在 50 μmol/L 褪黑素处理达到最高。

（4）调节叶片谷胱甘肽系统关键酶活性。100 μmol/L 褪黑素处理后 APX 活性较低温处理显著提高 36.6%。

（5）诱导谷胱甘肽代谢相关基因的表达。100 μmol/L 褪黑素处理组的谷胱甘肽还原酶基因 *CsGR* 和抗坏血酸过氧化物酶基因 *CsAPX* 表达量较低温处理组显著上调，分别是低温处理组的 1.6 倍和 2.7 倍。此外，与低温组相比，100 μmol/L 褪黑激素进一步上调谷胱甘肽合成酶基因 *CsGSHS* 的表达（上调 1.8 倍）。

（六）褪黑素缓解西瓜低温胁迫

（1）适当浓度的褪黑素，缓解低温诱导的叶片边缘枯萎、根系生长抑制和膜脂过氧化（MDA）（图 3-6）。

（2）维持作物叶片光合作用。冷胁迫 72 h，根施调节剂处理的光合速率和叶绿素 a（Chl a）含量分别比对照提高 52.2% 和 17.1%。叶喷褪黑素处理 72 h，植株根系活力比对照提高 33.3%。

（3）提高抗氧化酶活性。冷胁迫 24 h，抗氧化酶在根系中的活性保持不变并且在 72 h 后下降。根施褪黑素 + 冷胁迫处理在 24 h 和 72 h 几乎提高了叶片中抗氧化酶（SOD、POD 和 CAT）活性。同样，与单独冷胁迫相比，叶喷褪黑素 + 冷胁迫处理 24 h 和 72 h，植株根系中所有抗氧化酶活性均有所提高。

（4）调节冷胁迫相关基因的表达。单独根施褪黑素处理可使叶片中 *CDPK18*、*MAPK16*、*RBOH-like*、*Myb-like*、*BHLH*、*WRKY* 和 *HSF* 的表达水平轻微上调，而单独叶喷褪黑素处理可使根系中 *MAPK16*、*ERF–TF*、*BZIP*、*BHLH* 和 *HSF* 的转录水平轻微上调。西瓜植株在冷胁迫后，叶片和根部的这些基因与对照相比大部分均上调。与单独冷胁迫处理相比，根施褪黑素 + 冷胁迫进一步增加冷胁迫下叶片中这些基因的表达，导致以上基因转录水平更高。

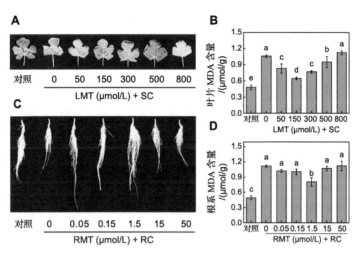

RC：根际 10 ℃低温胁迫；SC：4 ℃低温胁迫。

图 3-6　褪黑素缓解西瓜低温胁迫的效应及机制

图 3-6 以 4 叶期西瓜幼苗为材料，分别以 0 μmol/L、50 μmol/L、150 μmol/L、300 μmol/L、500 μmol/L 和 800 μmol/L（LMT）剂量进行褪黑素处理 3 次（每天 1 次）。随后，将植株置于 4 ℃低温胁迫 72 h。（C，D）对西瓜幼苗 4 叶期根系进行褪黑素处理，褪黑素浓度分别为 0 μmol/L、0.05 μmol/L、0.15 μmol/L、1.5 μmol/L、15 μmol/L 和 50 μmol/L（RMT）。随后，将植株置于 10 ℃的根际低温胁迫下 72 h。在（A，B）中，通过监测叶片表型和叶片 MDA 含量来评估叶片耐低温的变化。在（C，D）中，监测根系表型和根系 MDA 含量以评估根系耐低温的变化。

（七）褪黑素缓解番茄低温胁迫

（1）外源褪黑素维持叶片光合。冷处理显著降低了碳同化速率和 Fv/Fm 值。而外源施用褪黑素可以缓解这两个光合参数的降低。低温处理使与光合作用相关的景天庚酮糖 –1,7– 二磷酸酯酶（SBPase）活性降低，而外源褪黑素增强了低温胁迫下番茄植株 SBPase 活性。

（2）外源褪黑素降低叶片丙二醛含量以及电解质渗漏率，从而缓解细胞膜损伤。

（3）外源褪黑素调节了低温胁迫下番茄植株中活性氧的积累。

（4）外源褪黑素提高叶片抗氧化酶的活性和增加非酶抗氧化剂的水平。在低温胁迫下，植株抗氧化酶活性和非酶抗氧化物积累显著高于非胁迫植株。外源褪黑素的应用进一步增强了低温胁迫下番茄植株的酶活性和抗氧化物积累，表明外源褪黑素对番茄植株的抗氧化系统产生了积极的影响，与以往研究褪黑素减轻低温诱导的 ROS 积累和氧化损伤的番茄植株一致。

（5）外源褪黑素调控冷胁迫相关转录因子的表达水平。ICE 和 CBF 编码转录因子在植物低温反应中发挥重要作用，与冷处理相比，褪黑素预处理的植株中 *SlICE1* 和 *SlCBF1* 转录水平显著升高。另外，在冷胁迫下，脯氨酸生物合成基因 *SlP5CS* 对外源性褪黑激素反应迅速。

（6）外源褪黑素影响多种代谢物水平。冷胁迫下腐胺、亚精胺和精胺的水平大大增加，而外源性褪黑素的应用进一步提高了这些物质含量。褪黑素处理增加了低温胁迫下番茄植株中蔗糖的积累，但略微降低淀粉的水平，显著增加脯氨酸含量。

（八）2,4- 表油菜素内酯缓解番茄低温胁迫

（1）调节叶片内源激素含量。低温胁迫下，外源 2,4- 表油菜素内酯处理可显著提高冷敏感品种中 GA₃ 和 IAA 含量。另外与对照相比，调节剂处理的冷敏感品种 ABA 含量显著增加。

（2）轻微降低叶片丙二醛和脯氨酸含量。

（3）提高耐冷品种的 APX 酶活性，但降低了冷敏感品种 APX 酶活性。

（4）增加敏感品种中 *ERF2*、*ERF13*、*ERF.B13*、*ICE1* 的表达水平，但在耐冷基因型中的表达较低。

（九）DA-6 缓解番茄低温胁迫

（1）提高捕光色素含量。冷胁迫 + DA-6 处理后叶片中总叶绿素（Chl）、叶绿素 a（Chla）和类胡萝卜素总含量高于冷胁迫处理（图 3-7）。

（2）维持作物光合。

（3）提高叶绿素合成相关基因的表达以及降低叶绿素分解相关基因的表达。

（4）光系统相关基因表达结果表明，冷胁迫增强了 *psbC*、*psbD*、*psaA*、*psaB*、*psaC*、*psaD* 和 *psaL* 的表达，下调了 *psbA*、*psbB* 和 *psbP* 的表达。除 *psbC* 外，所有光系统相关基因在冷胁迫 + DA-6 处理下表达量均较高。

（5）维持叶绿体结构。冷胁迫下叶绿体结构肿胀而圆。叶绿体宽度、淀粉粒大小和堆积宽度显著增加，嗜锇颗粒积累量高，类囊体松弛。冷胁迫 + DA-6 处理的植株叶绿体呈椭圆形，结构稳定。

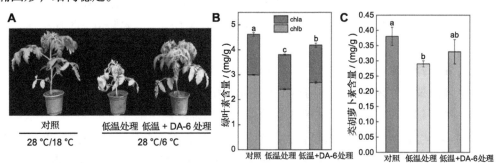

A：植物表型；B：叶绿素含量；C：类胡萝卜素含量。

图 3-7　低温下 DA-6 处理对番茄叶片叶绿素和光合作用的影响

（十）2,4- 表油菜素内酯缓解茄子低温胁迫

（1）增加叶片叶绿素含量。

（2）维持作物光合。低温导致 Pn 显著降低，低温 2 d Gs 和 Tr 显著降低。低温 8 d 植株的 Pn、Gs 和 Tr 值分别比对照低 54.9%、62.2% 和 62.8%。在低温条件下，调节剂处理的植株在所有气体交换参数上都保持较高的值。

（3）减少细胞膜氧化损伤。0.1 μmol/L 2,4- 表油菜素内酯能维持低温胁迫下相对较低的 MDA 水平和超氧阴离子产生速率。

（4）提高叶片抗氧化酶活性。0.1 μmol/L 2,4- 表油菜素内酯进一步提高了 SOD、POD、CAT 和 APX 活性。低温 +2,4- 表油菜素内酯处理 6 h，SOD、POD、CAT 和 APX 活性较低温处理分别提高 14.6%、45.6%、21.2% 和 4.1%。

（5）0.1 μmol/L 2,4- 表油菜素内酯可提高 2 ~ 6 d 冷胁迫下 AsA 和 GSH 的含量。在低温胁迫 4 d，经 2,4- 表油菜素内酯处理的 AsA 和 GSH 浓度分别比未喷施的植株高 13.7% 和 22.0%。

（6）增加叶片脯氨酸的积累。低温 + 0.1 μmol/L 调节剂处理后 6 d，脯氨酸含量较低温处理高 92.5%。

（十一）5- 氨基乙酰丙酸缓解黄瓜低温胁迫

（1）增加叶片叶绿素含量。

（2）维持叶片光合活性。5- 氨基乙酰丙酸显著提高 Pn 和 Ci，分别提高 3.43% 和 16.59%。

（3）提高叶片抗氧化酶活性。外源 ALA 处理提高 SOD、POD、CAT、APX 和 GR 酶活性，分别较对照增加了 31.33%、9.09%、50.82%、14.05% 和 15.99%。

（4）减少叶片活性氧的积累。

（5）促进营养元素的积累。ALA 处理下幼苗根系中 K、Mg 和 Ca 含量分别提高 12.34%、10.51% 和 8.99%。

（6）影响叶片内源激素积累。ALA 显著增加 JA、IAA、BR、iPA 和玉米素核苷（ZR）含量，分别较对照提高 6.54%、25.87%、19.43%、23.53% 和 16.34%，而 GA_4 和 ABA 分别较对照降低 15.95% 和 24.61%。

（十二）褪黑素缓解黄瓜低温胁迫

（1）减少叶片电解质渗漏。与低温条件相比，褪黑素处理减少 12% 的电解质渗漏。

（2）维持叶片光合。与对照相比，褪黑素处理的幼苗 Pn 提高 18% ~ 37%。

（3）影响叶片多胺代谢。到处理 8 d，低温下腐胺（Put）含量比对照高 7.4 倍。褪黑素处理进一步提高了低温下 Put 含量。冷却还会导致亚精胺（Spd）含量的增加。在低温条件下，Spd 含量在 4 d 上升 49%，之后略有下降，8 d 达到峰值。褪黑素处理进一步提高了 Spd 含量。在低温条件下，2 d 精胺（Spm）含量略有上升，随后 4 d 下降，6 d Spm 含量与对照组接近随后再次上升。褪黑素在一定程度上缓解了Spm的波动，保持了比单独冷胁迫略高的Spm含量（2 d除外）。

（4）影响ABA代谢。ABA浓度在冷胁迫后前两天急剧上升，在接下来几天保持较高水平。褪黑素处理在前四天进一步增加了ABA浓度，但从胁迫2 d后ABA浓度开始下降，到6 d和8 d甚至下降到低于没有褪黑素的水平。

（5）影响ABA生物合成相关基因和分解代谢相关基因的表达。通过动态监测ABA生物合成基因（*CsNCED1*和*CsNCED2*）和ABA分解基因（*CsCYP707A1*和*CsCYP707A2*）的表达情况，发现这4个基因在冷胁迫过程中都有不同程度上调。ABA生物合成基因*CsNCED1*和*CsNCED2*的高表达与Put水平的升高有关。在两个ABA分解代谢基因中，只有*CsCYP707A1*的表达上调，而两个ABA生物合成基因在接下来的6 d内保持高表达。这说明ABA在过去6 d的波动，在两天显著增加后，主要是由于*CsCYP707A1*的增加。低温胁迫2 d和4 d，褪黑素进一步上调了*CsCYP707A1*，导致2 d后ABA水平明显下降。

第三节　植物生长调节剂缓解干旱伤害的效应及机制

为阐明植物生长调节剂对干旱伤害的缓解效应，我们首先选择了一些在经济作物上的应用报道案例（表3-3），随后我们也对其作用机制进行了相应地阐述。

一、植物生长调节剂缓解干旱伤害的研究与应用实例

表3-3　植物生长调节剂缓解干旱伤害的研究与应用实例

序号	物种	胁迫因子	调节剂及其应用方法	参考文献
1	大豆	干旱	叶喷 50 mg/L 烯效唑	Zhang et al., 2007
			叶喷和根施 50/100 μmol/L 褪黑素	Imran et al., 2021 b
2	甘蔗	干旱	叶喷 50 mg/L 壳聚糖	Yang et al., 2022
3	猕猴桃	干旱	根施 100 μmol/L 褪黑素	Liang et al., 2018
4	咖啡	干旱	根施 300 μmol/L 褪黑素	Campos et al., 2019
5	葡萄	干旱	水培中根施 100 μmol/L 褪黑素	Meng et al., 2014
6	番茄	干旱	叶喷和根施 100 μmol/L 褪黑素	杨小龙等, 2017
7	茶	干旱	叶喷 50 mg/L 脱落酸	Zhou et al., 2014

二、植物生长调节剂缓解干旱伤害的效应及机制

（一）烯效唑缓解大豆干旱胁迫

（1）干旱胁迫降低大豆株高、生物量和籽粒产量。在不同水分条件下，烯效唑处理使总生物量增加 8%，籽粒产量增加 18%。而在缺水条件下生物量增加 14%，产量增加 20%。

（2）维持叶片水势和光合作用。

（3）在干旱胁迫下，烯效唑处理的大豆有更多的 ^{14}C 分配到根系和荚果，分别比对照高 19% 和 8%。

（4）影响激素代谢。在各水分条件下，烯效唑处理大豆的 GA_3 和 GA_4 显著低于未处理大豆，IAA 和玉米素显著高于未处理大豆。ABA 含量仅在干旱 + 烯效唑条件下高于未处理大豆。

（5）提高抗氧化酶活性。在干旱胁迫下，烯效唑能使 SOD 活性提高 24%，POD 活性增加 27%。

（6）干旱 + 烯效唑处理的可溶性糖和脯氨酸含量较对照分别提高 10% 和 7%，而 MDA 含量和电导率分别降低 10% 和 7%。

（二）褪黑素缓解大豆干旱胁迫

（1）促进生长。与干旱胁迫对照相比，叶面施用 50 μmol/L 褪黑素可使植株的茎长、根长和生物量略有增加。 100 μmol/L 处理植株的茎长、根长、鲜重、干重和叶绿素含量分别显著增加 26.8%、32.7%、74.1%、70.5%、19.5%。与干旱 + 叶喷调节剂相对比，根施褪黑素（50 μmol/L 和 100 μmol/L）显著提高了植株的茎长（分别为 44.2% 和 55.7%）、根长（分别为 41.4% 和 81.1%）、鲜重（分别为 32.2% 和 96.7%）、干重（分别为 35.2% 和 94.1%）和叶绿素含量（分别为 20.1% 和 36.9%），促进了植株的生长发育（图 3-8）。

（2）提高抗氧化酶活性。与干旱胁迫对照相比，叶喷褪黑素（50 μmol/L）处理的植株在干旱条件下 SOD 和 CAT 活性均较对照植株略有提高，100 μmol/L 处理 SOD 和 CAT 活性较对照植株显著提高 50.5% 和 68.7%。另外，干旱 + 根施褪黑素（50 μmol/L 和 100 μmol/L）较干旱对照显著提高 SOD（分别为 27.07% 和 77.07%）和 CAT（分别为 35.03% 和 96.1%）活性。

（3）减少活性氧积累。干旱胁迫下，叶喷褪黑素（50 μmol/L 和 100 μmol/L）比干旱胁迫植株分别减少 15.9% 和 44.0% 的 H_2O_2 积累，而干旱胁迫下，根部喷施褪黑素（50 μmol/L 和 100 μmol/L）较干旱胁迫植株更有效地减少 27.9% 和 52.0% 的 H_2O_2 积累。

（4）减少电解质渗漏。

（5）保持叶片相对含水量（RWC）。叶喷和根施褪黑素处理显著提高干旱胁迫下叶片的 RWC。叶喷和根施最有效的浓度皆为 100 μmol/L，较干旱处理分别提高 49.9% 和 68.2%。

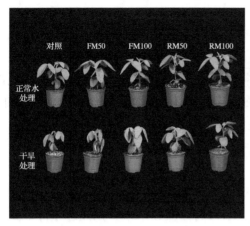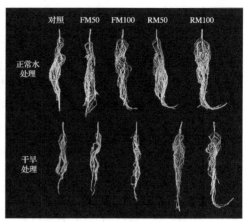

对照：未施用褪黑素；FM50 和 FM100： 50 μmol/L 和 100 μmol/L 叶喷褪黑素处理；RM50 和 RM100：50 μmol/L 和 100 μmol/L 根施褪黑素。

图 3-8　褪黑素对大豆植株表型的影响

（三）壳聚糖缓解甘蔗干旱胁迫的效应机制

（1）增加叶绿素和可溶性糖含量。

（2）转录组和代谢组可以共同注释到苯丙氨酸代谢，说明壳聚糖处理正调节干旱胁迫下甘蔗苯丙氨酸代谢，导致苯丙氨酸含量降低，肉桂酸含量增加，从而使更多下游苯丙氨酸次级代谢物合成，参与干旱反应的代谢活动（图 3-9）。

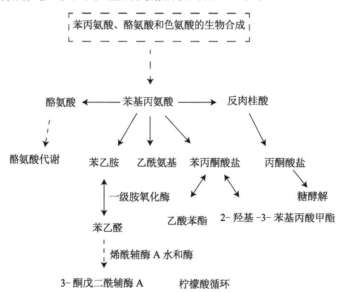

图 3-9　壳聚糖对甘蔗干旱胁迫下苯丙氨酸代谢途径中差异代谢物的影响

（四）褪黑素缓解猕猴桃干旱胁迫的效应机制

（1）促进生长，维持叶片光合代谢（图 3-10）。

（2）改变气孔特性。干旱胁迫叶片的气孔密度高于对照叶片，但干旱胁迫下叶片的气孔长度、宽度和气孔孔径均显著减小。在干旱条件下，外源褪黑素降低了气孔密度（13.9%），显著增加气孔长度（12.6%）、宽度（9.9%）和孔径（58.0%）。

（3）离子吸收特性的改变。在干旱条件下，与未施褪黑素的植株相比，施褪黑素的植株显著提高了叶片 N（氮）、P（磷）、K（钾）和 Ca（钙）的浓度，幅度为 3.3%（N）和 10.4%（P），但导致 Fe、Mn、Cu、Zn 和 B（硼）的含量显著下降，其中 Mn 下降 6.4%，Cu 下降 19.8%。与干旱处理相比对，褪黑素 + 干旱 N、P、K、Ca、Mg（镁）、Cu、Zn、B 的吸收分别提高 9.7%、29.2%、24.0%、5.3%、9.3%、9.5%、10.7% 和 8.1%。

（4）提高叶片内源褪黑素浓度。

植物进行不同的水分和褪黑素处理 60 d。CK：每天灌溉以保持 75% ~ 85% 的田间水分能力；DT：每天灌溉保持 45% ~ 55% 的田间水分能力；MCK：每天灌溉以保持 75% ~ 85% 的田间水分能力加上 100 μmol/L 褪黑素；MDT：每天灌溉以保持 45% ~ 55% 的田间水分能力加上 100 μmol/L 褪黑素。

图 3-10　褪黑素缓解猕猴桃干旱胁迫的效应机制

（五）褪黑素缓解咖啡干旱胁迫

（1）增加叶片水势。干旱条件下叶片水势下降，干旱 +300 μmol/L 褪黑素处理下的水势值高于干旱处理，而干旱 +500 μmol/L 处理下的水势值与干旱处理相似。这表明褪黑素对水势的影响取决于使用浓度。

（2）增加叶片叶绿素含量和维持光合。干旱 +300 μmol/L 褪黑素处理的光合速率，蒸腾速率和气孔导度均高于干旱处理。

（3）提高叶片糖含量。水分亏缺 20 d 时，与干旱处理对比，干旱 +300 μmol/L 褪黑素处理提高了叶片蔗糖和淀粉含量。

（4）增加叶片抗氧化酶活性和降低膜脂过氧化。与干旱胁迫相比，干旱 +300 μmol/L 植株 MDA 含量更低。另外相比之下，干旱 +500 μmol/L 植株表现出与干旱植株相似的 MDA 水平。

（六）褪黑素缓解葡萄干旱胁迫

（1）减少叶片活性氧的积累。聚乙二醇（PEG）处理显著增加 H_2O_2 含量（71.0%），而褪黑素处理显著降低 H_2O_2 水平。

（2）减少电解质（EL）渗漏。水分亏缺对叶片细胞膜有损伤作用，暴露于 10% PEG 溶液的幼苗 EL 值显著增加 30.4%，而 50 μmol/L、100 μmol/L 和 200 μmol/L 褪黑素处理 EL 分别降低 26.2%、18.9% 和 15.6%。

（3）提高抗氧化酶活性。与水分充足的葡萄插枝相比，水分胁迫的葡萄插枝叶片中 SOD、CAT 和 POD 活性水平分别下降 43.3%、57.9% 和 58.0%，褪黑激素处理可增加 SOD、CAT 和 POD 活性。

（4）改变抗氧化代谢物水平。PEG 水分胁迫下，葡萄插枝叶片中 GSH 和 AsA 含量较对照分别降低 27.7% 和 29.6%，而褪黑素处理上调 GSH 和 AsA 的含量。

（5）提高叶绿素含量。PEG 处理下叶绿素含量为非胁迫对照植株的 57.5%，而 PEG+ 褪黑素处理下的总叶绿素含量为非胁迫对照植株的 67.5% ～ 78.3%。

（七）褪黑素缓解番茄干旱胁迫

（1）维持叶片光合。

（2）盐胁迫下番茄幼苗叶片环式电子传递速率 CEF 得到显著加强，而叶喷和根施 100 μmol/L 可以降低环式电子传递速率，提高线性电子传递速率。

（3）提高干旱胁迫下番茄叶片的光系统 I 量子产量 Y（I）和光系统 II 量子产量 Y（II），表明褪黑素处理有利于干旱胁迫下番茄叶片吸收光能向光化学反应的方向分配。

（八）脱落酸缓解茶树干旱胁迫

（1）干旱胁迫显著降低叶片叶绿素含量，外源 ABA 处理能够显著改善干旱胁迫对叶绿素的影响。脯氨酸和丙二醛含量在干旱胁迫下均显著增加。外源 ABA 处理显著抑制干旱诱导的 MDA 含量的增加，与叶绿素类似。外源 ABA 处理后，茶树脯氨酸含量进一步显著增加。

（2）ABA 诱导的 iPGAM 蛋白和 OEE 蛋白显著增加，这两个蛋白质分别参与糖酵解和维持光系统 II 的稳定性。ABA 处理未增加其余蛋白质的表达。因此，外源 ABA 可能特异性地改善葡萄糖代谢，促进光系统 II 的稳定性。

（3）ABA 诱导 H_2O_2 的产生增强了 *Hsp70* 的合成，并上调抗氧化酶的活性，从而抑制细胞 ROS 水平。外源 ABA 处理茶树的 *Hsp70* 表达在干旱胁迫下增强，这表明 ABA 处理可通过增加 *Hsp70* 的表达来提高茶树对干旱胁迫的耐受性。

（4）干旱胁迫导致 Rubisco 大亚基增加，这表明 ABA 处理过的茶树可能通过 Rubisco 加速光合作用速率增加糖水平。

第四节　植物生长调节剂缓解渍涝伤害的效应及机制

为阐明植物生长调节剂对渍涝伤害的缓解效应，我们首先选择了一些在经济作物上的研究与应用报道案例（表 3-4），随后我们也对其作用机制进行了相应地阐述。

一、植物生长调节剂缓解渍涝伤害的研究与应用实例

表 3-4　植物生长调节剂缓解渍涝伤害的研究与应用实例

序号	物种	胁迫因子	调节剂及其应用方法	参考文献
1	大豆	涝害	叶喷 50 mg/L 烯效唑	王诗雅，2021
			叶喷 50 mg/L 烯效唑	曲善民，2020
			叶喷 15 mmol/L 二乙基二硫代氨基甲酸钠	邢兴华，2018
2	樱桃番茄	涝害	叶喷 0.25 mmol/L 亚精胺	刘聪聪，2020
3	油茶	涝害	叶喷 0.5 mmol/L 亚精胺	黄金富，2020
4	番茄	涝害	50 mg/kg 浸种以及叶喷 100 mg/kg 水杨酸	Singh et al.，2017

二、植物生长调节剂缓解渍涝伤害的效应及机制

（一）烯效唑缓解大豆淹水胁迫

（1）保持光合。始花期（R1 期）淹水胁迫导致两品种大豆叶片光合色素含量、净光合速率（Pn）、蒸腾速率（Tr）、气孔导度（Gs）和胞间 CO_2 浓度（Ci）显著下降，水分利用率（WUE）和气孔限制值（Ls）随胁迫时间延长显著增加，进而抑制蔗糖、果糖和淀粉含量的积累。叶面喷施烯效唑能有效缓解 R1 期淹水胁迫下大豆叶片光合色素的降解，提高光合参数和碳水化合物含量，并在恢复正常水分管理后，维持较高水平，促进植株正常生长发育，且与垦丰 16 相比垦丰 14 的恢复能力较强。

（2）提高抗氧化能力。R1 期淹水胁迫提高大豆叶片内活性氧（ROS）产生速率，MDA 含量和相对电导率（EL）随胁迫时间延长也显著增加。叶面喷施烯效唑后有效增加两品种大豆叶片中 SOD、POD、CAT 和 APX、GR、MDHAR 及 DHAR 活性，增加非酶抗氧化剂和渗透调节物质含量，减少活性氧的产生，促进两大豆品种的恢复。

（3）促进根系发育。始花期（R1 期）淹水胁迫降低大豆根系侧根数，减少根系伤流量，叶面喷施烯效唑有助于保持根系数量，促进根系发育。

（4）保持大豆叶部叶肉细胞、栅栏组织和细胞膜结构完整性。

（二）二乙基二硫代氨基甲酸钠（DDTC）缓解大豆淹水胁迫

（1）增加氮代谢酶活性。淹水胁迫处理 4 d，两个大豆品种根系中各氮代谢酶活性均显著增加。与徐豆 18 相比，南农 1138-2 硝酸还原酶（NR）和谷氨酰胺合酶（GS）活性增加较早且幅度较大，谷氨酸脱氢酶（NADH-GDH）活性增加延迟且幅度较小，内肽酶（EP）活性增加幅度较小。DDTC 处理能够促进淹水胁迫下两个大豆品种的 NR 和 GS 活性增加，抑制 EP 活性增加，而对 NADH-GDH 活性无显著影响。

（2）降低根系中含氮化合物的积累。淹水胁迫下徐豆 18 根系中 NH_4^+- N 含量迅

速增加；南农 1138-2 增加较为平缓。DDTC 处理显著降低淹水胁迫后期两个大豆品种 NH_4^+-N 含量，淹水 8 d，DDTC 处理的徐豆 18 和南农 1138-2 NH_4^+-N 含量分别较淹水处理降低 6.4% 和 8.0%。

（3）根瘤干重和固氮酶活性。淹水胁迫显著降低根瘤干重和固氮酶活性，且徐豆 18 受抑制程度较南农 1138-2 大。淹水胁迫下，DDTC 处理能够增加两个品种根瘤干重和固氮酶活性。其中，淹水 8 d，DDTC 处理的徐豆 18 和南农 1138-2 根瘤干重和固氮酶活性分别较淹水处理增加 13.2%、27.7% 和 15.5%、29.5%。

（三）亚精胺（Spd）缓解樱桃番茄淹水胁迫

（1）千禧品种经外源喷施 Spd 处理后，株高、茎粗和叶厚较淹水处理均升高，在淹水 14 d，根长、根表面积和根体积较淹水处理都有不同程度提高，说明 Spd 处理可维持和促进根系生长。

（2）在淹水 14 d，两品种根部细胞严重损伤，内部结构解体，原生质消失，且根部形态收缩变形。在淹水下 Spd 处理后根系可形成大量溶性通气组织，表皮细胞壁角质化，但多数细胞仍保持正常形态（图 3-11）。

（3）红妃 6 号品种经 Spd 处理后超氧阴离子和 MDA 含量随淹水时间延长而下降，在淹水末期（10 ~ 14 d）Spd 处理下超氧阴离子和 MDA 含量显著低于淹水处理。

（4）提高光合特性。千禧品种淹水处理 Fv/Fm 值较对照下降 9.80%，喷施 Spd 后数值增加；淹水处理 $\Phi_{PS\,II}$ 较对照下降 18.66%，喷施 Spd 后增加了 11.89%。

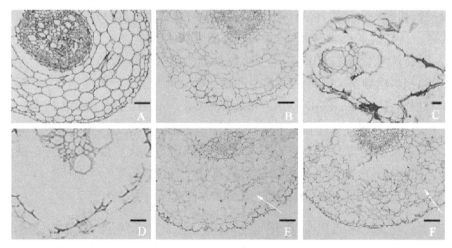

A：红妃 6 号品种对照组；B：千禧品种对照组；C：红妃 6 号品种淹水处理 + 叶面喷超纯水；D：千禧品种淹水处理 + 叶面喷超纯水；E：红妃 6 号品种淹水处理 + 叶面喷 Spd；F：千禧品种淹水处理 + 叶面喷 Spd。

图 3-11　亚精胺对淹水胁迫下樱桃番茄根系解剖结构的影响

（四）亚精胺（Spd）缓解油茶淹水胁迫

（1）提高株高生长量。在淹水处理 40 d，海林一号的株高生长量较对照组降低 54.64%；海林二号的株高生长量较对照组降低 57.01%。淹水处理下加外源 Spd，海林一号的株高生长量较水淹组提高 88.64%；海林二号的株高生长量较水淹组提高 89.13%。

（2）提高根系活力。水淹下加外源 Spd，海林一号的根系活力相比水淹组提高 25.98%；海林二号的根系活力相比水淹组提高 27.59%。

（3）提高光合速率。淹水下加外源 Spd，海林一号的净光合速率相比水淹组提高 61.24%；海林二号的净光合速率相比水淹组提高 39.38%。

（4）提高叶绿素含量。水淹下加外源 Spd，海林一号的叶绿素 a 含量相比水淹组提高 36.98%，叶绿素 b 含量相比水淹组提高 68.94%；海林二号的叶绿素 a 含量相比水淹组提高 39.16%，叶绿素 b 含量相比水淹组提高 82.46%。

（5）维持叶片水势。水淹下加外源 Spd，海林一号的叶片水势相比水淹组提高 69.47%；海林二号的叶片水势相比水淹组提高 48.05%。

（6）降低叶片电导率和 MDA 含量。水淹下加外源 Spd，海林一号的叶片电导率相比水淹组降低 25.77%；海林二号的叶片电导率相比水淹组降低 29.67%。水淹下加外源 Spd，海林一号的 MDA 含量相比水淹组降低 33.30%；海林二号的 MDA 含量相比水淹组降低 35.05%。

（五）水杨酸（ SA ）缓解番茄淹水胁迫

（1）淹水处理下叶片 MDA 含量较对照组高 54.03%，应用调节剂显著减少淹水处理下叶片 MDA 的增加。

（2）淹水处理下叶片脯氨酸含量显著增加，而 SA 处理可进一步增加其含量。

（3）淹水处理下叶片 APX 活性略有提高，而 SA+ 淹水处理下其含量显著高于淹水对照。涝渍下植物体内 APX 水平的提高有助于植物在细胞水平上更有效地解毒 H_2O_2，减少其有害作用。

（六）植物生长调节剂提高植物抗逆性的机理小结

一般而言，调节剂可以通过增加叶片叶绿素含量，提高抗氧化酶活性，维持激素平衡，增加渗透调节物质等机制缓解非生物胁迫损伤（图 3-12）（Zhao et al., 2022）。

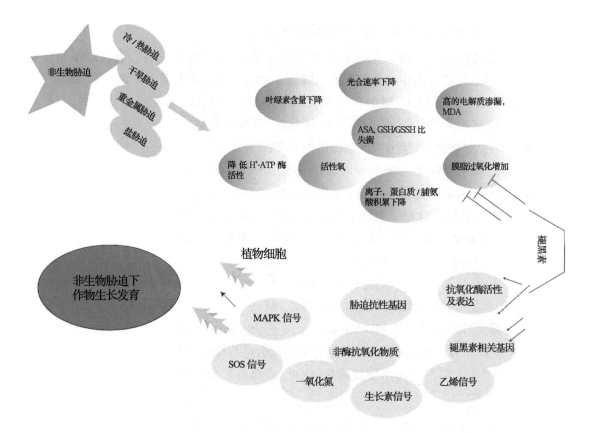

非生物胁迫诱导植物体内活性氧的积累，褪黑素通过诱导防御信号、增强抗氧化酶的表达和活性，进而降低植物体内活性氧含量。

图 3-12　植物生长调节剂提高植物抗逆性的机理网络，以褪黑素为例

本章主要参考文献

黄金富，2020. 外源亚精胺对水淹胁迫下两个不同油茶品种生理生态的影响 [D]. 海口：海南大学.

刘聪聪，2020. 淹水胁迫对樱桃番茄苗期的影响及其缓解途径研究 [D]. 海口：海南大学.

罗忍忍，王瑞丹，曹磊，等，2022. 植物生长调节剂对冷胁迫下甜瓜幼苗生理特性及相关基因表达的影响 [J]. 河南农业大学学报，56（3）：411-419，428.

齐晓媛，王文莉，胡少卿，等，2021. 外源褪黑素对高温胁迫下菊花光合和生理特性的影响 [J]. 应用生态学报，32（7）：2496-2504.

曲善民，2020. 烯效唑缓解大豆淹水胁迫的效应与机制 [D]. 大庆：黑龙江八一农垦大学.

王诗雅，2021. 初花期淹水胁迫下烯效唑对大豆碳代谢和产量的缓解效应 [D]. 大庆：黑龙江八一农垦大学.

谢云灿，2017. 外源油菜素内酯对大豆高温胁迫的缓解效应及其生理机制 [D]. 南京：南京农业大学.

邢兴华，方传文，齐玉军，等，2018. 外源二乙基二硫代氨基甲酸钠对初花期淹水大豆根系氮代谢的影响 [J]. 中国油料作物学报，40(4)：533-543.

杨小龙，须晖，李天来，等，2017. 外源褪黑素对干旱胁迫下番茄叶片光合作用的影响 [J]. 中国农业科学，50（16）：3186-3195.

杨娅倩，2020. 外源亚精胺对高温胁迫下葡萄幼苗生理生化特性的影响 [D]. 泰安：山东农业大学.

周永海，杨丽萍，马荣雪，等，2020. 外源褪黑素对高温胁迫下甜瓜幼苗抗氧化特性及其相关基因表达的影响 [J]. 西北农业学报，29（5）：745-751.

ANWAR A, YAN Y, LIU Y, et al., 2018. 5-aminolevulinic acid improves nutrient uptake and endogenous hormone accumulation, enhancing low-temperature stress tolerance in cucumbers[J]. International journal of molecular sciences, 19: 3379.

BAWA G, FENG L, SHI J, et al., 2020. Evidence that melatonin promotes soybean seedlings growth from low-temperature stress by mediating plant mineral elements and genes involved in the antioxidant pathway[J]. Functional Plant Biology, 47: 815-824.

CAMPOS C N, ÁVILA R G, DE SOUZA K R D, et al., 2019. Melatonin reduces oxidative stress and promotes drought tolerance in young Coffea arabica L[J]. plants. Agricultural Water Management, 211: 37-47.

DING F, LIU B, ZHANG S, 2017. Exogenous melatonin ameliorates cold-induced damage in tomato plants[J]. Scientia Horticulturae, 219: 264-271.

HEIDARI P, ENTAZARI M, EBRAHIMI A, et al., 2021. Exogenous EBR ameliorates endogenous hormone contents in tomato species under low-temperature stress[J]. Horticulturae, 7: 84.

HUANG X, CHEN M H, YANG L T, et al., 2015. Effects of exogenous abscisic acid on cell membrane and endogenous hormone contents in leaves of sugarcane seedlings under cold stress[J]. Sugar Tech, 17: 59-64.

IMRAN M, AAQIL KHAN M, SHAHZAD R, et al., 2021a. Melatonin ameliorates thermotolerance in soybean seedling through balancing redox homeostasis and modulating antioxidant defense, phytohormones and polyamines biosynthesis[J]. Molecules, 26: 5116.

IMRAN M, LATIF KHAN A, SHAHZAD R, et al., 2021b. Exogenous melatonin induces drought stress tolerance by promoting plant growth and antioxidant defence system of soybean plants[J]. AoB Plants, 13: plab026.

LI H, CHANG J, ZHENG J, et al., 2017. Local melatonin application induces cold tolerance in distant organs of *Citrullus lanatus* L.[J]. via long distance transport. Scientific reports, 7: 1-15.

LI J, ARKORFUL E, CHENG S, et al., 2018. Alleviation of cold damage by exogenous application of melatonin in vegetatively propagated tea plant [*Camellia sinensis* (L.) O. Kuntze][J]. Scientia Horticulturae, 238:356-362.

LIANG B, MA C, ZHANG Z, et al., 2018. Long-term exogenous application of melatonin improves nutrient uptake fluxes in apple plants under moderate drought stress[J]. Environmental and Experimental Botany, 155: 650-661.

LU J, GUAN P, GU J, et al., 2021. Exogenous DA-6 improves the low night temperature tolerance of tomato through regulating cytokinin[J]. Frontiers in plant science, 11: 599111.

MENG J F, XU T F, WANG Z Z, et al., 2014. The ameliorative effects of exogenous melatonin on grape cuttings under water‐deficient stress: antioxidant metabolites, leaf anatomy, and chloroplast morphology[J]. Journal of Pineal Research, 57: 200-212.

SINGH S K, SINGH A K, PADMANABH D, 2017. Salicylic Acid Ameliorates Antioxidative System in Tomato (*Lycopersicon esculentum* Mill.) Under Waterlogging Stress[J]. Trends in Biosciences, 10: 606-610.

WU X, DING H, CHEN J, et al., 2015. Exogenous spray application of 24-epibrassinolide induced changes in photosynthesis and anti-oxidant defences against chilling stress in eggplant (*Solanum melongena* L.) seedlings[J]. The Journal of Horticultural Science and Biotechnology, 90: 217-225.

XU W, CAI SY, ZHANG Y, et al., 2016. Melatonin enhances thermotolerance by promoting cellular protein protection in tomato plants[J]. Journal of Pineal Research, 61: 457-469.

YANG S, CHU N, ZHOU H, et al., 2022. Integrated Analysis of Transcriptome and Metabolome Reveals the Regulation of Chitooligosaccharide on Drought Tolerance in Sugarcane (*Saccharum spp.* Hybrid) under Drought Stress[J]. International journal of molecular sciences, 23: 9737.

ZHANG M, DUAN L, TIAN X, et al., 2007. Uniconazole-induced tolerance of soybean to water deficit stress in relation to changes in photosynthesis, hormones and antioxidant system[J]. Journal of Plant Physiology, 164: 709-717.

ZHANG Y, XU S, YANG S, et al., 2017. Melatonin alleviates cold-induced oxidative damage by regulation of ascorbate – glutathione and proline metabolism in melon seedlings (*Cucumis melo* L.)[J]. The Journal of Horticultural Science and Biotechnology, 92: 313-324.

ZHAO C, NAWAZ G, CAO Q, et al., 2022. Melatonin is a potential target for improving horticultural crop resistance to abiotic stress[J]. Scientia Horticulturae, 291: 110560.

ZHAO H, ZHANG K, ZHOU X, et al., 2017. Melatonin alleviates chilling stress in cucumber seedlings by up-regulation of CsZat12 and modulation of polyamine and abscisic acid metabolism[J]. Scientific reports, 7: 1-12.

ZHOU L, XU H, MISCHKE S, et al., 2014. Exogenous abscisic acid significantly affects proteome in tea plant (*Camellia sinensis*) exposed to drought stress[J]. Horticulture Research, 1: 14029.

第四章

缓解经济作物农业气象灾害伤害的调节剂制剂及应用

第一节　缓解经济作物农业气象灾害伤害的调节剂制剂

在农业生产过程中因不利天气或异常气候而导致的农作物产量下降的现象即为农业气象灾害。在经济作物的生长发育过程中所需的气候环境包括气温、光照、水分等因素的变化有时会对经济作物产生不利的影响，其中包括旱涝、冰雹、强风、高温等对作物造成破坏性伤害的气象环境，这些不利的气象环境造成的气象灾害与农业的发展有密不可分的关系，制约农业向着稳定健康的方向发展。目前仍无法精准掌握和预报气象灾害的发生时间和强度，在农业生产上对气象灾害的防御能力也是有限的。因此，寻找缓解经济作物农业气象灾害伤害的有效方法与途径，对提高防灾减灾的能力，避免或者减少气象灾害带来的损失，保障农业生产具有十分重要的意义。植物生长调节剂是一类具有生理活性的人工合成的有机化合物。植物生长调节剂具有安全、低毒等特点，它的应用被喻为农业的第二次绿色革命，目前已成为农业抗灾减灾、安全生产中最常用、最重要的技术措施之一，在缓解经济作物农业气象灾害伤害中发挥了重要作用（杨青华，2000）。

我国目前经济作物主要遭受的气象灾害包括高温、低温、干旱及渍涝，本节主要针对缓解经济作物这四种农业气象灾害伤害的调节剂制剂展开介绍。

一、缓解高温对经济作物伤害的调节剂制剂

随着全球气候变暖，高温胁迫对经济作物的伤害愈发严重。受到太阳猛烈曝晒或热干风的影响，我国西北、华北、南方等地区的经济作物常受到高温胁迫产生热害。高温会引起果树树干干燥，叶片枯黄，鲜果烧伤甚至死亡。高温还会影响受精，破坏籽粒灌浆，最终影响作物品质提升及产量增加。高温会造成葡萄叶片日灼，抑制光合作用。高温还会造成大豆落荚，空瘪荚、缺粒荚增多，总粒数减少，粒重降低，最终导致减产（卢城等，2021）。应用植物生长调节剂现已成为缓解高温对经济作物伤害的一种行之有效的途径。主要应用的调节剂制剂包括以下9种。

（一）6-苄氨基嘌呤

6-苄氨基嘌呤（6-benzylaminopurine, 6-BA），又称为细胞分裂素。是人工合成的细胞分裂素类似物，也是一种嘌呤类植物生长调节剂。6-苄氨基嘌呤可被植株发芽的种子、根、嫩芽或叶片吸收，可以促进细胞分裂，促进种子萌发、侧芽生长、花芽形成及开花（董丽红，2011）。同时6-苄氨基嘌呤还可以促进物质转运和积累，调控植株呼吸作用，促进蒸发和气孔开发，抑制叶绿素的分解，调控酶活性，提高作物抗逆能力。因此，6-苄氨基嘌呤可以被应用于缓解高温对经济作物的伤害。如甜椒苗期外源施用 10 μmol/L 6-苄氨基嘌呤在高温胁迫下促进了甜椒叶绿素的合成，从而缓解高温导致的叶绿素降低，维持正常的光合

作用；增强体内抗氧化酶活性，减轻膜脂过氧化作用，进而降低超氧阴离子的产生速率及有害物质丙二醛的积累，最终提高甜椒苗期耐高温的能力（刘凯歌，2015）。

（二）油菜素内酯

油菜素内酯（brassinolide, BL），又称芸苔素内酯，是一种甾醇类植物内源生长物质。油菜素内酯作为一种高效、广谱、安全的多用途植物生长调节剂，是公认的第六类植物激素，在植物各生长发育阶段，可促进植物营养生长，有利于受精，具有促进植物生长、改善植物生长品质等多种功能。另外，油菜素内酯进入植物体后，不仅加强了光合作用，促进了生长发育，而且对植物细胞的膜系统有保护作用，能激发植物体内某些起保护作用的酶的活性（如超氧化物歧化酶），可以大大减轻逆境下植物体产生的有害物质（如丙二醛等）对正常功能的损害。其中 2,4- 表油菜素内酯（2,4-epibrassinolide, EBR）是油菜素甾醇家族的一种植物甾醇激素，生理功能包括保护植物免受环境胁迫和改变植物在各种条件下的代谢方式。2,4- 表油菜素内酯表现出强大的潜能来减缓非生物胁迫对植物的伤害。因此，油菜素内酯能够增强作物的抗逆性，其常被应用于缓解高温对经济作物的伤害。如用浓度为 0.25 μmol/L 的 2,4- 表油菜素内酯对大豆苗期进行叶面喷施，可以通过调控内源激素的比例或含量来调节大豆的生长和抗高温能力；通过 H_2O_2、ABA 等内源信号物质的积累诱导大豆耐热性，具体表现为较强的抗氧化能力和较高的光合速率，并最终促进各器官干物质的积累，提高大豆产量。与此同时，2,4- 表油菜素内酯提高了籽粒中蛋白质含量和氨基酸各组分比例，改善籽粒品质（谢云灿，2017）。

（三）矮壮素

矮壮素（chiorocholine chloride, CCC, chlormequat），为氯化氯胆碱的俗称，是一种低毒性的季铵盐类植物生长调节剂。矮壮素被植株的叶、嫩枝、芽或根系吸收，主要作用于抑制赤霉素前体贝壳杉烯的形成，进而阻抑体内赤霉素的生物合成。矮壮素是一种广谱多用途的植物生长调节剂，它可以抑制植株徒长，缩短植株节间，促进植株矮壮及根系的发达，因此矮壮素常被应用于提高作物的抗倒伏能力。另外，矮壮素可以使植株叶片增厚，增加叶绿素含量，促进植株光合作用，提高作物的抗逆能力，进而提高作物的产量和品质。矮壮素还可以提高作物耐高温能力，如用 300 mg/L 矮壮素喷施小白菜叶片可以提高半致死温度，降低小白菜在 35 ~ 70 ℃高温下的相对电导率、高温热害指数，提高小白菜的耐热性（李进，2021）。

（四）胺鲜酯

胺鲜酯（diethyl aminoethyl hexanoate, DA-6），是一种广谱低毒的植物生长调节剂，它可以调节和促进作物的生长。胺鲜酯可以提高作物叶绿素、蛋白质及核酸的含量，提高抗氧化酶活性，促进作物碳、氮的代谢。同时，胺鲜酯还可以提高作物的抗高温能力，如对辣椒幼苗叶片喷施 30 mg/L 胺鲜酯，幼苗的叶色值、根系活力、丙二醛含量、超氧化物歧化酶（SOD）活性和脯氨酸含量等指标综合反应较好，促进辣椒幼苗的光合进程（陈艳丽等，2014）。另外，通过对茄子幼苗喷施 20 mg/L 胺鲜酯，能够提高茄子幼苗的叶绿素含量、根系活力、SOD 活性、脯氨酸含量，并降低丙二醛含量（范飞等，2013）。因此，胺鲜酯能够缓解高温胁迫对辣椒、茄子幼苗的影响。

（五）乙烯利

乙烯利（ethephon, ETH），是一种低毒广谱性的植物生长调节剂。乙烯利被植株的茎、叶、花及果实吸收，由于细胞液的 pH 值一般在 4 以上，所以当乙烯利被传导到植株的细胞中时，会被分解而形成乙烯，进而提高作物的开花，诱导不定根的形成，促进种子萌发，加速叶、果的成熟、衰老和脱落。同时乙烯利在提高经济作物抗性如抗高温、抗寒性及抗旱性方面也有广泛应用及研究。如荔枝裂果会造成严重减产，裂果的原因是在成熟时遇到高温等气候，此时用 10 mg/kg 浓度的乙烯利喷洒荔枝树，荔枝裂果数明显减少（Shrestha et al.，1982）。番茄幼苗在高温环境中往往发生徒长，直接影响着番茄的早期产量，采用 200 mg/kg 或 300 mg/kg 乙烯利在番茄幼苗 3 叶 1 心期和 5 叶 1 心期两个时期进行喷雾处理，抑制了番茄幼苗的徒长，增加了茎粗，提高了第 1 穗果的坐果率，增加了早期产量（王孟文等，1995）。

（六）1- 甲基环丙烯

1- 甲基环丙烯（1-methylcyclopropene, 1-MCP）是一种高效无毒的乙烯受体抑制剂，可以通过竞争性结合乙烯受体位点抑制乙烯的产生。1- 甲基环丙烯可以与乙烯受体结合，并可以较长时间保持束缚在受体蛋白上，有效地阻碍了乙烯与其受体的正常结合，最终使乙烯作用信号的传导和表达受阻。1- 甲基环丙烯常在作物内源乙烯产生或外源乙烯作用前施用，可以抢先与乙烯受体结合，从而阻碍乙烯与其受体结合，最终延长果蔬成熟衰老过程，因此 1- 甲基环丙烯常被应用于延长果蔬的保鲜期（Watkins, 2006）。在高温胁迫下应用 1- 甲基环丙烯可提高作物的抗逆性，如在黄瓜幼苗叶面喷施 80 g/hm^2 的 1- 甲基环丙烯能促进幼苗光合速率、全株干重和根系活力，抑制高温胁迫下幼苗体内丙二醛含量、叶片相对电导率及 H$_2$O$_2$ 含量的上升，提高抗氧化酶活性和渗透调节物质含量，以缓解高温对植物细胞造成的伤害，有效缓解了高温胁迫对黄瓜幼苗造成的伤害。另外，叶面喷施 80 g/ hm^2 1- 甲基环丙烯，还可以通过促进高温胁迫下辣椒幼苗的叶绿素 a、叶绿素 b 含量、鲜重、干重、根系活力的增加，促进超氧化物歧化酶（SOD）、过氧化物酶（POD）和过氧化氢酶（CAT）活性的提高，增加叶片可溶性蛋白和可溶性糖的含量，有效抑制活性氧积累并降低细胞膜透性，降低叶片中脱落酸含量和乙烯释放速率，提高辣椒坐果率和单果质量，缓解高温对辣椒幼苗生长造成的伤害（邓娇燕，2019）。

（七）萘乙酸

萘乙酸（naphthyacetic acid, NAA）作为一种低毒性的有机萘类植物生长调节剂，可以刺激作物细胞分裂和组织分化，促进子房膨大，诱导形成无籽果实；在一定浓度范围内萘乙酸可以抑制纤维素酶活性，防止落果落叶，诱发枝条不定根的形成并加速树木的扦插生根；低浓度的萘乙酸可以促进作物的生长发育，高浓度的萘乙酸可以引起内源乙烯的大量生成，促进作物矮化和催熟增产。另外，萘乙酸还可以提高经济作物抗高温的能力，如在高温胁迫下，选用 2～4 mg/L 浓度的萘乙酸对番茄进行浸种处理，可以提高番茄种子的发芽率、发芽势、发芽指数和活力指数，提高高温胁迫下番茄的抗逆能力（李静等，2022）。

（八）水杨酸

水杨酸（salicylic acid, SA）是一种植物体内含有的天然苯酚类植物生长调节物质，别名邻羟基苯甲酸，是广泛存在于植物体内的一种简单的小分子酚类化合物，属于肉桂酸的衍生物。外源水杨酸处理不仅表现在对植物生长、发育、成熟和衰老等生理过程的调控，还可以诱导作物产生抗性，缓解植物的胁迫伤害，提高植物在逆境下的生存能力。

1. 黄瓜

高温胁迫下对 3 叶 1 心期或 4 叶 1 心期的黄瓜幼苗喷施浓度为 0.10 mmol/L 或 250 mg/L 的水杨酸溶液，提高幼苗叶片的净光合速率（P_n）、羧化效率（CE）、表观量子效率（AQY）、光化学淬灭系数（qP）、PS Ⅱ 实际光化学效率（ϕPS Ⅱ），促进高温胁迫下黄瓜的光合作用；提高抗氧化酶（SOD、POD、CAT）活性以及可溶性蛋白和脯氨酸含量，并降低超氧阴离子产生速率、丙二醛含量和电解质渗透率，缓解胁迫带来的氧化损伤（许耀照等，2016；周艳丽等，2010）。

2. 葡萄

高温胁迫下对葡萄叶片喷施浓度为 150 μmol/L 的水杨酸溶液，能够提高葡萄叶片抗氧化酶（SOD、POD、CAT、APX、GR）的活性，降低丙二醛含量和电解质渗透率，减缓细胞膜脂过氧化伤害及高温胁迫对葡萄植株的氧化伤害；并促进了高温胁迫下葡萄 AsA–GSH 循环快速而有效运转，从而缓解高温胁迫对葡萄幼苗的伤害作用，提高葡萄的耐热性（孙军利等，2015）。

3. 番茄

在高温胁迫下，于番茄第 1 花序第 1 花开花当天喷施 0.2 mmol/L 水杨酸水溶液可以提高净光合速率、保护酶活性和 PSII 最大光化学效率，缓解高温胁迫对番茄光合作用的抑制作用（李天来等，2009）。于番茄 4 叶 1 心期叶面喷施 90 mg/L 水杨酸后，番茄幼苗叶片叶绿素、可溶性糖、可溶性蛋白及脯氨酸含量均随着 SA 处理浓度的增大而增加，而丙二醛含量则表现为先降低后增高，可见水杨酸能够缓解高温胁迫对番茄正常生长的抑制作用（郭泳，2013）。

4. 柑橘

在高温胁迫下，选用 0.2 mmol/L 浓度的水杨酸对柑橘树叶片进行叶喷处理可以降低果皮组织的超氧阴离子和丙二醛含量，提高果皮组织的超氧化物歧化酶和过氧化物酶活性及谷胱甘肽含量，减轻膜脂过氧化程度，提高保护酶活性（万继锋等，2018）。另外叶面喷施 500 μmol/L 水杨酸能够提高柑橘叶片净光合速率，促进高温胁迫下的光合作用，因此水杨酸对柑橘果实高温胁迫具有缓解效应（王利军等，2003）。

（九）褪黑素

褪黑素（melatonin, MT），又称褪黑激素、松果体素等，是一种生命必需的小分子吲哚胺类物质，存在于细菌、微生物、真菌、藻类以及动物和植物等绝大多数有机体中。褪黑素在植物中有多种功能，如对种子萌发起促进作用，可调节植物的碳氮代谢、调控果实发育、影响果实成熟以及改善果品质并提高产量。另外褪黑素可提高植物的抗氧化能力，降低逆境引发的氧化胁迫对植物生长发育的影响，提高作物的抗逆性（刘德帅等，2022）。

1. 黄瓜

在高温胁迫下，采用叶面喷施外源褪黑素能有效提高高温胁迫下黄瓜幼苗光合作用；增加硝态氮含量，降低氨态氮含量，减轻氨态氮积累对黄瓜幼苗造成的毒害作用，增强高温胁迫条件下黄瓜幼苗氮素的代谢能力；增强植物体内抗氧化酶活性，提升抗氧化物质的水平，抑制活性氧的产生并清除已产生的活性氧，缓解高温带来的不良反应，增强抗逆性（赵娜等，2012）。

2. 大豆

高温胁迫下，根施 100 μmol/L 褪黑素能够减少大豆活性氧的积累，提高抗氧化酶活性，促进大豆的生长，提高大豆抗高温能力（Imran et al., 2021）。

3. 甜瓜

高温胁迫下，叶喷 150 μmol/L 褪黑素能够缓解甜瓜幼苗活性氧的增加，调节抗坏血酸相关酶活性，提高甜瓜幼苗抗高温的能力（周永海等，2020）。

二、缓解低温对经济作物伤害的调节剂制剂

低温是主要的环境胁迫因子之一，制约着作物正常的生长和发育。低温不仅影响作物的营养生长和生殖生长，而且还限制作物的产量。随着全球气候的不断变化，极端温度的出现使经济作物大面积遭受冻害，严重的甚至造成死亡，成为经济作物生产发展中面临的严峻挑战。目前，可以缓解低温对经济作物伤害的调节剂制剂包括以下类型。

（一）脱落酸

脱落酸（abscisic acid, ABA），又称脱落素，是一种植物体内天然存在的具有倍半萜结构的植物激素。四川龙蟒福生科技有限责任公司首次实现脱落酸工业化生产。脱落酸具有促进发芽及营养生长，控制花芽分化，促进受精，提高结实率等作用。另外脱落酸能够启动植物本身的抗逆基因，诱导激活植物体内的抗逆免疫系统，因此脱落酸作为植物的"抗逆诱导因子"，在植物遭受逆境胁迫时，通过细胞间的信息传递诱导植物作出反应来抵抗

胁迫，进而提高植物自身对高温、干旱、低温等逆境的抗性。因此，脱落酸在经济作物生产中被广泛应用。温度是限制经济作物生长的主要因素之一，对植物的生长发育具有重要的作用，温度过低，会影响植物的生长，低于生物学温度甚至会造成植物的死亡。低温胁迫下，通过施用脱落酸，可启动细胞抗冷基因，诱导产生抗寒蛋白质。因此脱落酸在缓解经济作物低温伤害方面应用广泛。

1. 荔枝

荔枝在 −2 ℃的低温胁迫下，施加 150 mg/L 脱落酸能够提高植株叶片脱落酸含量，降低吲哚乙酸水平，使荔枝叶片的蒸腾速率（Tr）降低，水势升高，并提高荔枝的成花率（周碧燕等，2002）。

2. 甘蔗

低温胁迫下，甘蔗幼苗细胞膜被破坏，赤霉素含量下降，丙二醛、脯氨酸的含量及相对电导率升高。喷施 100 μmol/L 脱落酸于甘蔗幼苗叶片，能有效缓解低温胁迫对细胞膜的影响，降低丙二醛及赤霉素的含量，提高脯氨酸及脱落酸的含量，从而提高甘蔗幼苗的抗寒性（Huang et al., 2015）。

3. 油棕

在 10 ℃胁迫下，喷施 200 μmol/L 脱落酸，在降低幼苗质膜透性和超氧化物歧化酶活性的同时，抑制丙二醛和 H_2O_2 含量的上升，能有效缓解低温胁迫引起的膜脂过氧化，并提高可溶性蛋白、脯氨酸含量和过氧化物酶活性，提高油棕幼苗的抗寒能力（刘艳菊等，2020）。

4. 豆类

喷施外源脱落酸具有抵御低温的作用，外源脱落酸使小豆叶片脯氨酸含量提高 9.13% ~ 19.76%，H_2O_2 含量降低 7.63% ~ 8.36%，丙二醛含量降低 10.18% ~ 20.27%，SOD 和 POD 活性分别提高 9.06% ~ 13.57%、8.26% ~ 28.51%，同时百粒重提高 8.56% ~ 8.92%。低温胁迫下，喷施外源脱落酸能够有效缓解低温胁迫对小豆的伤害（项洪涛等，2020）。

5. 其他

施用适当浓度的脱落酸，能提高植株叶片保护酶（SOD、POD）活性，提高可溶性糖、可溶性蛋白、抗坏血酸含量，降低细胞呼吸速率，减缓叶绿素分解，大大缓解低温对植株带来的伤害（方仁等，2014）。另外，应用脱落酸能提高大棚中番茄、草莓的抗寒性，降低冻害指数。

（二）油菜素内酯

油菜素内酯能够增强作物的抗逆性，尤其是在抗低温方面，作用更为明显。因此，其常被应用于缓解低温对经济作物的伤害。如选用 0.10 mg/L 油菜素内酯将樱桃五彩椒种子浸泡 8 h，可促进樱桃五彩椒的萌发，并提高樱桃五彩椒幼苗抗氧化酶（SOD、POD、

CAT）的活性及脯氨酸含量，降低丙二醛含量，因此适宜浓度的油菜素内酯可以促进樱桃五彩椒种子萌发，提高幼苗的抗低温能力（万群，2016）。喷施 5 mg/L 2,4- 表油菜素内酯可以调节内源激素含量。低温胁迫下，外源油菜素内酯处理可显著提高冷敏感品种番茄中 GA_3 和 IAA 含量，提高番茄的抗低温能力（Heidari et al.，2021）。另外，喷施 0.1 μmol/L 2,4- 表油菜素内酯同样可以提高茄子的抗寒能力（Wu et al.，2015）。28- 高油菜素内酯（28-HBR）是油菜素内酯的一种活性形式，其能改善低温条件下辣椒幼苗生长状况，在辣椒幼苗期喷施 150 mg/L 28- 高油菜素内酯后，可促进低温胁迫下辣椒幼苗的光合作用，使其生物量增加，从而保护光合系统，缓解低温胁迫对辣椒幼苗造成的伤害（杨万基等，2018）。

（三）氯化胆碱

氯化胆碱（choline chloride, CC），是一种低毒性的胆碱类植物生长调节剂，它可以直接被植物的根、茎或叶吸收，能够以较快的速度传导到植物需要调控的部位从而发挥作用。氯化胆碱可以通过抑制植物尤其是 C3 植物的光呼吸，促进根系发育及光合作用的同化产物的积累，最终促进产量和品质的提升（李玲等，2018）。同时，氯化胆碱还可以提高作物的抗冷性，因此在缓解经济作物低温伤害方面逐渐受到关注。

1.黄瓜

选用 1.07 mmol/L 氯化胆碱对黄瓜幼苗进行叶面喷施，可以降低低温下黄瓜幼苗叶片膜脂组分，减缓膜透性、丙二醛的产生速率、叶绿素的降解及抗氧化酶活性的下降；提高非光化学猝灭系数（NPQ）和脯氨酸的含量。另外，氯化胆碱配合自由基清除剂（8-羟基喹啉、超氧阴离子自由基清除剂、苯甲酸钠和甘露醇、抗坏血酸）在黄瓜开花前期进行叶喷，可以增加细胞膜的稳定性，减少离子渗漏、提高体内过氧化物酶活性、清除胁迫条件下产生的各种有害自由基和过氧化物、减轻冷害造成的伤害，在促进植物恢复，增强抗冷能力等方面都具有明显的积极作用。因此，氯化胆碱可以减轻低温对黄瓜叶片细胞膜和光合机构的伤害（盛瑞艳等，2006）。

2.烟草

对烟草幼苗叶面喷施 300 mg/L 的氯化胆碱溶液，经氯化胆碱处理的烟草幼苗，在冷胁迫下，其超氧物歧化酶、过氧化氢酶和过氧化物酶等的活性升高，故其膜脂过氧化产物丙二醛产生量减少，电解质外渗率降低，叶绿素残存量较高；其束缚水含量增高，自由水减少，体内可溶性糖、可溶性蛋白和脯氨酸含量明显增高。因此氯化胆碱对膜脂有保护作用，并增加了细胞内抗冷性物质，有利于烟草抗冷性的提高（梁煜周等，1998）。

3.其他

在香蕉组培苗的培养基中添加 300 mg/L 氯化胆碱能提高香蕉组培苗的抗氧化酶活性，降低丙二醛的产生量和细胞膜透性，起到一定的抗寒效果（覃伟等，1998）。同时，通过叶面喷施 300 ~ 500 mg/L 的氯化胆碱溶液，可提高油桃叶片超氧物歧化酶、过氧化氢酶和过氧化物酶的活性，使叶绿素含量增高，相对电导率、丙二醛含量降低。因此，氯化胆碱对低温胁迫下油桃叶片膜系统有稳定作用，可提高油桃的抗寒性（谭秋平等，2012）。

（四）矮壮素

矮壮素可以提高经济作物抵御低温胁迫的能力。如将 50% 水剂的矮壮素配置成 2500 mg/kg 的矮壮素包衣（种子包衣中含量为 0.17%）和 5000 mg/kg 矮壮素包衣（种子包衣含量为 0.34%）对番茄种子进行包衣处理，可以降低番茄的存活温度，提高可溶性糖含量，降低膜透性，提高秧苗定植期的缓苗率，降低内源激素的活性，并刺激内源生长抑制剂，改善抗低温性能，增强番茄幼苗的抗寒性（王启燕等，1994）。在甜瓜幼苗期进行 50 ～ 250 mg/kg 矮壮素叶喷处理，可以降低低温胁迫条件下幼苗膜脂过氧化程度和细胞膜透性，提高叶片中游离脯氨酸含量，并对幼苗期抗寒性的提高有一定作用（毛秀杰等，2000）。

（五）对氯苯氧乙酸

对氯苯氧乙酸（p-chlorophenoxyacetic acid, 4-CPA），又称防落素、促生灵、丰收灵或番茄灵等，是一种低毒性的苯氧类植物生长调节剂，其生物活性持续时间较长，经由植物根、茎、叶、花、果实吸收。对氯苯氧乙酸的作用效果与生长素类似，4-CPA 能够刺激细胞的分裂和组织的分化，刺激子房膨大，诱导单性结实，促进坐果及果实的膨大。同时，对氯苯氧乙酸可以提高作物的抗寒能力。如对葡萄叶片喷施 50 mg/L 对氯苯氧乙酸可以降低葡萄的相对电导率，缓解低温带来的膜损伤，提高葡萄的抗寒能力（王文举等，2009）。

（六）胺鲜酯

在番茄苗期喷施 10 mg/L 胺鲜酯，可以促进番茄的生长发育，改善果实的品质，提高番茄植株的耐寒性。胺鲜酯可以有效减小低温胁迫对番茄植株光合作用的影响，增强番茄植株活性氧清除的能力，提高植株抗性（关朋霄，2020）。同时，在低温条件下，对草莓植株喷施 0.5 μmol/L 2,4– 表油菜素内酯与 0.139 mmol/L 胺鲜酯的组合剂，可以提高草莓植株的光合能力，促进植株生长势的提高。1 μmol/L 2,4– 表油菜素内酯与 0.186 mmol/L 胺鲜酯可以促进低温胁迫下草莓果实色泽、可溶性固形物、可溶性糖、抗坏血酸的积累，同时可滴定酸含量降低，草莓果实的抗氧化物质花青苷、总酚、总黄酮含量都显著升高，提升草莓品质（邓锐杨，2020）。

（七）乙烯利

乙烯利作为低毒性植物生长调节剂，可以提高经济作物的抗寒性。

1. 香蕉

如用 200 mg/L 乙烯利喷洒香蕉幼苗叶片，能够提高香蕉叶片的 SOD、POD、CAT 活性和游离脯氨酸和可溶性蛋白含量，降低丙二醛含量。同时乙烯利可以保护低温胁迫后香蕉叶片细胞结构的完整性，降低低温胁迫后叶片的萎蔫程度和相对电导率，提高低温胁迫后叶片的光合速率。因此乙烯利可以提高香蕉幼苗抗寒性（韦弟等，2009）。

2. 葡萄

对 6 年生葡萄树喷施 1000 mg/L 乙烯利，使葡萄枝和根电导率值降低，丙二醛含量降低，可溶性糖和脯氨酸含量升高，有助于提高葡萄的抗寒性（王文举等，2005）。

（八）赤霉素

赤霉素（giberellic acid, GA），属于贝壳杉烯类化合物，是一种植物激素，又称赤霉酸、920 等。其主要作用是参与调控细胞分裂与伸长、植物的生殖发育、打破一部分植物的种子休眠以及对各种胁迫的应答。赤霉素可由植株叶、嫩枝、花、种子或果实吸收，进而加速果实生长，促进坐果；打破种子休眠，促进种子萌发、芽的伸长生长及抽薹；扩大叶面积并加快幼枝生长；抑制成熟和衰老。同时赤霉素还可以提高经济作物抗寒能力，缓解低温带来的伤害。

1. 大豆

外源 25 mg/L 赤霉素可以提高低温胁迫下大豆的抗氧化酶活性，尤其是提高 SOD 和 CAT 活性，降低超氧阴离子含量，缓解大豆受到的氧化损伤。此外，外源赤霉素使大豆可溶性糖和蔗糖含量显著增加，增强其细胞保水能力；同时显著提高大豆氮代谢酶活性，促进大豆氮代谢作用，增强其低温胁迫耐性（陈凤琼等，2022）。同时用 0.01 mmol/L 赤霉素对大豆种子进行浸种，可以提高萌发速度和发芽率，并促进幼苗根系的发育（吕桂兰等，1999）。

2. 黄瓜

施用 5 μmol/L 赤霉素使黄瓜幼苗根系的 $^{15}NO_3^-$ 吸收速率显著提高，同时硝酸还原酶（NR）、谷氨酰胺合成酶（GS）和谷氨酸合成酶（GOGAT）活性呈逐步增加的趋势，外源赤霉素通过促进氮代谢、增加氮需求的方式，提高黄瓜在根区亚低温下的氮吸收速率（白龙强等，2018）。

3. 花生

选用 300 μmol/L 赤霉素对花生幼苗进行灌根处理，能够促进低温胁迫下种子萌发，降低细胞膜透性和丙二醛含量，促进幼苗生长（常博文等，2019）。

4. 烟草

以 0.05 mmol/L 赤霉素对烟草种子进行引发处理，可显著改善烟草种子在低温胁迫下的发芽势、发芽率、发芽指数，缩短发芽时间，增加幼苗的根长、苗高和干鲜重，提高烟草种子及幼苗的抗寒性（坎平等，2014）。

（九）吲哚丁酸

吲哚丁酸（indole butyric acid, IBA），是一种天然存在的吲哚类植物生长调节剂，其生理作用类似于生长素，它可以刺激细胞的分裂和组织的分化，诱导单性结实，形成无籽果实；诱发产生不定根进而促进插枝生根。由于吲哚丁酸移动性小，在经过植株根、茎、叶、果实的吸收后，不易被吲哚乙酸氧化酶分解，其生物活性持续时间较长。吲哚丁酸在缓解低温对经济作物的伤害方面同样具有重要的作用。如以 10 mg/L 吲哚丁酸 +10 mg/L 萘乙酸组合对甜椒进行浸种处理，可降低甜椒幼苗叶片的相对电导率，同时浸种处理可显著增强低温下幼苗的保护酶活性，降低膜脂过氧化程度，提高甜椒幼苗的可溶性蛋白、可溶性糖及脯氨酸的含量，从而提高幼苗的抗冷性（曲亚英等，2006）。

（十）糠氨基嘌呤

糠氨基嘌呤（kinetin, KT），是一种嘌呤类物质，又称激动素。糠氨基嘌呤具有细胞分裂素活性，在被作物的叶、茎、子叶或发芽的种子吸收后，可以促进作物体内细胞分裂、分化和生长；诱导愈伤组织发芽，解除顶端优势；促进种子发芽，打破侧芽的休眠，延缓叶片衰老及植株早衰；调节营养物质运输，促进作物的结实。在环境胁迫条件下，糠氨基嘌呤在作物代谢中可降低过氧化物酶的活力，提高抗氧化酶活性，抑制氧自由基的产生，提高作物的抗逆性能。如用 0.005 mmol/L 糠氨基嘌呤处理大豆种子，可以提高低温条件下大豆种子的萌发速度和发芽率，还可以促进幼苗根系的发育。因此，在低温下采用糠氨基嘌呤对种子进行处理，是促进低温胁迫下大豆种子萌发的有效途径（袁凤英等，2015）。

（十一）萘乙酸

萘乙酸是一种低毒性的有机萘类植物生长调节剂，可以提高经济作物的抗寒性，如选用 100 μmol/L 萘乙酸对油菜幼苗进行灌根处理，油菜根系中的细胞活性、H_2O_2 和超氧阴离子含量以及叶片中的丙二醛含量均降低；根系中的抗氧化酶（CAT、SOD、APX 和 POD）活性、叶片中的可溶性糖及脯氨酸含量、叶绿素含量升高，说明萘乙酸处理油菜可显著提高低温胁迫下油菜幼苗的抗氧化能力、光合能力，增强油菜幼苗的抗寒性（罗丹瑜等，2020）。

（十二）多效唑

多效唑（paclobutrazol, PP333），又称氯化唑，是一种高效低毒的植物生长延缓剂和广谱杀菌剂，通过喷施 PP333 能够抑制植物新梢生长，使新梢变短，并抑制冠幅和叶面积增量，同时还可以增厚叶片，增加叶宽，使叶片减小，叶色加深，改善植株观赏品质；提高叶片叶绿素 a、叶绿素 b、叶绿素（a+b）和类胡萝卜素含量，并降低果实中花青素含量，增强植物光合作用；PP333 还可以通过改变内源激素含量、调节内源激素平衡来抑制营养生长，从而减少主枝，增加分枝数，提高叶绿素含量、坐果率、单果重和可溶性固形物含量，促进有机营养的积累和转化以提高作物产量。另外 PP333 还能通过增厚茎壁和机械组织，影响质膜稳定性；通过提高 SOD、CAT、POD 等活性，改变 ABA、GA、H_2O_2、丙二醛、离子自由基、脯氨酸、多胺的含量，来提高作物的抗寒能力（房增国等，2005；游莺等，2013）。

1. 油菜

采用150 mg/L多效唑处理6～7叶期的油菜幼苗,可有效降低苗期薹茎高、茎叶干质量、最大叶长度和宽度,提高根茎粗、根长、侧根数、根干质量和根冠比;同时可增加叶片叶绿素和可溶性糖含量,降低相对电导率,提高叶片净光合速率,降低越冬死亡株率和冻害指数,提高抗寒性。总之,在油菜苗期喷施多效唑能缓解低温胁迫对油菜的影响,促进低温胁迫下油菜幼苗的生长,减缓低温对其伤害(王学芳等,2021;张智等,2013)。

2. 香蕉

叶面喷施15～30 mg/L多效唑能够提高低温胁迫期和恢复期香蕉叶片的过氧化物酶活性,并且降低叶片相对电导率,提高香蕉抗氧化能力,减轻低温胁迫对香蕉叶片的膜损伤,提高香蕉的抗寒能力(周玉萍等,2002)。

3. 橡胶

以200 μg/mL多效唑处理橡胶叶片24 h,能有效地缓解低温胁迫对橡胶叶片的蛋白质、总核酸和DNA的破坏,控制叶片含水量的下降,阻遏丙二醛含量、相对电导率的提高,增强叶片的抗冷性(蔡世英等,1992)。

4. 辣椒

低温胁迫下,待辣椒幼苗生长至3叶1心,喷施500～2000 μg/g多效唑,辣椒幼苗叶片中叶绿素、可溶性糖、脯氨酸含量以及POD活性提高,相对电导率与丙二醛含量降低。这说明多效唑一方面通过保护幼苗叶片中叶绿体的完整性、促进可溶性糖和脯氨酸的合成与大量积累,以及提高POD活性来缓解低温对辣椒幼苗造成的伤害;另一方面通过降低叶片相对电导率和丙二醛含量来维持活性氧代谢系统的平衡,减少膜脂过氧化,保护原生质体不受伤害,进而增强辣椒植株的抗寒性(陈文超等,2011)。

(十三)调环酸钙

调环酸钙(prohexadione-calcium, Pro-Ca),是一种可以抑制赤霉素生物合成的植物生长调节剂。调环酸钙作为一种赤霉素生物合成抑制剂,能使作物的茎秆缩短、茎秆粗壮,植株矮化,提高作物的抗倒伏能力;促进侧芽生长,使茎叶保持浓绿,叶片挺立;控制开花时间,提高坐果率,促果实成熟。另外,调环酸钙还可以用于提高作物的抗逆能力,包括抗盐性、抗冷性及抗旱性等,如在干旱胁迫下,于烟草4叶1心期叶面喷施5 mg/L的调环酸钙能够减缓低温逆境条件下丙二醛含量的增加,提高脯氨酸含量;提高抗氧化酶活性,减小低温对植物叶片光合作用的影响;同时提高根系活力,减弱低温对烟草幼苗生物量积累的抑制作用,提高烟草幼苗的抗冷性,进而促进烟草幼苗的生长(潘明君等,2016)。

(十四)水杨酸

水杨酸是重要的能够激活植物过敏反应和系统获得抗性的内源信号分子,能诱导作物在耐寒方面的抗逆性。

1. 荔枝

低温胁迫下，对荔枝进行 50 mg/L 水杨酸叶喷处理，能有效减轻荔枝受到的低温伤害，荔枝叶片叶绿素、脯氨酸、可溶性蛋白的含量明显提高，保护酶的活性也明显提高，丙二醛的积累减少，因此水杨酸处理能够提高荔枝的抗寒性（Zhu，2011）。

2. 甘蔗

选用 0.5 mmol/L 水杨酸喷施苗期甘蔗叶片，可以降低受低温胁迫的甘蔗苗期叶片的相对电导率和丙二醛含量，提高可溶性糖、可溶性蛋白和游离脯氨酸含量，减缓叶绿素含量的下降，因此喷施水杨酸可缓解低温对甘蔗幼苗的损伤，进而提高甘蔗苗期的抗寒性（刘晓静等，2011）。

3. 大豆

低温胁迫下，外源 1.5 mmol/L 水杨酸可以提高低温胁迫下大豆幼苗叶片的叶绿素、可溶性蛋白、可溶性糖含量以及抗氧化酶活性，并维持细胞膜的稳定性，降低膜脂过氧化伤害程度，从而提高大豆的抗寒能力（常云霞等，2012）。

4. 黄瓜

外施 1.5 mmol/L 水杨酸可以提高低温胁迫下黄瓜幼苗叶片的叶绿素、可溶性蛋白、可溶性糖和脯氨酸含量，SOD、POD 活性也显著升高，使膜脂过氧化产物丙二醛含量降低，外施水杨酸可以维持细胞膜的稳定性，降低膜脂过氧化伤害程度，从而缓解低温胁迫对幼苗生长的抑制（常云霞等，2013）。另外 1 mmol/L 水杨酸喷施幼苗可以提高低温胁迫下黄瓜幼苗生长量、净光合速率、光系统 II 最大光化学效率（Fv/Fm）、光系统 II 实际光化学效率（ΦPS II）和光化学淬灭系数（qP），同时通过调节光合关键酶包括核酮糖 –1,5– 二磷酸羧化 / 加氧酶（Rubisco）、景天庚酮糖 –1,7– 二磷酸酯酶（SBPase）、转酮醇酶（TK）和果糖 –1,6– 二磷酸醛缩酶（FBA）的活性，缓解低温对黄瓜幼苗光合作用的影响，增强其对低温的适应性（徐晓昀等，2016）。

5. 草莓

外源水杨酸能提高低温胁迫下草莓幼苗体内组织总含水量、组织水势和叶绿素含量，提高保护酶 SOD、POD、CAT 活性，降低质膜透性和丙二醛含量，并能改变脂肪酸各组分的相对含量，降低脂肪酸饱和度，增加脂肪酸不饱和度，并最终提高草莓的抗冷性（高波等，2007；樊国华等，2008）。

6. 香蕉

低温胁迫下，选用 0.1 ~ 0.6 mmol/L 外源水杨酸处理后，能够降低叶片相对电导率以及丙二醛、过氧化氢含量，减缓可溶性蛋白含量的下降，提高脯氨酸含量及 POD、CAT 活性；为光合功能提供了保护作用，并且通过提高香蕉幼苗抗氧化酶活性、清除活性氧的积累、减少膜损伤来缓解低温对香蕉幼苗的损伤（康国章等，2003）。

（十五）复硝酚钠

复硝酚钠（compound sodium nitrophenolate, CSN），是一种低毒性的含有几种硝基苯酚钠盐的复合型植物生长调节剂，其可经由作物的根、叶及种子吸收后渗透到植株体内，通过促进细胞原生质的流动，最终促进作物根系伸长，植株生长、生殖和结果。另外复硝酚钠可以作为经济作物的抗寒剂用于提高作物的抗低温能力，如低温胁迫下，选 50 mg/L 复硝酚钠对黄瓜种子进行浸种处理能够提高低温胁迫下黄瓜种子的发芽率、发芽势、发芽指数、活力指数、侧根数和鲜重。在黄瓜育苗过程中，选用 100 mg/L 复硝酚钠灌根处理，能显著提高穴盘苗质量和壮苗指数。低温胁迫下复硝酚钠通过促进矿质元素吸收，提高幼苗叶绿素含量、净光合速率、根系活力、可溶性蛋白含量和抗氧化酶活性，提高生长素和油菜素内酯含量，降低活性氧和丙二醛含量以提高幼苗的耐寒性（黄斌等，2022）。

（十六）三十烷醇

三十烷醇（triacontanol, AT），是一种天然的长碳链植物生长调节剂，其可以作为抗寒剂提高经济作物如甘蔗的抗寒能力。如用 0.5 ～ 2.0 mg/L 三十烷醇对甘蔗种子浸种 30 h，能减缓低温胁迫下蔗苗叶片叶绿素的解体速度；降低细胞质膜的透性，使电解质外渗显著减少，提高甘蔗的抗寒能力（褥维言等，2000）。

（十七）烯效唑

烯效唑（uniconazole, S3307）是一种三唑类植物生长调节剂，是赤霉素生物合成抑制剂。烯效唑作为一种广谱多用途的植物生长调节剂，可以抑制细胞伸长，节间缩短，并促进分蘖，抑制株高，改变光合产物的分配方向，促进花芽分化和果实生长，促进气孔关闭。另外其可以提高作物产量和品质，常被应用在调控作物生长和发育、增强作物的抗寒性方面。

1. 大豆

低温胁迫前喷施烯效唑处理可使大豆光合参数、淀粉和蔗糖含量、蔗糖合成酶和蔗糖磷酸合成酶活性升高，降低大豆叶片活性氧含量和丙二醛含量，进一步提高保护酶活性、抗坏血酸含量、可溶性糖含量、可溶性蛋白含量和脯氨酸含量，使谷胱甘肽含量降低，并减轻低温对大豆的单株荚数、单株粒数、百粒重和产量的抑制作用。低温处理前喷施烯效唑可缓解低温胁迫对大豆造成的损伤，增强低温胁迫下大豆的耐性（王新欣，2020）。

2. 油菜

用 0.05 μg/mL 烯效唑对油菜进行浸种处理，能阻止其幼苗在低温胁迫下的细胞膜电解质渗漏，提高 SOD、CAT 活性和游离脯氨酸、可溶性蛋白以及维生素 C 含量，降低丙二醛含量和减缓低温对幼苗叶绿素的破坏（杨建新等，1994）。

（十八）褪黑素

1. 大豆

低温胁迫下，选用 5 μmol/L 褪黑素对大豆进行叶喷，可以提高大豆的耐寒能力

（Bawa et al., 2020）。另外，选用 100 ~ 200 μmol/L 褪黑素对大豆进行浸种处理，可显著提高大豆发芽率，提高发芽指数和芽鲜重，增加大豆脯氨酸和可溶性蛋白含量（于奇等，2019）。而选用 100 μmol/L 褪黑素进行包衣处理可以增强大豆 NO、Ca^{2+} 信号转导，激活植物内源激素代谢网络，上调 SA、JA、IAA 水平，促进抗逆相关基因表达，增强幼苗低温抗性的同时，正调控抗氧化系统和渗透调节系统，维持低温胁迫下植物细胞功能，从而保障光合作用正常进行，促进低温胁迫下大豆幼苗生长发育和物质积累（李贺，2021）。

2. 油菜

低温胁迫下，100 μmol/L 外源褪黑素处理，可以显著降低油菜幼苗丙二醛含量、ROS 水平和电解质的渗漏，增加叶绿素含量和抗氧化酶系统的活性，诱导 *MAPK3*、*MAPK4*、*MAPK6* 基因表达，降低膜脂过氧化水平，保持细胞膜的完整性，增强油菜幼苗对低温的适应性（史中飞等，2019）。

3. 黄瓜

低温弱光下，外源 100 ~ 200 μmol/L 褪黑素处理，可以提高黄瓜幼苗株高、茎粗、植株干重、叶绿素和根系活力，通过提高黄瓜幼苗保护酶活性、抗氧化物质的含量、细胞膜 ATP 酶活性等来降低膜脂过氧化水平，保持细胞膜的完整性和功能，从而增强黄瓜幼苗对低温弱光的适应性，维持其正常生长。同时，褪黑素可以使低温胁迫下黄瓜维持较高的光合性能，增加干物质积累，最终促进产量的增加（高青海等，2014；仇胜囡，2020）。

4. 甜瓜

低温条件下，喷施 200 μmol/L 褪黑素可以维持细胞氧化还原稳态，增加脯氨酸和可溶性蛋白含量，并降低低温对甜瓜生长的抑制效应，提高甜瓜的抗低温能力（Zhang et al., 2017）。

5. 茶树

低温条件下，喷施多种浓度褪黑素（以 50 μmol/L 和 100 μmol/L 最有效）可以增加可溶性糖含量，提高抗氧化酶活性并调节谷胱甘肽系统，最终缓解低温对茶树细胞膜的损伤，提高茶树对低温胁迫的耐受性（Li et al., 2018）。

6. 西瓜

低温条件下，对西瓜喷施 150 μmol/L 或者根施 1.5 μmol/L 褪黑素，可以缓解低温诱导的叶片边缘萎蔫、根系生长抑制和膜脂过氧化，并维持西瓜的光合作用，提高西瓜的抗寒能力（Li et al., 2017）。

三、缓解干旱对经济作物伤害的调节剂制剂

当植物在缺水状态下，其耗水大于吸水时，造成组织内部的水分亏缺，称为干旱。干旱条件下，植物的膜系统和细胞核受损，根系及叶片生长受到抑制，光合作用减弱，致使

活性氧过量产生并导致渗透胁迫。干旱是农业生产中最常见的自然灾害之一，严重制约着作物产量和品质的提升，对农业生产的危害极其严重，在很多缺水地区是限制农业发展的瓶颈。施用植物生长调节剂是缓解经济作物干旱胁迫的重要措施之一，目前常用于缓解干旱对经济作物伤害的调节剂制剂包括以下 14 种。

（一）脱落酸

脱落酸在作物应对干旱胁迫中起着重要的作用。干旱胁迫下，根系中的 ABA 会发出信号，根系细胞在感知到信号后，会引起 ABA 的大量合成，并将 ABA 迅速传递到植株叶片，当保卫细胞感知到后会促使叶片气孔关闭，进而降低叶片蒸腾失水，提高植株的保水能力和抗旱能力。因此施用脱落酸能启动叶片细胞质膜上的细胞传导，诱导叶面气孔不均匀关闭，减少植物体内水分蒸腾散失，提高植物的保水能力和对干旱的耐受性。在缓解干旱对经济作物伤害方面，脱落酸被广泛应用。

1. 大豆

在大豆生殖生长阶段，叶面喷施 2 mg/L 脱落酸，可以增加大豆植株在中等干旱条件下的结荚数、粒数，并最终促进大豆产量的提升。在大豆鼓粒期，干旱胁迫显著降低大豆植株酰脲含量、提高氨态氮和硝态氮含量，降低氮素积累量并最终导致大豆单株产量的下降。外源脱落酸使干旱胁迫下大豆植株酰脲含量、氨态氮和硝态氮含量趋于正常水平，缓解干旱胁迫对大豆植株氮素积累的抑制作用（屈春媛等，2017）。另外，脱落酸还可以降低干旱胁迫下大豆叶片有害物质丙二醛和过氧化氢含量，提高干旱胁迫过程中保护性物质可溶性糖和可溶性蛋白含量，减轻干旱胁迫对大豆株高、叶、茎、根鲜重和干重的抑制作用，降低干旱胁迫导致的大豆落花率，最终降低由干旱胁迫造成的产量损失（金毅等，2016）。因此，外源脱落酸可以缓解干旱胁迫带来的伤害，同时可以促进氮代谢反应，从而控制叶片的衰老速度，提高籽粒产量。

2. 葡萄

脱落酸能够缓解干旱胁迫对葡萄幼苗叶片的光抑制程度，增强叶片中抗氧化酶的活性，提高抗氧化物质和渗透调节物质的含量，抑制活性氧的产生，降低膜脂过氧化程度，提高抗坏血酸 – 谷胱甘肽循环的运转速率，调节其他内源激素的合成，从而缓解干旱胁迫对葡萄造成的伤害，增加葡萄幼苗的耐旱性（孟莹，2016）。

3. 甘蔗

干旱条件下，外施脱落酸，能缓解丙二醛的积累，防止叶绿素降解，并对干旱引起的最大光能转化效率、PSII 实际量子效率下降有明显的缓解作用，增强甘蔗的抗氧化防护系统，最终提高甘蔗的抗旱性（李长宁等，2010）。

4. 烟草

外源脱落酸对干旱胁迫下的烟草幼苗具有保护作用。喷施 25 μmol/L 脱落酸溶液可以缓解叶绿素和相对含水量的下降；抑制烟草幼苗 H_2O_2 含量、相对电导率和丙二醛含量的升高；减缓干旱胁迫对烟草幼苗光系统Ⅱ相关参数的抑制作用，且减缓最大光化学量子产量（Fv/Fm）、有效光化学量子产量（ΦPSⅡ）和非环式电子传递速率（electron transfer rate, ETR）下降趋势，同时使烟草幼苗非光化学淬灭系数（NPQ）增加速率和光化学反射指数（PRI）降低速率升高。因此脱落酸具有保护烟草幼苗叶片细胞内环境稳定性，保护烟草幼苗的光系统Ⅱ反应中心的作用。外源脱落酸在一定程度上提高了烟草幼苗的抗旱性（王娟，2014）。

5. 茶树

干旱条件下，喷施 50 mg/L 脱落酸能够改善干旱胁迫对叶绿素的影响，提高光合作用速率，增加碳水化合物水平，增强茶树对干旱胁迫的耐受性（Zhou et al.，2014）。

（二）氯化胆碱

氯化胆碱可以缓解干旱对经济作物的胁迫。如在油菜的苗期及蕾薹期通过叶面喷施氯化胆碱，可以提高 SOD、POD 活性及 AsA 含量、抑制活性氧自由基及丙二醛的积累，缓解叶片相对含水量及叶绿素含量的下降，促进茎增粗，降低根冠比，提高生物量及产量（李慧琳，2013；牛远等，2020）。另外，将 500 mg/L 氯化胆碱采用叶面喷洒和根灌 2 种方式，可以提高三樱椒的保水能力及叶片相对含水量，降低叶片的萎蔫比例和脱落叶片数，促进保护酶活性、可溶性糖含量、脯氨酸含量的增加，抑制叶绿素和可溶性蛋白的降解，降低丙二醛含量和叶片电导率（阴星望等，2018）。对烟草喷施氯化胆碱，可以缓解烟草干旱胁迫的症状，喷施氯化胆碱能有效增加株高、最大叶长、有效叶片数，提高烟株干重、丙二醛含量、脯氨酸含量及超氧化物歧化酶活性，提高烟草的耐旱性，增强烟草对干旱环境的适应性（仲晓君等，2017）。

（三）矮壮素

矮壮素可以提高经济作物的抗旱能力。如采用 150 mg/L 的矮壮素喷施于龙眼幼苗叶片，可以降低叶片相对电导率并促进叶片叶绿素含量，可以有效减轻干旱对龙眼幼苗造成的伤害，并提高其抗旱性（李宏彬等，2001）。

（四）胺鲜酯

胺鲜酯可作为节水农业上具有应用潜力的新型化学调节物质，用于提高经济作物抗旱性。

1. 大豆

以 160 ~ 320 mg/L 胺鲜酯浸种，在干旱胁迫下，胺鲜酯浸种能够降低大豆苗期叶片中的丙二醛含量，提高超氧化物歧化酶、过氧化物酶和过氧化氢酶活性，提高大豆苗期叶片的抗逆性（施晓明等，2009）。以 100 μmol/L 胺鲜酯对大豆种子进行包衣处理。在干旱胁迫下，胺鲜酯包衣能够促进大豆幼苗生长，提高株高、根长和叶面积，并提高抗氧化关键酶活性（SOD、POD、CAT），降低 H_2O_2、超氧阴离子含量及膜脂过氧化程度，促进大豆幼苗光合作用能力和收获期大豆单株粒重的提高,最终提高大豆的抗旱能力(葛欣,2021)。

2. 花生

于花生盛花期叶面喷施 40 mg/L 胺鲜酯,能提高叶片水分利用效率,降低离体叶片失水率及膜脂过氧化产物丙二醛含量,改善叶片的水分状况,增加花生籽粒粗脂肪含量,提高花生的养分吸收量和荚果产量,从而减缓干旱胁迫对花生造成的伤害(于俊红等,2009)。

(五)乙烯利

乙烯利可以提高经济作物的抗旱性,在甘蔗上被广泛应用。如干旱胁迫下,用 100 mg/L 或 200 mg/L 乙烯利对甘蔗种子进行浸种处理,可提高甘蔗出苗速率,提高类胡萝卜素含量,缓解叶绿素的降解,提高净光合速率,对甘蔗分蘖芽的形成有明显的促进效应,提高甘蔗的分蘖率,并改善甘蔗的农艺性状和品质(王威豪等,2008;叶燕萍等,2005)。在甘蔗伸长前期用浓度为 100 mg/L 的乙烯利叶喷,能促进甘蔗的伸长生长,促进甘蔗叶绿素的合成,并能保持叶片较高的相对含水量和束缚水含量,提高甘蔗抗旱能力。同时乙烯利能够提高甘蔗茎长、茎径和单茎重、蔗糖分及品质,改善甘蔗的经济性状,获得良好的增产效果。干旱胁迫处理条件下叶面喷施乙烯利,可提高甘蔗幼苗叶片类黄酮含量,并使干旱胁迫处理引起的苯丙氨酸解氨酶活性降低恢复到正常水平,并能诱导胁迫下甘蔗叶多酚氧化酶与过氧化物酶活性增强(吴凯朝等,2004;周桂等,2009;王小乐,2014)。

(六)赤霉素

赤霉素可提高经济作物抗旱性,如以 0.05 mmol/L 浓度的赤霉素对烟草种子进行引发,可提高干旱胁迫下烟草种子的发芽势、发芽率,促进种子萌发及幼苗的生长,提高烟草种子及幼苗的抗干旱胁迫的能力。将甘蓝型油菜在 200 ~ 300 mg/L 的赤霉素溶液中浸种处理 8 h 可以显著改善干旱条件下油菜种子发芽性状,提高耐旱指数、鲜重、苗高及可溶性物质含量,同时提高抗氧化酶活性,降低子叶细胞膜脂过氧化水平,进而促进种子萌发,提高油菜发芽期的耐旱性(李震,2010)。

(七)吲哚丁酸钾

吲哚丁酸钾(indole-3-butyric acid potassium salt, IBA-K),是一种促进型植物生长调节剂,由叶片、种子等部位传导进入植物体,并集中在生长点部位,具有促进细胞分裂,诱导不定根形成等功能。其优点是易溶于水,活性比吲哚乙酸高。同时,吲哚丁酸钾还具有提高作物抗旱性的特点,如采用 80 mg/kg 的 IBA-K 进行种子包衣处理,可以促进干旱胁迫下大豆苗期生长,提高大豆苗期的光合能力,增强大豆抗氧化酶活性,降低丙二醛含量,提高渗透调节物质含量,减轻膜脂过氧化造成的细胞损伤,维持干旱胁迫下的生长发育，IBA-K 处理过的大豆，在复水后维持较高的抗氧化水平，有利于增强其耐旱性，同时 IBA-K 通过维持大豆细胞中较高的激素水平来抵御干旱胁迫造成的损伤（刘美玲，2021）。

（八）1- 甲基环丙烯

1- 甲基环丙烯可以作为抗旱剂，提高经济作物的抗旱能力。如在甘蔗苗期使用 1 mg/L 1- 甲基环丙烯处理可以使甘蔗幼苗在受到干旱胁迫时，维持甘蔗叶片较高水势，保持植物细胞的吸水能力和正常生理代谢；可以有效地维持较低水平的细胞膜透性和丙二醛含量，有利于保持细胞膜的完整性；使甘蔗叶片快速积累脯氨酸，防止可溶性糖含量大幅度上升和累积，延缓甘蔗叶片可溶性蛋白的降解速度，从而增加细胞内外的渗透调节能力来抵御干旱胁迫；能够提高 POD、SOD 活性，提高甘蔗抗氧化能力；提高叶绿素含量，有效缓解甘蔗叶片叶绿素含量的降解。因此甘蔗在苗期受干旱胁迫下，利用 1- 甲基环丙烯能够在短期内提高甘蔗苗期的抗旱能力（王冠玉等，2017；王小乐，2014；滕峥，2013）。

（九）多效唑

在缓解干旱对经济作物伤害方面，多效唑被广泛应用。

1. 柑橘

在干旱胁迫下于柑橘花蕾露白期树冠叶面喷施 750 ~ 1000 mg/L 多效唑，能够提高叶片的含水量、叶片水势，降低叶片的蒸腾速率，并且延缓蒸腾速率的下降。由此可见，多效唑对提高柑橘的耐旱能力具有显著效果（叶明儿等，1999）。

2. 辣椒

选用 100 mg/L 多效唑对辣椒幼苗进行浸种处理 12 h，可以提高干旱胁迫下辣椒幼苗的干旱存活率，说明适宜浓度多效唑浸种处理可以显著提高辣椒幼苗的抗旱性（李石开等，2012）。

3. 油菜

干旱胁迫下喷施 100 ~ 300 mg/L 多效唑，可使叶绿素、可溶性糖、可溶性蛋白含量显著增加，并且能进一步提高超氧化物歧化酶、过氧化物酶和过氧化氢酶的活性，有效降低丙二醛含量，提高油菜幼苗的抗旱性（陈雪峰等，2013）。

4. 花生

于花生幼苗 5 ~ 6 叶期，选用 100 ~ 200 mg/kg 多效唑处理花生幼苗，可显著促进干旱胁迫下花生幼苗根系生长，提高花生叶片叶绿素含量、可溶性蛋白含量和叶片相对含水量。同时，细胞膜的稳定性也得到增强，从而提高花生幼苗的抗旱性（陈玉珍等，1994）。

（十）极细链格孢激活蛋白

极细链格孢激活蛋白（plant activator protein），是一种从天然微生物中提取的生物活性蛋白。当植物表面接触到极细链格孢激活蛋白时，植物的细胞膜上的受体蛋白与其结合，引起植物体内一系列酶活性改变，并激发体内的代谢调控，促进植物生长，提高作物产量。另外，极细链格孢激活蛋白能够诱导植物抗逆，如在干旱胁迫下对大豆幼苗叶片喷洒 3 μg/mL 极细链格孢激活蛋白能够促进大豆幼苗的生物量累积、根系生长，提高叶片含水量以及抗氧化酶（SOD、CAT、POD）活力，降低细胞质膜相对透性和丙二醛含量，有利于抵抗干旱胁迫，提高大豆幼苗抗旱性，缓解干旱造成植株伤害（邸锐等，2016）。

（十一）水杨酸

1. 甘蔗

于甘蔗分蘖末期进行叶片喷施 100 mg/L 的水杨酸，能够降低甘蔗叶片的超氧阴离子产生速率，提高叶片 POD 活性，减少活性氧伤害，提高净光合速率，有利于甘蔗糖分的积累和品质的改善（莫萍丽，2003）。

2. 大豆

干旱胁迫下，叶面喷施 1.5 mmol/L 水杨酸，可以提高大豆抗氧化酶活性，减轻膜脂过氧化。随着水杨酸浓度升高，可溶性糖含量呈下降趋势，脯氨酸含量呈先上升后下降趋势，可溶性蛋白呈上升趋势，并最终提高幼苗的抗干旱胁迫能力（张秀玲等，2022）。另外 50 mg/L 水杨酸处理可以提高大豆种子萌发过程中可溶性蛋白含量、POD 活性、脯氨酸含量，促进大豆种子的萌发（代海芳等，2010）。

3. 黄瓜

选用 1.0 mmol/L 水杨酸对黄瓜种子进行浸种处理，可以促进黄瓜种子萌发和幼苗生长，提高干旱胁迫下黄瓜幼苗抗氧化酶活性，且可溶性糖、可溶性蛋白、游离脯氨酸含量显著增强，而丙二醛含量则显著下降。另外，根际施用外源水杨酸可以缓解干旱胁迫造成的膜脂过氧化对膜系统的氧化损伤，并通过增强 PS Ⅱ 反应中心活性提高净光合速率，有助于水分的利用，同时增大渗透调节能力，减少水分的散失，提高水分利用效率，提高干旱胁迫条件下黄瓜幼苗的氮还原和同化能力，从而增强植株对干旱的适应能力（杨若鹏等，2018；郝敬虹等，2012）。

4. 油菜

利用 0.1 ~ 1.0 mmol/L 外源水杨酸对油菜叶片进行喷施，可显著降低叶片中丙二醛的含量，增加叶片中抗氧化系统酶活以及脯氨酸含量，可以有效调控油菜幼苗响应干旱胁迫，缓解干旱胁迫导致的膜脂过氧化（范思静等，2022）。

（十二）烯效唑

干旱胁迫下，烯效唑可以作为抗旱剂应用于经济作物上，从而提高其抗旱能力。如在干旱胁迫下，于大豆 3 叶期喷施烯效唑，可以增加茎粗、根长和根干重，增强植株抗旱能力。另外，对大豆进行烯效唑浸种，可以通过促进根系生长发育，减轻根系结构和细胞器损伤，提高抗氧化酶活性，增加渗透调节物质和激素含量，有效缓解干旱胁迫对大豆根系建成的影响。而烯效唑干拌种可以降低大豆的株高，缩短第1节间长度，增加茎粗和倒3叶叶面积，提高单株籽粒蛋白质和粗脂肪含量，改善大豆品质，提高大豆产量（刘春娟等，2016；梁晓艳，2019；雍太文等，2013）。

（十三）褪黑素

1. 大豆

干旱胁迫下，500 μmol/L 褪黑素浸种处理，能够缓解干旱胁迫对种子萌发的抑制，促进根系生长。另外，干旱胁迫下喷施 100 ~ 200 μmol/L 褪黑素，可以提高干旱胁迫下大豆幼苗光合参数和叶绿素荧光参数，提高抗氧化酶活性进而促进活性氧自由基（ROS）的清除，提高渗透调节物质含量，有利于叶片保持较高的相对含水量，降低膜脂过氧化程度，最终提高干旱胁迫下大豆在苗期、花期、结荚期和鼓粒期的生长和产量，提高大豆抗旱性（秦彬等，2020；邹京南，2019）。

2. 黄瓜

用 50 ~ 100 μmol/L 褪黑素对种子进行引发处理，可以通过提高幼苗的光合速率增强幼苗的抗氧化酶活性及根系活力来提高黄瓜幼苗的耐旱性（银珊珊等，2022）。

3. 猕猴桃

干旱条件下，对猕猴桃根施 100 μmol/L 褪黑素可以促进光合作用，维持猕猴桃体内离子平衡，提高干旱条件下猕猴桃的生长发育（Liang et al.，2018）。

4. 咖啡

对咖啡根施 300 μmol/L 褪黑素可以增加咖啡叶片水势，增加叶片糖含量及叶绿素含量，促进咖啡的光合作用，提高咖啡的抗旱能力（Campos et al.，2019）。

（十四）萘乙酸

萘乙酸处理诱导可以产生较强的抗氧化能力，降低干旱后期 ROS 水平，缓解干旱对细胞结构和代谢的干扰，从而有利于维持高效的碳、氮代谢水平。提高大豆叶片渗透调节能力及根系吸水能力，萘乙酸预处理还可同时提高叶片抗脱水能力。因此，萘乙酸处理通过这几方面维持较好的叶片水分状况，避免气孔关闭，进而保持较高的净光合速率，有利于干旱胁迫下植株生长，促进增产（邢兴华，2014）。

四、缓解渍涝对经济作物伤害的调节剂制剂

水分不足会对作物产生干旱胁迫，而水分过多同样会对作物的生长发育造成伤害，即涝害。水分过多，会导致作物缺氧，使作物有氧呼吸受到抑制，代谢发生紊乱，并造成作物营养缺乏，抑制作物正常生长发育。目前植物生长调节剂在缓解渍涝伤害方面的应用主要包括以下 7 个方面。

（一）6- 苄氨基嘌呤

渍涝使黄瓜幼苗根系活力显著下降，根电导率显著升高。将 5 mg/L 6- 苄氨基嘌呤在 28℃下浸种 24 h，可延缓渍涝胁迫下黄瓜幼苗根系活力的降低和根系电导率的升高；6- 苄氨基嘌呤浸种处理使黄瓜根系的超氧化物歧化酶、过氧化物酶、过氧化氢酶、乙醇脱氢酶活性在较长时间内维持较高的水平，从而提高黄瓜对渍涝胁迫的抵抗能力（申杰等，2012）。

（二）乙烯利

乙烯利可以缓解渍涝对经济作物的伤害，如渍涝敏感花生品种中花 4 号，在渍涝后叶面喷施乙烯利，可促进地上部和地下部的生长，降低花生的油亚比（黄辉等，2018）。另有研究表明，对于渍涝敏感品种中花 4 号，喷施乙烯利能够提高总果数、饱果数、秕果数、百果重、百仁重、出仁率，但减少饱果率、饱仁率，提高荚果产量 11.7%~26.6%。同时，乙烯利还可以提高蛋白质含量，降低脂肪含量和油亚比。比较发现，乙烯利对敏感品种中花 4 号的调控效果明显好于耐涝品种湘花 2008（吴佳宝，2012）。

（三）赤霉素

叶面喷施100 ~ 150 mg/L 赤霉素，可促进渍涝后花生的生长，促进荚果产量增加，同时，喷施赤霉素可增加花生的油分含量，降低蛋白质含量，提高油亚比，减轻渍涝对花生产量和品质的危害。

（四）吲哚乙酸

吲哚乙酸（indole-3-acetic acid, IAA），普遍存在于植物体内，是一种天然生长素，属于吲哚类化合物，又称苗长素、生长素或异生长素。外施吲哚乙酸可以通过根、茎及叶的吸收，诱导雌花和单性结实，刺激种子分化形成，促进果实生长，提高坐果率；防止落花落果，抑制侧枝生长，并促进种子发芽和不定根、侧根和根瘤形成。同时，吲哚乙酸可以促进经济作物的抗渍涝能力。如油菜蕾薹期叶面喷施 0.1 mmol/L 吲哚乙酸，可以促进渍涝胁迫下油菜叶片中的光合色素含量升高，增加根干重和茎干重，有效缓解渍涝胁迫下油菜单株角果数、每角粒数和产量的降低，增强油菜叶片中糖的运输，加速糖代谢水平的恢复，减少渍水造成的伤害，缓解产量的降低（陶霞等，2015）。

（五）多效唑

多效唑属于植物生长延缓剂，能矮化植株，增加分枝数，调控地上部与地下部关系。在渍涝逆境条件下，利用适宜浓度的多效唑调控作物的抗渍涝能力，可以有效地提高花生的产量与品质，对减灾避灾具有重要意义。如在渍涝胁迫下，对花生叶片喷施 200 ~ 1000 mg/L 多效唑可促进地下部的生长并降低花生的油亚比及油分的含量，降低蛋白质含量，最终提高花生的产量和品质，提高花生的抗渍涝能力（黄辉等，2018）。

（六）水杨酸

1. 烟草

渍涝胁迫下，50 mmol/L 水杨酸可提高烟草根冠比和根系活力，减缓叶绿素和类胡萝卜素含量的下降；使叶片积累更多的可溶性糖、可溶性蛋白和游离脯氨酸，增强细胞的渗透调节能力；并能提高涝害短期胁迫下 SOD 和 POD 的活性，延缓长期胁迫下酶活性的下降，降低过氧化氢的含量和氧自由基产生速率，降低丙二醛含量和相对电导率，增强烟草对渍涝胁迫的适应性（张永福等，2018）。

2. 油菜

淹水条件下，对油菜种子进行 100 μmol/L 浓度水杨酸的包衣处理，可以提高种子的发芽率，促进油菜幼苗根、茎生长，降低油菜幼苗叶片质膜透性，提高叶片含水量、叶绿素含量、根系活力以及三种渗透调节物（可溶性糖、可溶性蛋白、游离脯氨酸）的含量，从而提高幼苗的抗性，并起到了加快渍涝下油菜幼苗恢复生长的作用（梁建秋，2009）。

（七）烯效唑

目前，烯效唑被应用于缓解渍涝对大豆的伤害。如叶面喷施烯效唑可有效提高大豆非酶抗氧化剂含量，增加关键酶活性，抑制 ROS 积累，减少淹水胁迫对膜系统造成的伤害，并在恢复正常水分处理后，维持较高的关键酶活性和非酶抗氧化剂含量，有效缓解始花期（R1 期）淹水胁迫下大豆叶片光合色素的降解，提高光合参数和碳水化合物含量，促进植株正常生长发育，有效缓解大豆产量降低，增强植株的耐涝性（王诗雅，2021）。

第二节　缓解经济作物农业气象灾害伤害的调节剂制剂应用技术

如何科学合理地应用调节剂以达到缓解经济作物农业气象灾害伤害的目的，除了要了解缓解不同灾害的具体调节剂制剂外，还要明确与调节剂相配套的应用技术，并结合不同经济作物的生长特点，采用合理的剂型和施用技术，充分发挥调节剂的效用。调节剂制剂的应用技术主要包括调节剂的剂型及施用技术。

一、缓解经济作物农业气象灾害伤害的调节剂制剂的主要剂型

植物生长调节剂除少数具有强水溶性和挥发性的原药外，一般需要结合药剂理化特性和应用对象，加工成不同的剂型产品，才能在农业生产中投入使用。其中对于不溶或难溶于水的调节剂原药，需要辅助加入助剂、载体，并通过一定的加工、制备，形成农药商品制剂，才能起到调节剂本身的效果以满足农业生产的施用要求。目前常用的调节剂剂型有6 种。

（一）可湿性粉剂

可湿性粉剂（wettable powder, WP）是一种经过原药、载体或填料、润湿剂、分散剂和其他助剂的混合，并于气流粉碎机中进行粉碎后制成的剂型。可直接加水稀释后进行喷雾施用。其具有湿润性、分散性及高悬浮率等特点。可湿性粉剂含有对于水溶性和有机溶剂溶解性差的有效成分；不含有易燃的有机溶剂，在运输、包装及使用时更具有安全性；制作工艺简单易行，成本低等优点。但是，由于有些可湿性粉剂产品如 50% 噻苯隆和 15% 多效唑，容易漂移及悬浮率低，常造成粉尘污染及有效成分挥发。

（二）可溶性粉剂

可溶性粉剂（soluble powder, SP）是一种由水溶性原药、助剂（阴离子型、非离子型表面活性剂或两者混合物）和填料（水溶性的无机盐）经过喷雾冷凝成型法、气流粉碎法或喷雾干燥法等方法加工制成的颗粒状制剂。在使用浓度下，有效成分可以完全溶解于水。因此在生产中可以直接加水稀释后通过喷雾进行施用。可溶性粉剂加工成本低，便于储存和运输，物理稳定性好，不易发生因有效成分微粒沉降而造成施药不均匀和药液堵塞喷头等问题。但是由于可溶性粉剂易吸潮的特点，在生产加工、贮藏运输和使用时要注意控制空气干燥和密封包装。

（三）悬浮剂

悬浮剂（suspension concentration, SC）是一种由原药、润湿剂、分散剂、增稠剂、防冻剂、消泡剂和水组成的，通过润湿剂和分散剂的作用，将不溶或难溶于水的原药分散于水中而形成的均匀稳定的粗悬浮体系。悬浮剂又称水悬浮剂、胶悬浮剂或浓缩悬浮剂，悬浮剂如 25% 多效唑悬浮剂和 540 g/L 噻苯隆·敌草隆悬浮剂等，具有低成本、安全、低药害及对环境友好等优点，在农业生产中前景广阔。

（四）乳油

乳油（emulsifiable concentrate, EC）是一种由原药或原油、有机溶剂、乳化剂、助溶剂、增效剂、渗透剂及稳定剂组成的透明油状液体，再经过加水稀释而成的稳定的乳状液。由于乳油中的溶剂和乳化剂能使有效成分以胶束的形式均匀分布在药液中，与其他剂型相比更有利于渗透到植株体内，因此表现出较高的药效。乳油生产简单易行、成本低，但是由于其含有甲苯，在生产、贮藏、运输方面存在很大的安全隐患。另外乳油容易渗入皮肤对人畜造成伤害且易造成环境污染。

（五）水分散粒剂

水分散粒剂（water dispersible granule, WG）由原药、湿润剂、分散剂、黏结剂、崩解剂和填料组成，并经过混合、粉碎后通过喷雾造粒、转盘造粒及挤压造粒等方法捏合造粒而成。水分散粒剂又称干悬浮剂，将其放入水中可以很快分散形成悬浮的分散体系。其具有粉尘少、对环境友好，便于包装、贮存和运输，物理及化学稳定性好，颗粒分散速度快，悬浮稳定性好等特点，被誉为 21 世纪最具发展前景的剂型之一。

（六）泡腾片剂

泡腾片剂（effervescent tablet, EB）是由原药、泡腾剂（酸、碱）、润湿剂、分散剂、黏结剂、崩解剂和填料等组成，并经过粉碎、混合后，通过干法、湿法、直接压片和非水制片等方法压片制成的一种片剂的特殊剂型。泡腾片剂具有自我崩解扩散能力，其使用方便，易于掌握，可以直接抛洒减少药剂漂移，并且扩散均匀，储藏安全，质量稳定。

二、缓解经济作物农业气象灾害伤害的调节剂制剂的主要施用方法

为了使调节剂充分发挥功效，需要在尽量减少对环境、作物及人类危害的前提下，选择适当的施用方法，使有效成分最大限度地施用到生物靶标上。目前除最主要的喷雾法外，常用的施用方法还包括种子种苗处理、涂抹法、熏蒸法、杯淋法及土施法等。

（一）喷雾法

喷雾法是指通过手动或机动的方法，将调节剂分散形成雾滴，以雾滴的形式均匀喷施于作物上的一种调节剂施用方法。喷雾法具有让药剂均匀分布、见效快和适用于乳油、悬浮剂及可湿性粉剂等用水稀释的植物生长调节剂产品剂型等优点，因此喷雾法是目前植物生长调节剂施用最普遍的方法。但是喷雾法同样存在药剂易漂移流失、受水源限制及易沾污施药人员等缺点。

（二）种子种苗处理

种子种苗处理即用植物生长调节剂对种子或者苗木进行处理的方法。处理方法包括：拌种和浸渍。拌种即将拌种剂与种子进行均匀混合，使每粒种子覆盖一层药剂的处理方法。拌种主要通过种子吸收药剂，对种子的萌发及幼苗的生长进行相关调控。浸渍即用药剂浸渍种子或者苗木，通过浸种、浸苗、蘸根等方法，使处理对象充分吸收水分和药剂，以达到调控幼苗生长的目的。

（三）涂抹法

涂抹法即将植物生长调节剂涂抹在植物上的处理方法，适用于植物生长调节剂的水溶液、乳液或悬浮液。在果园冬季病虫害防治方面应用广泛。该方法主要适用药剂包括乙烯利及赤霉素 GA_{4+7} 等。

（四）熏蒸法

熏蒸法即在密闭空间或者相对密闭的环境下，通过气体的形态对作物进行调控的处理方法。该处理方法适用于在常温下有效成分为气体或者通过化学反应生成具有生物活性气体的药剂，药剂沸点低易挥发。如萘乙酸甲酯用于抑制萌芽等。

（五）杯淋法

杯淋法即将稀释后的药液，通过杯子、喷壶及其他容器将药液以水流的方式沿着处理

对象流下的一种局部器官的处理方法。杯淋法可以通过局部施药的方法有针对性地进行局部器官调控，并且可以在一定程度上避免对其他器官的不利影响。该方法主要适用的药剂包括氟节胺、二甲戊乐灵及仲丁灵等。

（六）土施法

土施法即通过喷施、翻耕或者直接灌施的方法将药剂施于土层上、土层下或者土层中的处理方法。土施法一般适用于通过根系吸收的调节剂，如通过施用多效唑延缓作物生长或施用萘乙酸·吲哚丁酸水分散粒剂促进作物生根。

三、缓解经济作物农业气象灾害伤害的调节剂制剂应用技术

（一）6-苄氨基嘌呤

6-苄氨基嘌呤纯品为白色结晶，工业品为白色或浅黄色，无臭。在酸碱中稳定，光热不宜分解。水中溶解度小，为 60 mg/L。不溶于大多数有机溶剂，在乙醇、酸中溶解度较大。在酸、碱和中性介质中稳定，对光、热稳定，于阴凉干燥处贮藏运输。6-苄氨基嘌呤可以提高经济作物的抗逆能力，相关应用技术如表 4-1 所示。

表 4-1　6-苄氨基嘌呤缓解经济作物农业气象灾害伤害的应用技术

作物	处理浓度	处理方式	效果
甜椒 （刘凯歌，2015）	10 μmol/L	苗期6~7 片真叶，每天8 时叶喷，连续喷 2 d	促进光合作用，培育壮苗，提高抗高温能力
黄瓜 （申杰等，2012）	5 mg/L	28 ℃下浸种 24 h	延缓淹涝胁迫下黄瓜幼苗根系中的根系活力的降低和根系电导率的升高，壮苗

应用注意事项

（1）移动性差，单独使用叶面喷施效果不好，须与其他生长抑制剂混合。

（2）避免药液沾染眼睛和皮肤。

（3）贮存于阴凉通风处。

（二）油菜素内酯

油菜素内酯是甾体化合物中生物活性较高的一种，商品名有 28 高、408、508、608、硕丰 481、天丰素、芸天力、果宝、油菜素内酯、农梨利、芸苔素。外观为白色结晶粉末，水中溶解度为 5 mg/L，溶于甲醇、乙醇、四氢呋喃及丙酮等多种有机溶剂。常见剂型为 0.01% 乳油、0.01% 粉剂、0.01% 可溶性液剂、0.0075% 水剂、0.004% 乳油，其中以 0.01% 可溶性液剂推广价值最高。油菜素内酯广泛存在于植物体内，在植物生长发育各阶段中，既可促进营养生长，又能利于受精作用，同时可以作为植物生长调节剂缓解农业气象灾害对经济作物带来的伤害，相关应用技术如表 4-2 所示。

表 4-2　油菜素内酯缓解经济作物农业气象灾害伤害的应用技术

作物	处理浓度	处理方式	效果
大豆 （谢云灿，2017）	0.2 μmol/L	幼苗长出1片三出复叶时，叶喷，喷施时加入 0.002% 表面活性剂吐温 -80 及 0.1% 的乙醇	培育壮苗，提高产量，提高抗高温能力
甜瓜 （张永平等，2011）	1 mg/L	苗期 3~4 片真叶，叶喷，每株 50 mL，连续喷施 4 d	促进甜瓜幼苗的生长，降低高温胁迫对甜瓜幼苗的抑制作用
葡萄 （张睿佳等，2015）	0.1 mg/L	叶喷，每 7 d 喷施 1 次	缓解高温对葡萄叶片的光合伤害并促进果实着色
香蕉 （周玉萍等，2002）	0.9~1.5 mg/L	苗期，整株喷施	壮苗，提高抗寒能力
辣椒	0.05 mg/L （闫小红等，2012）	使用前用乙醇作为溶剂配成 100 mg/L 的母液，浸种 24 h	提高低温下的发芽率
	0.1 μmol/L （李杰等，2015）	苗期 6~7 片真叶时，进行叶面喷施，喷施液中加入 0.1%(v/v) 的吐温 -80	促进辣椒幼苗的根系生长，提高抗寒能力
黄瓜	0.1 μmol/L （徐晓昀等，2016）	苗期 3 叶 1 心，叶喷	缓解低温对黄瓜幼苗光合作用的影响，增强其对低温的适应性
	0.10 mg/L （黄斌等，2021）	25 ℃下浸种 12 h	促进种子萌发，提高幼苗的低温抗性
番茄 （Heidari et al.，2021）	5 mg/L	叶喷 2, 4- 表油菜素内酯	提高番茄的抗低温能力
茄子 （Wu et al.，2015）	0.1 μmol/L	叶喷 2, 4- 表油菜素内酯	提高茄子的抗寒能力

应用注意事项

（1）可与一般农药混用，即混即用。但勿与强碱性农药混用。

（2）本品适宜在晴朗的天气下喷施，喷施 4 h 后不需补喷，本品渗透力、黏着力很强，可与部分杀虫杀菌剂混用并相互增加效果 50% 以上。初次使用，请留空白对照，以验证使用效果。

（三）矮壮素

矮壮素是一种季铵盐类植物生长调节剂。外观为白色结晶，有鱼腥臭，易潮解。熔点 245 ℃（部分分解）。易溶于水，在常温下饱和水溶液浓度可达 80% 左右。不溶于苯、二甲苯、无水乙醇，溶于丙醇。在中性或微酸性介质中稳定，在碱性介质中加热能分解。矮壮素可以提高经济作物的抗逆能力，应用技术详如表 4-3 所示。

表 4-3　矮壮素缓解经济作物农业气象灾害伤害的应用技术

作物	处理浓度	处理方式	效果
小白菜 （李进等，2021）	300 mg/L	叶喷	提高小白菜高温半致死温度及耐热性，从而增加产量、改善商品性
黄瓜 （甘小虎等，2012）	300 mg/L	苗期，底水浇灌	增加单位面积产量，提高抗高温能力
番茄 （王启燕等，1994）	50% 水剂，2500 mg/g 包衣（种子包衣中含量为0.17%）或 5000 mg/g 包衣（种子包衣含量为0.34%）	种子包衣	降低番茄的存活温度，提高秧苗定植期的缓苗率，增强抗寒性
甜瓜 （毛秀杰等，2000）	50~250 mg/g	幼苗期，叶喷	壮苗，提高抗寒性
龙眼 （李宏彬等，2001）	150 mg/L	苗期，叶喷	减轻干旱造成的伤害，提高抗旱性

应用注意事项

（1）矮壮素是高活性植物生长调节剂，肥力差、长势不旺的植物不要使用矮壮素。

（2）严格按照说明用药，以免造成药害。

（3）不能与碱性物质混用。

（4）施药应在下午 4 时以后，以叶面润湿而不流滴为宜，这样既可增加叶片的吸收时间，又不会浪费。

（5）长期与皮肤接触有害，施药后若接触到皮肤应及时清洗。误食会引起中毒，症状为头晕、乏力、口唇及四肢麻木、瞳孔缩小、流涎、恶心、呕吐，重者出现抽搐和昏迷，严重的会造成死亡。对中毒者可采用一般急救措施对症处理，毒蕈碱样症状明显者可酌情用阿托品治疗，但应防止过量。

（四）胺鲜酯

白色片状晶体，粉碎后为白色粉状物，具有清淡的脂香味和油腻感。易溶于水，可溶于乙醇、甲醇、丙酮、氯仿等有机溶剂；常温下储存非常稳定，在中性和酸性条件下稳定，碱性条件下易分解。能与多种元素复配，还可以提高作物的抗逆性，缓解农业气象灾害对作物的损害。相关应用技术如表 4-4 所示。

表 4-4　胺鲜酯缓解经济作物农业气象灾害伤害的应用技术

作物	处理浓度	处理方式	效果
辣椒 （陈艳丽等，2014）	30 mg/L	幼苗 3 叶 1 心期，叶喷共喷施 2 次，中间间隔 1 d	缓解高温胁迫对光系统的损伤，缓解高温对辣椒幼苗的胁迫

作物	处理浓度	处理方式	效果
茄子 (范飞等, 2013)	20 mg/L	苗期, 叶喷	缓解高温胁迫对茄子幼苗的影响
番茄 (关朋霄, 2020)	10 mg/L	苗期4叶1心期, 叶喷, 每天喷施2次, 连喷3 d	壮苗, 提高抗寒性
草莓 (邓锐杨, 2020)	0.5 μmol/L 2, 4- 表油菜素内酯 +0.139 mmol/L 胺鲜酯或 1 μmol/L 2, 4- 表油菜素内酯 +0.186 mmol/L 胺鲜酯	幼苗期, 叶喷, 每13 d重复喷施1次, 共6次	增强植株的生长势, 提高抗寒能力, 有利于草莓果实着色, 有助于草莓果实品质的提高
大豆	160~320 mg/L (施晓明等, 2009)	浸种12 h	壮苗, 提高大豆苗期叶片的抗旱性
	100 μmol/L (葛欣, 2021)	种子包衣	促进收获期大豆单株荚数、单株粒数和单株粒重的提高, 提高抗旱能力
花生 (于俊红等, 2009)	40 mg/L	盛花期叶面喷施	减缓干旱胁迫对花生造成的伤害

应用注意事项

（1）胺鲜酯在使用时注意不能与碱性农药和化肥混用。

（2）不要在高温下喷洒，最好选择下午4时后喷药，如果喷后6 h内下雨，应酌情进行减量补喷，并注意使用次数。

（五）乙烯利

乙烯利，有机化合物，纯品为白色针状结晶，工业品为淡棕色液体，易溶于水、甲醇、丙酮、乙二醇、丙二醇，微溶于甲苯，不溶于石油醚。一般剂型为90%原药、65%水剂、60%水剂、40%水剂。乙烯利是优质高效植物生长调节剂，具有促进果实成熟，刺激伤流，调节性别分化等效应。也常被应用于提高经济作物的抗逆性。相关应用技术如表4-5所示。

表4-5 乙烯利缓解经济作物农业气象灾害伤害的应用技术

作物	处理浓度	处理方式	效果
荔枝 (Shrestha et al., 1982)	10 mg/g	喷洒整株荔枝树	防止高温、干旱引起的裂果
黄瓜 (刘玲, 2001)	0.01%~0.02%的稀释液	幼苗2~3真叶期, 叶喷, 一般喷2次时以0.02%的稀释液为宜, 喷3次则以0.01%的稀释液为好	高温条件下, 促进雌性器官的发育, 促进增产早熟

作物	处理浓度	处理方式	效果
番茄 (王孟文等，1995)	200 mg/g、300 mg/g	幼苗 3 叶 1 心期和 5 叶 1 心期，叶喷	高温条件下，抑制徒长，提高第 1 穗果的坐果率，增加产量
葡萄 (王文举等，2005)	1000 mg/L	喷洒整株葡萄树	提高葡萄的抗寒性
香蕉 (韦弟等，2009)	200 mg/L	幼苗 5 叶 1 心期，叶喷	增强香蕉幼苗抗寒性
甘蔗	50 mg/L (何洪良，2019)	种茎砍成 5 cm 左右的单芽茎段，单芽段浸种 10 min	提高萌芽率，促进幼苗的生长，提高抗旱性
	200 mg/L (梁强，2008)	苗期 4~5 叶期，叶喷	提高光能转化效率，为干旱条件下主茎和分蘖的生长提供物质和能量基础
	100 mg/L (周桂等，2009)	4~6 片真叶、茎高约 25 cm 时，叶喷	提高抗旱性
	200 mg/L 黄腐酸 + 200 mg/L 乙烯利 (王小乐，2014)	苗期 4~5 叶期，叶喷	促进干旱胁迫下及复水之后叶绿素含量和光能转化效率提高，促进甘蔗的分蘖和主茎的生长
	200 mg/L 乙烯利 + 1 mg/L 甲基环丙烯	苗期 5~7 叶期，叶喷乙烯利，熏蒸甲基环丙烯 16 h	提高苗期抗旱性
花生 (黄辉等，2018)	100~150 mg/L	营养生长末期，叶喷，喷药液量 750 kg/hm²	促进地上部、地下部的生长，提高抵御涝渍的能力，提高产量

应用注意事项

（1）乙烯利原液稳定，但经稀释后的溶液稳定性变差。生产上使用时应随配随用，放置过久后会降低药效。

（2）乙烯利呈酸性，遇碱会分解。禁忌与碱性农药混用，也不能用碱性水稀释。

（3）乙烯利应在 20 ℃以上使用，温度过低，乙烯利分解缓慢，使用效果降低。

（4）使用后 6 h 内下雨，应适当补喷。

（5）乙烯利低毒，但对人的皮肤、眼睛有刺激作用，应尽量避免与皮肤接触，特别注意不要将药液溅入眼内，如不慎溅入应迅速用水和肥皂冲洗，必要时送医院治疗。

（六）1- 甲基环丙烯

常温下，1- 甲基环丙烯是气体，是一种小环烯烃，性质十分活泼，可很好地延缓植物成熟、衰老，很好地保持产品的硬度、脆度，保持颜色、风味、香味和营养成分，能有效地保持植物的抗逆性。相关应用技术如表 4-6 所示。

表 4-6　1 - 甲基环丙烯缓解经济作物农业气象灾害伤害的应用技术

作物	处理浓度	处理方式	效果
黄瓜 (邓娇燕, 2019)	80 g/hm^2	幼苗 1 叶 1 心期, 叶喷, 添加 0.1% 吐温	缓解高温胁迫对幼苗生长造成的不利影响
辣椒 (邓娇燕, 2019)	80 g/hm^2	幼苗 6 叶 1 心期, 叶喷, 添加 0.1% 吐温	促进辣椒光合作用, 提高抗高温能力
甘蔗 (王冠玉等, 2017; 滕峥, 2013)	1 mg/L	苗期 5~7 叶期, 利用 NaOH 溶液使 1- 甲基环丙烯粉剂释放气体熏蒸植株 14~16 h	提高甘蔗苗期的抗旱能力

应用注意事项

（1）已使用过乙烯类药剂不宜使用。

（2）保证施药的密闭性，否则会降低效果。

（七）萘乙酸

萘乙酸是一种易溶于有机溶剂的无色固体，熔点 134 ~ 135 ℃，易溶于丙酮、乙醚、苯、乙醇和氯仿等有机溶剂，几乎不溶于冷水，溶于热水。2.80% 萘乙酸原粉为浅黄色粉末，熔点 106 ~ 120 ℃，水分含量 ≤ 5%，常温下贮存，有效成分含量变化不大。萘乙酸遇碱能成盐，盐类能溶于水，因此配制药液时，常将原粉溶于氨水后再稀释使用。萘乙酸是促进植物根系生长的植物生长调节剂，同时也可以提高经济作物抗温度胁迫的能力。相关应用技术如表 4-7 所示。

表 4-7　萘乙酸缓解经济作物农业气象灾害伤害的应用技术

作物	处理浓度	处理方式	效果
番茄 (李静等, 2022)	2~4 mg/L	浸种 24 h	抵消高温对番茄种子萌发的抑制作用, 提高萌发率
油菜 (罗丹瑜, 2018)	100 μmol/L	将油菜幼苗根部浸入含有 NAA 的 1/2 MS 液体培养基中, 25 ℃处理 24 h	提高抗寒性
大豆 (邢兴华, 2014)	40 mg/L	开花期, 叶喷	提高抗旱能力, 增产

应用注意事项

（1）萘乙酸难溶于冷水，配制时可先用少量酒精溶解，再加水稀释或先加少量水调成糊状再加适量水，然后加碳酸氢钠（小苏打）搅拌直至全部溶解。

（2）本品对皮肤和黏膜有刺激作用，操作时应防止手、脸和皮肤接触，不要抽烟、喝水或吃东西。工作完毕及时洗手洗脸。

（八）对氯苯氧乙酸

对氯苯氧乙酸又称促生灵或防落素，该物质主要用作植物生长调节剂、落果防止剂、除草剂，商品有 15% 可溶性粉剂、2.5% 水剂。可用于番茄疏花、桃树疏果，提高作物的抗寒能力。相关应用技术详细如表 4–8 所示。

应用注意事项

（1）喷洒时间宜选晴天早晨或傍晚，如果在高温、烈日下或阴雨天喷洒就容易产生药害。

（2）果树使用对氯苯氧乙酸后，由于会增加坐果，更需要加强肥、水管理，使植株生长健壮，防止早衰。

（九）调环酸钙

调环酸钙，化学名称为 3,5- 二氧代 -4- 丙酰基环己烷羧酸钙，一种植物生长调节剂，纯品为白色无定形固体，原药外观为米色或浅黄色无定形固体，无气味。对光和空气较稳定，在酸性介质中易分解，在碱性介质中稳定，热稳定性好。调环酸钙的主要剂型有：5% 泡腾片、5% 悬浮剂和 25% 可湿性粉剂。其可抑制植株徒长，增强抗倒伏能力；调节植物体内源激素，增强抗逆性。相关应用技术如表 4–8 所示。

应用注意事项

（1）对于肥力差、长势不旺的农作物需慎用。

（2）不得与食物、饲料、种子混放。

（3）施药后应及时清洗，放在阴凉、干燥处保存。

表 4–8　对氯苯氧乙酸、调环酸钙缓解经济作物农业气象灾害伤害的应用技术

调节剂	作物	处理浓度	处理方式	效果
对氯苯氧乙酸 （王文举等，2009）	葡萄	50 mg/L	叶喷	提高抗寒力
调环酸钙 （潘明君等，2016）	烟草	5 mg/L	幼苗 4 叶 1 心期，叶喷	提高烟草幼苗的抗冷性，进而促进烟草幼苗的生长

（十）复硝酚钠

复硝酚钠是一种强力细胞赋活剂，一般剂型为纯度 99% 的粉剂。复硝酚钠与植物接触后能迅速渗透到植物体内，促进细胞的原生质流动，提高细胞活力。另外其也可以作为抗寒剂提高经济作物的抗寒力，相关应用技术如表 4–9 所示。

表 4–9　复硝酚钠缓解经济作物农业气象灾害伤害的应用技术

作物	处理浓度	处理方式	效果
黄瓜 （黄斌等，2022）	50 mg/L	25 ℃浸种 12 h	提高低温胁迫下种子发芽率，促进萌发
	100 mg/L	子叶完全展开时浇灌于幼苗根部，再待幼苗生长至 1 叶 1 心期进行第二次灌根	壮苗，提高耐寒性

应用注意事项

复硝酚钠在实际使用过程中，对温度是有限定要求的。复硝酚钠只有在温度15 ℃以上，才能迅速发挥作用。所以，尽量不要在温度低于15 ℃时喷施复硝酚钠，否则很难发挥出应有的效果。在较高温度下，复硝酚钠能很好地保持其活性。所以在气温较高时喷施复硝酚钠，有利于药效的发挥。

（十一）三十烷醇

三十烷醇是一种天然的长碳链植物生长调节剂，一般剂型为乳剂，其可以作为抗寒剂提高经济作物如甘蔗的抗寒能力，相关应用技术如表4-10所示。

应用注意事项

（1）三十烷醇的使用效果与产品纯度有关，应选用登记的不含其他杂质的制剂，否则效果不稳定。

（2）三十烷醇生理活性很强，使用浓度很低，配制药液要准确。

（3）适宜喷施温度为20 ～ 25 ℃。

（4）可与多菌灵、杀虫双、尿素、微量元素等混用，一般现用现配。要严格掌握使用浓度，在蔬菜收获前3 d停用。加入氯化钙（$CaCl_2$）3 ～ 10 mol/L，效果显著，且药效稳定。

（十二）极细链格孢激活蛋白

极细链格孢激活蛋白是一种从发酵后的微生物中提炼的具有刺激作物植株生长的生物活性蛋白质，能刺激植物体自身酶活性的提高，从而刺激植物体自身代谢的调控，提高产量，实际生产应用中，此药尽量不要与含有金属离子的叶面肥混用，超量使用会钝化植株的生长，少量使用会刺激植物生长。同时，极细链格孢激活蛋白可以作为抗旱剂提高作物的抗旱能力，相关应用技术如表4-10所示。

（十三）吲哚乙酸

吲哚乙酸普遍存在于植物体内，是一种天然生长素。吲哚乙酸广谱多用途，外施吲哚乙酸可以促进经济作物的抗渍涝的能力，相关应用技术如表4-10所示。

应用注意事项

（1）吲哚乙酸见光分解，产品须用黑色包装存放在阴凉干燥处，配制成溶液后遇光或加热易分解，应注意避光保存。

（2）吲哚乙酸进入到植物体内易被吲哚乙酸氧化酶分解，尽量不要单独使用。

（3）碱性药物可使吲哚乙酸的作用效果下降。

表4-10　三十烷醇、极细链格孢激活蛋白及吲哚乙酸
缓解经济作物农业气象灾害伤害的应用技术

调节剂	作物	处理浓度	处理方式	效果
三十烷醇 （褚维言等，2000）	甘蔗	0.5~2.0 mg/L	植株中上部茎，切成单芽苗，浸种30 h	提高甘蔗的抗寒能力
极细链格孢激活蛋白 （邸锐等，2016）	大豆	3 mg/L	先用蒸馏水将3%极细链格孢激活蛋白可湿性粉剂稀释，于14 d苗龄植株进行叶喷	提高大豆幼苗抗旱性
吲哚乙酸 （陶霞等，2015）	油菜	0.1 mmol/L	蕾薹期，叶喷	减少渍水造成的伤害，提高产量

（十四）糖氨基嘌呤

糖氨基嘌呤是一种嘌呤类物质，又称激动素，在环境胁迫条件下，糖氨基嘌呤可以提高作物的抗逆性能，相关应用技术如表4-11所示。

（十五）吲哚丁酸

吲哚丁酸是一种有机物，纯品为白色结晶固体，原药为白色至浅黄色结晶。溶于丙酮、乙醚和乙醇等有机溶剂，难溶于水。主要用于插条生根，可诱导根原基的形成，促进细胞分化和分裂，有利于新根生成和维管束系统的分化，促进插条不定根的形成。同时，其作为抗旱剂与萘乙酸搭配可以提高经济作物的抗寒能力，相关应用技术如表4-11所示。

应用注意事项

（1）吲哚丁酸水溶液有效期仅有几天，使用时应现配现用。

（2）处理插条时不可把药液沾染叶片和心叶。

（3）与萘乙酸、2,4-D混用，可起到增效作用。

（4）吲哚丁酸不建议叶面喷洒。

（十六）吲哚丁酸钾

吲哚丁酸钾，粉红色粉末或黄色结晶体，易溶于水，多用作植物生长调节剂，用于细胞分裂和细胞增生，促进草本和木本植物的根分生。吲哚丁酸钾变成钾盐后，稳定性比吲哚丁酸强，完全水溶。主要用于插条生根剂，也可用于冲施，滴灌，叶面肥的增效剂，同时也可提高作物的抗逆性，相关应用技术如表4-11所示。

应用注意事项

（1）见光易分解，产品必须用黑色包装，存放在阴凉干燥处。

（2）吲哚丁酸钾溶液的有效期一般仅有几天，而分散于滑石粉中的吲哚丁酸钾活性可保持数月，故水溶液最好现配现用。

（3）进入土壤中降解速度也非常快，一般24 ~ 48 h即可完全分解。

表 4-11　糖氨基嘌呤、吲哚丁酸及吲哚丁酸钾
缓解经济作物农业气象灾害伤害的应用技术

调节剂	作物	处理浓度	处理方式	效果
糖氨基嘌呤 （吕桂兰等，1999）	大豆	0.005 mmol/L	浸种	提高低温条件下大豆种子的萌发速度和发芽率
吲哚丁酸 （曲亚英等，2006）	甜椒	10 mg/L 吲哚丁酸 +10 mg/L 萘乙酸	浸种 12 h	提高幼苗抗冷性
吲哚丁酸钾 （刘美玲，2021）	大豆	80 mg/kg	拌种	培育壮苗，提高苗期抗旱性

（十七）水杨酸

水杨酸是一种植物体内含有的天然苯酚类植物生长调节物质，可以诱导作物产生抗性，缓解植物的胁迫伤害，提高植物在逆境下的生存能力，相关应用技术如表 4-12 所示。

表 4-12　水杨酸缓解经济作物农业气象灾害伤害的应用技术

作物	处理浓度	处理方式	效果
黄瓜	0.10 mmol/L、250 mg/L（许耀照等，2016；周艳丽等，2010）	幼苗 3 叶 1 心期到 4 叶 1 心期，叶喷	壮苗，提高耐高温能力
	1~1.5 mmol/L（徐晓昀等，2016）	3 叶 1 心期，叶喷	缓解低温对黄瓜幼苗光合作用的影响，增强其对低温的适应性
	1.0 mmol/L（杨若鹏等，2018）	浸种 24 h	促进黄瓜种子的萌发和幼苗生长，提高抗旱性
	0.1 mmol/L（郝敬虹等，2012）	幼苗 2 叶 1 心期，灌根	提高干旱胁迫条件下黄瓜幼苗的氮还原和同化能力，从而增强植株对干旱的适应能力
葡萄（孙军利等，2015）	150 μmol/L	幼苗到 7~9 片叶，苗整株喷施，平均每株喷施约 50 mL	缓解高温胁迫对葡萄幼苗的伤害作用，提高葡萄的耐热性
番茄	0.2 mmol/L（李天来等，2009）	番茄第 1 花序第 1 花开，叶喷	缓解高温胁迫对番茄光合作用的抑制作用
	90 mg/L（郭泳，2013）	4 叶 1 心期，叶喷	培育壮苗，提高耐高温能力
柑橘（万继锋等，2018；王利军等，2003）	0.2 mmol/L	叶喷	增强果实的耐热性，缓解高温对果实造成的伤害
	500 μmol/L	叶喷	促进高温胁迫下的光合作用
	100 μmol/L SA + 10 μmol/L CaCl$_2$	叶喷	提高耐热性和抗干旱能力
荔枝（Zhu，2011）	50 mg/L	叶喷	提高荔枝的抗寒性

作物	处理浓度	处理方式	效果
甘蔗	0.5 mmol/L（刘晓静等，2011）	3叶期，叶喷	缓解低温对甘蔗幼苗的损伤，提高甘蔗苗期的抗寒性
	100 mg/L（莫萍丽，2003）	分蘖末期，叶喷	提高甘蔗抗旱性，有利于甘蔗糖分的积累和品质的改善
草莓	50~100 μmol/L（高波等，2007）	涂抹草莓叶片加少量吐温 −80 作为展开剂	提高草莓的抗冷性
	1.0 mmol/L（樊国华等，2008）	4叶1心，叶喷	增强耐低温胁迫能力，提高其抗寒性
香蕉（康国章等，2003）	0.5 mmol/L	4叶1心期，灌根与叶喷相结合	提高抗寒能力
大豆（张秀玲等，2022）	1.5 mmol/L	叶喷，喷至所有叶片湿润不流液滴为度	提高幼苗的抗干旱胁迫能力
油菜	0.1 mmol/L（范思静等，2022）	4叶期，叶喷	调控油菜幼苗响应干旱胁迫，缓解干旱胁迫导致的膜脂过氧化等危害的发生
	100 μmol/L（梁建秋，2009）	另添加2%羟甲基纤维素（兼起悬浮剂、成膜剂及表面活性剂作用）、10%的滑石粉（起药剂载体作用），种子包衣	提高种子的发芽率，提高幼苗的抗渍涝的能力
烟草（张永福等，2018）	50 mmol/L 水杨酸 + 50 mmol/L 硝普钠	烟草长至50 cm 时，灌根	培育壮苗，增强烟草对渍涝胁迫的适应性

（十八）褪黑素

褪黑素在植物中有多种功能，如对种子萌发起促进作用，调控果实发育。另外褪黑素可降低逆境引发的氧化胁迫对植物生长发育的影响，提高作物的抗逆性。相关应用技术如表4-13所示。

表4-13 褪黑素缓解经济作物农业气象灾害伤害的应用技术

作物	处理浓度	处理方式	效果
黄瓜（赵娜等，2012；高青海等，2014；仇胜园，2020；银珊珊等，2022）	100 μmol/L	幼苗3叶1心期，叶喷，隔2 d喷1次，共3次	促进幼苗生长，缓解高温对幼苗带来的不良反应，增强抗逆性

作物	处理浓度	处理方式	效果
黄瓜 (赵娜等，2012；高青海等，2014；仇胜囡，2020；银珊珊等，2022)	200 μmol/L	浸种 3 h，待幼苗长出真叶时叶喷	提高黄瓜叶片叶绿素的含量，增强根系活力，促进黄瓜幼苗的生长，提高抗寒力
	50~70 μmol/L	幼苗 2 叶 1 心时，叶喷，每株喷施约 20 mL，为了防止光解，于太阳落山后进行，连喷 2 d	提高耐冷性，提高产量
	50~100 μmol/L	种子引发 15 h，引发完成后将种子取出，先用去离子水除去种子表面引发剂，再用滤纸吸干种子表面的水分，放置室温下自然回干	促进种子的萌发和提高抗旱能力
大豆 (Imran et al., 2021；于奇等，2019；李贺，2021；秦彬等，2020；邹京南，2019)	100 μmol/L	根部施入	促进大豆生长，提高耐热性
	100 μmol/L	避光条件包衣并晾干，包衣剂为褪黑素与 5% 成膜剂 661 混合液，每 100 粒种子可均匀完全蘸取 1.4 mL 包衣剂	培育壮苗，提高抗寒力
	100~200 μmol/L	浸种 8 h 后放置阴凉通风处阴干至种子原始含水量	提高大豆种子萌发能力，提高抗寒能力
	300 μmol/L	浸种 12 h	促进大豆萌发，提高对干旱胁迫的适应能力
	100 μmol/L	大豆 V1 期，褪黑素连续处理 3 d	促进大豆幼苗的生长和干物质积累，提高抗旱力，提高产量
油菜 (史中飞等，2019)	100 μmol/L	苗期，搭配 1/8 MS 营养液进行灌根	增强油菜幼苗对低温的适应性
甜瓜	150 μmol/L (周永海等，2020)	苗期叶喷	提高甜瓜幼苗抗高温的能力
	200 μmol/L (Zhang 等，2017)	叶喷	降低低温对甜瓜生长的抑制效应，提高甜瓜的抗低温能力
茶树 (Li et al., 2018)	50 μmol/L 和 100 μmol/L	叶喷	提高茶树对低温胁迫的耐受性
西瓜 (Li et al., 2017)	150 μmol/L 或 1.5 μmol/L	叶喷 150 μmol/L 或者根施 1.5 μmol/L	维持西瓜的光合作用，提高西瓜的抗寒能力

作物	处理浓度	处理方式	效果
猕猴桃 (Liang et al., 2018)	100 μmol/L	根部施入	促进光合作用，提高干旱条件下猕猴桃的生长发育
咖啡 (Campos et al., 2019)	300 μmol/L	根部施入	提高咖啡的抗旱能力

应用注意事项

见光易分解，产品必须用黑色包装，存放在阴凉干燥处。

（十九）脱落酸

脱落酸是一种植物的生长平衡因子，是所有绿色植物均含有的纯天然产物，对光敏感，属强光分解化合物，是启动植物体内抗逆基因表达的"第一信使"，具有增强植物综合抗性的能力。常见制剂含量：0.006%、0.03%、0.1%、0.25%、1%、5% 和 10%。原药有 90% 和 98%。对农业生产上抗旱节水、减灾保产和生态环境的恢复具有重要作用。相关应用技术如表 4–14 所示。

表 4–14　脱落酸缓解经济作物农业气象灾害伤害的应用技术

作物	处理浓度	处理方式	效果
荔枝 (周碧燕等，2002)	150 mg/L	叶喷（先用少量乙醇溶解再用水稀释）	提高荔枝的成花率，提高抗寒力
甘蔗	100 μmol/L (Huang et al., 2015)	5~6 叶期，叶喷	培育壮苗，提高幼苗抗寒性
	15 μmol/L (李长宁等，2010)	长盛期，叶喷	增强植株对干旱的适应能力
油棕 (刘艳菊等，2020)	200 μmol/L	苗期，叶喷	培育壮苗，提高抗寒能力
小豆 (项洪涛等，2020)	20 mg/L，折合用液量为 22.5 mL/m²	真叶完全展开，第 1 片复叶露头，叶喷	缓解低温对小豆造成的伤害，保产稳产
大豆 (屈春媛等，2017； 金毅等，2016)	100 μmol/L	R5 期（鼓粒始期），叶喷	提高产量，提高抗旱力
	100 μmol/L	R1 期（初花期），叶喷	培育壮苗，降低干旱胁迫导致的大豆落花率
茶树 (Zhou 等，2014)	50 mg/L	叶喷	提高茶树对干旱胁迫的耐受性

应用注意事项

（1）包装必须防潮，避光，采用深色塑料瓶、锡铂纸塑装袋或避光塑胶袋等包装材料。

（2）长期储存应注意通风、干燥、避光。

（二十）氯化胆碱

氯化胆碱是一种有机物，白色吸湿性结晶，有鱼腥臭。熔点 305 ℃。10% 水溶液 pH 值为 5 ~ 6，在碱液中不稳定。本品易溶于水和乙醇，不溶于乙醚、石油醚、苯和二硫化碳。氯化胆碱还是一种植物光合作用促进剂，对增加产量有明显的效果。同时氯化胆碱可以提高经济作物的抗逆性，相关应用技术如表 4-15 所示。

表 4-15　氯化胆碱缓解经济作物农业气象灾害伤害的应用技术

作物	处理浓度	处理方式	效果
黄瓜 （盛瑞艳等，2006）	1.07 mmol/L	幼苗 3 叶 1 心期，叶喷	减缓氧化胁迫，提高黄瓜对低温的抗性
烟草	300 mg/L （梁煜周等，1998）	苗期，叶喷	提高烟草抗冷性
	2.5 mmol/L （仲晓君等，2017）	4 叶 1 心期，叶喷	提高烟草的耐旱性
油菜 （李慧琳，2013； 牛远等，2020）	500 mg/L	5 叶期，叶喷	培育壮苗，提高苗期抗旱能力
	500 mg/L	蕾薹初期，叶喷	提高抗旱性，提高产量
三樱椒 （阴星望等，2018）	500 mg/L	6 叶 1 心期，叶喷或灌根	提高保水能力，防止叶片萎蔫脱落，提高抗旱能力
油桃 （谭秋平等，2012）	300~500 mg/L	叶喷	提高油桃的抗寒性

应用注意事项

不宜与碱性物质混合，药液随配随用，以免影响效果。

（二十一）赤霉素

赤霉素是一种植物激素，常见的剂型有乳油、结晶粉、可溶片剂、可溶粒剂等。注意赤霉素粉剂不溶于水，使用时先用少量酒精或白酒溶解，再加水稀释到所需浓度。其主要作用是参与调控细胞分裂与伸长、植物的生殖发育、打破一部分植物的种子休眠以及对各种胁迫的应答。另外，赤霉素还可以提高经济作物抗逆能力，缓解农业气象灾害带来的伤害，相关应用技术如表 4-16 所示。

表 4-16　赤霉素缓解经济作物农业气象灾害伤害的应用技术

作物	处理浓度	处理方式	效果
大豆 （陈凤琼等，2022）	25 mg/L	第 3 节期（V3 期），叶喷	提高低温胁迫耐性
	0.01 mmol/L	浸种	促进萌发，提高抗寒性
黄瓜 （白龙强等，2018）	5 µmol/L	2 叶 1 心期，叶喷	提高抗寒性

作物	处理浓度	处理方式	效果
花生	300 μmol/L（常博文等，2019）	幼苗3对真叶完全展开，灌根	促进幼苗的生长，提高抗寒能力
	100~150 mg/L	叶喷	增产，减轻渍涝对花生产量和品质的危害
烟草（坎平等，2014）	0.05 mmol/L	在26 ℃黑暗条件下种子引发24 h	促进种子萌发，提高幼苗的抗寒性
油菜（李震，2010）	200~300 mg/L	浸种8 h	促进种子萌发、提高油菜发芽期耐旱性

应用注意事项

（1）赤霉素与碱性物质混合容易失效，故不能与碱性农药混合使用，可与酸性农药混合使用。

（2）赤霉素粉末配用时，先用少量酒精或土烧酒将赤霉素粉溶解后再加水稀释到所需浓度，乳剂可直接用水稀释。

（3）配好的本品水溶液不宜久放，以免失效。

（二十二）多效唑

多效唑主要剂型有可湿性粉剂、悬浮剂以及原粉。多效唑具有延缓植物生长，抑制茎秆伸长，缩短节间、促进植物分蘖、增加植物抗逆性能、提高产量等效果。因此其常被应用于缓解经济作物遭受的农业气象伤害。相关应用技术如表4-17所示。

表4-17 多效唑缓解经济作物农业气象灾害伤害的应用技术

作物	处理浓度	处理方式	效果
油菜	150 mg/L，药剂量为750 kg/hm²（王学芳等，2021；张智等，2013）	6~7叶期，叶喷	提高幼苗质量，增强抗寒性，丰产稳产
	100~300 mg/L（陈雪峰等，2013）	苗期，叶喷	提高幼苗的抗旱性
香蕉（周玉萍等，2002）	15~30 mg/L	苗期，叶喷	提高香蕉的抗寒能力
橡胶（蔡世英等，1992）	200 μg/ml	涂抹于叶片正反面	增强橡胶的抗冷性
辣椒	500~2000 μg/g（陈文超等，2011）	幼苗3叶1心期，叶喷	增强辣椒植株的抗寒性
	100 mg/L（李石开等，2012）	浸种12 h	提高干旱胁迫下的辣椒幼苗的存活率，提高辣椒的抗旱性

续表

作物	处理浓度	处理方式	效果
柑橘 (叶明儿等，1999)	750~1000 mg/L	花蕾露白期，树冠叶喷	提高柑橘的耐旱能力
花生	100~200 mg/kg (陈玉珍等，1994)	5~6叶期，叶喷	提高花生幼苗的抗旱性
	200~1000 mg/L，药剂量750 kg/hm² (黄辉等，2018)	营养生长末期，叶喷	提高产量和品质，提高抗渍涝的能力

应用注意事项

（1）避免和二甲四氯混用，会导致药害发生。

（2）多效唑使用量不可过大，三年一次土肥，一年一次喷洒，使用次数要控制。

（二十三）烯效唑

烯效唑为广谱性唑类植物生长调节剂，赤霉素合成抑制剂。常用剂型为0.05%液剂和5%可湿性粉剂。烯效唑具有矮化植株、防止倒伏、提高叶绿素含量的作用。烯效唑用量小、活性强，10～30 mg/L浓度就有良好抑制作用，且不会使植株畸形，持效期长，对人畜安全。烯效唑在缓解经济作物农业气象灾害伤害方面也有广泛的应用，相关的应用技术如表4-18所示。

表4-18　烯效唑缓解经济作物农业气象灾害伤害的应用技术

作物	处理浓度	处理方式	效果
油菜 (杨建新等，1994)	0.05 μg/ml	浸种18 h	促进种子萌发，提高抗寒性
大豆	50 mg/L (王新欣，2020)	始花期（R1期），叶喷	缓解低温胁迫对大豆造成的损伤，提高产量
	50 mg/L (刘春娟等，2016)	第3节期（V3期），叶喷，每667 m²喷液量15 L	提高大豆抗旱性
	0.4 mg/L (梁晓艳，2019)	浸种10 h	提高抗旱性
	2 mg/kg烯效唑与多菌灵按1:1混合而成(雍太文等，2013)	种衣剂包衣	提高大豆单株籽粒产量，提高抗旱性
	6 mg/kg (雍太文等，2013)	烯效唑干拌种	提高大豆单株籽粒蛋白质产量和粗脂肪产量，提高抗旱性
	50 mg/L，喷施量为225 L/hm² (王诗雅，2021)	鼓粒期（R5期），叶喷	提高大豆产量，增强耐涝性

应用注意事项

（1）由于烯效唑具有一定的毒性，所以避免与食物、种子、饲料混放。

（2）在储存时应放在阴冷干燥的地方，在运输时注意防晒、防潮。

（3）应先实验后使用，严格按照说明书使用。

（4）浸种时，破胸或长芽的劣质种子不宜使用烯效唑。

（5）浸种后，及时对种子催芽，等齐苗后再播种，才能保证出苗。

（6）由于药效较强，所以部分作物在幼苗期不宜使用。

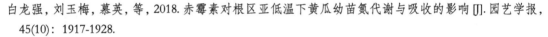

本章主要参考文献

白龙强，刘玉梅，慕英，等，2018.赤霉素对根区亚低温下黄瓜幼苗氮代谢与吸收的影响 [J].园艺学报，45(10)：1917-1928.

蔡世英，周倩苹，潘秋红，1992.多效唑对离体橡胶叶片抗冷效应的研究 [J].热带作物学报 (2)：15-21.

常博文，钟鹏，刘杰，等，2019.低温胁迫和赤霉素对花生种子萌发和幼苗生理响应的影响 [J].作物学报，45(1)：118-130.

常云霞，徐克东，陈璨，等，2012.水杨酸对低温胁迫下大豆幼苗生长抑制的缓解效应 [J].大豆科学，31(6)：927-931.

常云霞，徐克东，陈璨，等，2013.水杨酸对低温胁迫下黄瓜幼苗叶片抗寒生理指标的影响 [J].北方园艺 (12)：1-4.

陈凤琼，陈秋森，刘汉林，等，2022.不同外源试剂对菜用大豆低温胁迫的调控效应 [J].大豆科学，41(2)：165-171.

陈文超，杨博智，周书栋，等，2011.3 种诱导剂对辣椒幼苗抗寒性的影响 [J].湖南农业大学学报（自然科学版），37(4)：396-399.

陈雪峰，唐章林，王丹丹，等，2013.多效唑 (PP333) 对甘蓝型油菜幼苗抗旱性的影响 [J].西南大学学报（自然科学版），35(1)：23-28.

陈艳丽，范飞，王旭，等，2014.DA-6 对高温胁迫下黄灯笼辣椒幼苗的影响 [J].热带作物学报，35(9)：1795-1801.

陈玉珍，张高英，1994.多效唑对花生动苗抗旱性的影响 [J].花生科技 (4)：11-12.

方仁，龙兴，邓彪，等，2014.脱落酸对低温胁迫后香蕉幼苗恢复生长的影响 [J].湖北农业科学，53(20)：4.

代海芳，王素芳，汤菊香，2010.水杨酸和氯化钙处理对干旱胁迫下大豆种子萌发的影响 [C]//.河南省植物生理学会三十周年庆典暨学术研讨会论文集：114-117.

邓娇燕，2019.1- 甲基环丙烯 (1-MCP) 缓解黄瓜和辣椒高温伤害的研究 [D].北京：中国农业科学院.

邓锐杨，2020.EBR 和 DA-6 对设施冬草莓生长发育及果实品质的影响 [D].雅安：四川农业大学.

邱锐，杨春燕，2016.干旱胁迫下极细链格孢激活蛋白对大豆幼苗形态、叶片含水量、细胞质膜相对透性和抗氧化酶的影响 [J].华北农学报，31(S1)：213-218.

董丽红，2011.6- 苄氨基嘌呤——植物生长调节剂 [J].化学教学 (3)：66-67.

樊国华，金芳，2008. 壳聚糖和水杨酸对低温胁迫下草莓抗寒性的影响 [J]. 甘肃农业大学学报 (2)：83-86.

范飞，李绍鹏，高新生，等，2013. DA-6 缓解茄子幼苗高温胁迫研究初探 [J]. 广东农业科学，40(10)：35-39.

范思静，王亚男，2022. 外源水杨酸诱导油菜幼苗响应干旱胁迫的生理机制 [J]. 安徽农业科学，50(1)：30-32.

房增国，赵秀芬，高祖明，2005. 多效唑提高植物抗逆性的研究进展 [J]. 中国农业科技导报 (4)：9-12.

甘小虎，何从亮，阎庆久，等，2012. 矮壮素、多效唑对高温季节黄瓜育苗的影响 [J]. 蔬菜 (7)：64-66.

高波，邵永春，徐坤，等，2007. 外源水杨酸对草莓抗冷性的影响 [J]. 青岛农业大学学报（自然科学版）(2)：81-85.

高青海，王亚坤，陆晓民，等，2014. 低温弱光下外源褪黑素对黄瓜幼苗生长及抗氧化系统的影响 [J]. 西北植物学报，34(8)：1608-1613.

葛欣，2021. DA-6 和褪黑素对大豆幼苗生长的影响 [D]. 大庆：黑龙江八一农垦大学 .

关朋霄，2020. DA-6 提高番茄幼苗低夜温抗性途径的研究 [D]. 沈阳：沈阳农业大学 .

郭泳，2013. 水杨酸对番茄幼苗抗高温胁迫能力的影响 [J]. 北方园艺 (8)：42-44.

郝敬虹，易旸，尚庆茂，等，2012. 干旱胁迫下外源水杨酸对黄瓜幼苗膜脂过氧化和光合特性的影响 [J]. 应用生态学报，23(3)：717-723.

何洪良，2019. 不同抗旱剂浸种对甘蔗"健康种子"抗旱性的影响 [D]. 南宁：广西大学 .

黄斌，李文科，李梦露，等，2021. 24- 表油菜素内酯对低温下黄瓜种子萌发和幼苗低温抗性的影响 [J]. 中国蔬菜 (12)：59-66.

黄斌，李文科，孙敏涛，等，2022. 复硝酚钠对低温下黄瓜种子萌发和幼苗耐寒性的影响 [J]. 核农学报，36(4)：845-855.

黄辉，刘登望，李林，等，2018. 渍涝胁迫后喷施植物生长调节剂对花生生长及产量品质的影响 [J]. 湖南农业大学学报（自然科学版），44(2)：124-129.

金毅，郑浩宇，金喜军，等，2016. 外源 ABA、SA 及 JA 对干旱胁迫及复水下大豆生长的影响 [J]. 大豆科学，35(6)：958-963.

坎平，王莎莎，马文广，等，2014. 赤霉素引发同时提高烟草种子及幼苗抗旱性和抗冷性 [J]. 种子，33(2)：30-34，38.

康国章，欧志英，王正询，等，2003. 水杨酸诱导提高香蕉幼苗耐寒性的机制研究 [J]. 园艺学报 (2)：141-146.

李长宁，Manoj K S，农倩，等，2010. 水分胁迫下外源 ABA 提高甘蔗抗旱性的作用机制 [J]. 作物学报，36(5)：863-870.

李贺，2021. 褪黑素对大豆苗期低温胁迫抗性的调控作用 [D]. 大庆：黑龙江八一农垦大学 .

李宏彬，黄建昌，胡芸，等，2001. 利用矮壮素提高龙眼苗期抗旱性的研究 [J]. 仲恺农业技术学院学报 (4)：28-32.

李慧琳，2013. 氯化胆碱对油菜苗期及蕾薹期干旱胁迫的缓解效应 [D]. 南京：南京农业大学 .

李杰，杨萍，颉建明，等，2015. 2,4- 表油菜素内酯对低温胁迫下辣椒幼苗根系生长及抗氧化酶系统的影响 [J]. 核农学报，29(5)：1001-1008.

李进，2021. 矮壮素对小白菜高温半致死温度及耐热性的影响 [J]. 中国瓜菜，34(1)：69-71.

李静，蒋舒蕊，赵威，等，2022. 外源萘乙酸对高温胁迫下番茄种子萌发的影响 [J]. 长江蔬菜 (12)：55-57.

李玲，肖浪涛，谭伟明，2018. 现代植物生长调节剂技术手册 [D]. 北京：化学工业出版社.

李石开，陶婧，桂敏，等，2012. 氯化钙和多效唑浸种对干制辣椒种子发芽及幼苗抗旱性的影响 [J]. 西南农业学报，25(5)：1786-1789.

李天来，李淼，李益清，等，2009. CaCl₂ 和水杨酸对昼间亚高温胁迫下番茄叶片光合作用的影响 [J]. 西北农业学报，18(4)：284-289.

李震，2010. 甘蓝型油菜品种耐旱性鉴定筛选及赤霉素诱导耐旱性评价 [D]. 北京：中国农业科学院.

梁建秋，2009. 三种生长调节剂对甘蓝型油菜抗湿性影响的比较研究 [D]. 重庆：西南大学.

梁强，2008. 两种化学物质对干旱胁迫下甘蔗苗期生长的影响 [D]. 南宁：广西大学.

梁晓艳，2019. 烯效唑对干旱胁迫下苗期大豆根系的调控 [D]. 大庆：黑龙江八一农垦大学.

梁煜周，何若天，1998. 氯化胆碱对冷胁迫下的烟草幼苗的保护性效应 [J]. 广西农业大学学报 (3)：227-232.

刘春娟，宋双伟，冯乃杰，等，2016. 干旱胁迫及复水条件下烯效唑对大豆幼苗形态和生理特性的影响 [J]. 干旱地区农业研究，34(6)：222-227，256.

刘德帅，姚磊，徐伟荣，等，2022. 褪黑素参与植物抗逆功能研究进展 [J]. 植物学报，57(1)：111-126.

刘凯歌，2015. 外源 6-BA 对甜椒幼苗高温伤害的缓解效应 [D]. 南京：南京农业大学.

刘玲，2001. 夏秋黄瓜喷施乙烯利可增产 [J]. 农民致富之友 (7)：11.

刘美玲，2021. 干旱胁迫下吲哚丁酸钾对大豆苗期生长的调控效应 [D]. 大庆：黑龙江八一农垦大学.

刘晓静，郭凌飞，李鸣，等，2011. 水杨酸对低温胁迫下甘蔗苗期抗寒性的效应 [J]. 中国农学通报，27(5)：265-268.

刘艳菊，周丽霞，曹红星，2020. 低温胁迫下不同浓度 ABA 对 4 个油棕新品种幼苗生理特性的影响 [J]. 热带作物学报，41(6)：1124-1131.

卢城，官青涛，陶雨佳，等，2021. 盛花期高温对大豆结荚及产量的影响 [J]. 大豆科学，40(4)：504-509，516.

罗丹瑜，张小花，李巧丽，等，2020. α- 萘乙酸对低温胁迫下油菜幼苗抗寒性的影响 [J]. 生态学杂志，39(1)：99-109.

罗丹瑜，2018. α- 萘乙酸调控油菜抗寒性的生理及分子机制研究 [D]. 兰州：西北师范大学.

吕桂兰，王庆祥，1999. 在低温条件下赤霉素和激动素对大豆种子萌发的影响 [J]. 辽宁农业科学 (4)：11-13.

毛秀杰，孙中峰，2000. 叶面喷施矮壮素 (CCC) 对厚皮甜瓜幼苗抗寒性的影响 [J]. 辽宁农业职业技术学院学报 (4)：13-15.

孟莹，2016. 脱落酸在 2,4- 表油菜素内酯缓解葡萄幼苗水分胁迫下生理效应中的作用研究 [D]. 杨凌：西北农林科技大学.

莫萍丽，2003. 干旱胁迫下叶面喷施乙烯利和水杨酸对提高甘蔗抗旱性的效应 [D]. 南宁：广西大学.

牛远，李玲芬，杨修艳，等，2020. 氯化胆碱和海藻糖对油菜蕾薹期干旱胁迫的缓解效应研究和耐旱指标筛选 [J]. 核农学报，34(4)：860-869.

潘明君，尹永强，沈方科，等，2016. 调环酸钙对低温胁迫下烟草幼苗生理指标的影响 [J]. 西南农业学报，29(2)：288-293.

仇胜囡，2020. 褪黑素对日光温室黄瓜低温胁迫的缓解效应 [D]. 泰安：山东农业大学.

秦彬，张明聪，何松榆，等，2020. 褪黑素浸种对大豆种子萌发过程中干旱胁迫的缓解效应 [J]. 干旱地区农业研究，38(2)：192-198.

屈春媛，张玉先，金喜军，等，2017. 干旱胁迫下外源 ABA 对鼓粒期大豆产量及氮代谢关键酶活性的影响 [J]. 中国农学通报，33(34)：26-31.

曲亚英，郁继华，陶兴林，等，2006. S3307 和 IBA+NAA 浸种对低温胁迫下甜椒幼苗抗冷性的影响 [J]. 甘肃农业大学学报 (4)：52-55.

申杰，刘美艳，王景景，等，2012. 6-BA 浸种提高黄瓜幼苗耐涝性的研究 [J]. 北方园艺 (1)：18-20.

盛瑞艳，李鹏民，薛国希，等，2006. 氯化胆碱对低温弱光下黄瓜幼苗叶片细胞膜和光合机构的保护作用 [J]. 植物生理与分子生物学学报 (1)：87-93.

施晓明，李淑芹，许景钢，等，2009. 干旱胁迫下 DA-6 浸种对大豆苗期叶片保护酶活性的影响 [J]. 东北农业大学学报，40(9)：48-51.

史中飞，梁娟红，张小花，等，2019. 外源褪黑素对低温胁迫下油菜幼苗抗寒性的影响 [J]. 干旱地区农业研究，37(4)：163-170.

孙军利，赵宝龙，郁松林，2015. SA 对高温胁迫下葡萄幼苗 AsA-GSH 循环的影响 [J]. 核农学报，29(4)：799-804.

覃伟，王邕，何若天，1998. 温度下降期间香蕉组培苗膜保护酶活性的变化及氯化胆碱对其影响 [J]. 广西农业大学学报 (3)：271-276.

谭秋平，李玲，李冬梅，等，2012. 氯化胆碱对低温胁迫下油桃叶片膜系统的稳定作用 [J]. 山东农业大学学报 (自然科学版)，43(4)：491-496.

陶霞，李慧琳，万林，等，2015. 叶面喷施吲哚乙酸对油菜蕾薹期渍水的缓解效应 [J]. 中国油料作物学报，37(1)：55-61.

滕峥，2013. 甲基环丙烯对甘蔗苗期抗旱性影响的研究 [D]. 南宁：广西大学.

万继锋，李娟，杨为海，等，2018. 外源调节物质对柑橘果实高温胁迫的抗氧化效应 [J]. 热带作物学报，39(8)：1548-1552.

万群，2016. 芸苔素内酯对低温胁迫下樱桃五彩椒种子萌发及幼苗抗逆性的影响 [J]. 北方园艺 (13)：13-17.

王冠玉，何姗姗，经艳，等，2017. 甲基环丙烯对甘蔗苗期叶片抗氧化酶活性影响的初步研究 [J]. 福建农林大学学报 (自然科学版)，46(1)：9-14.

王娟，2014. 干旱条件下外源 ABA 提高烟草幼苗抗旱性的作用机制 [D]. 哈尔滨：东北林业大学.

王利军，李家承，刘允芬，等，2003. 高温干旱胁迫下水杨酸和钙对柑橘光合作用和叶绿素荧光的影响 [J]. 中国农学通报 (6)：185-189.

王孟文，张会元，1995. 乙烯利在番茄育苗上的应用 [J]. 天津农林科技 (2)：3-4.

王启燕，韩德元，张姝丽，1994. 矮壮素对番茄幼苗抗寒性的作用机制 [J]. 北京农业科学 (3)：21-23.

王诗雅，2021. 初花期淹水胁迫下烯效唑对大豆碳代谢和产量的缓解效应 [D]. 大庆：黑龙江八一农垦大学.

王威豪，叶燕萍，罗永明，等，2008. 水分胁迫下乙烯利浸种对甘蔗苗期光合性状和分蘖的影响 [J]. 作物杂志 (1): 50-54.

王文举，王振平，陈文娟，2009. 对氯苯氧乙酸对红地球葡萄低温霜害的影响 [J]. 北方园艺 (2): 90-91.

王文举，王振平，平吉成，等，2005. 乙烯利对赤霞珠葡萄几种抗寒性指标的影响 [J]. 中外葡萄与葡萄酒 (5): 14-15.

王小乐，2014. 干旱胁迫下乙烯利和甲基环丙烯对甘蔗苗期生理生化特性影响的初步研究 [D]. 兰州: 甘肃农业大学.

王新欣，2020. 烯效唑对始花期大豆低温胁迫的调控效应 [D]. 大庆: 黑龙江八一农垦大学.

王学芳，张忠鑫，郑磊，等，2021. 多效唑、烯效唑对油菜'秦优 1618'苗期特性和抗寒性的影响 [J]. 中国农学通报，37(36): 36-40.

韦弟，李杨瑞，邱南南，等，2009. 乙烯利提高香蕉幼苗抗寒性的生理效应 [J]. 热带作物学报，30(10): 1447-1451.

吴佳宝，2012. 植物生长调节剂对花生渍涝胁迫的调控效应 [D]. 长沙: 湖南农业大学.

吴凯朝，叶燕萍，李杨瑞，等，2004. 喷施乙烯利对甘蔗群体冠层结构及一些抗旱性生理指标的影响 [J]. 西南农业学报 (6): 724-729.

项洪涛，李琬，郑殿峰，等，2020. 外源 ABA 对低温胁迫下小豆幼苗生理及产量的影响 [J]. 干旱地区农业研究，38(6): 52-60.

谢云灿，2017. 外源油菜素内酯对大豆高温胁迫的缓解效应及其生理机制 [D]. 南京: 南京农业大学.

邢兴华，2014. α- 萘乙酸缓解大豆花期逐渐干旱胁迫的生理机制 [D]. 南京: 南京农业大学.

徐晓昀，郁继华，颉建明，等，2016. 水杨酸和油菜素内酯对低温胁迫下黄瓜幼苗光合作用的影响 [J]. 应用生态学报，27(9): 3009-3015.

许耀照，曾秀存，2016. 水杨酸对高温胁迫下黄瓜幼苗光合特性和过氧化物酶活性的影响 [J]. 安徽农业科学，44(13): 47-50.

禤维言，冯斗，裴润梅，2000. 三十烷醇对甘蔗种苗萌发和幼苗生长的影响 [J]. 广西热作科技 (4): 1-3.

闫小红，胡文海，曾守鑫，等，2012. 低温胁迫下 24- 表油菜素内酯对辣椒种子萌发及幼苗生长的影响 [J]. 华中农业大学学报，31(5): 563-568.

杨建新，胡义文，杨大旗，1994. 烯效唑 (S-3307) 对油菜幼苗抗寒性的生理效应 [J]. 西南农业大学学报 (3): 256-258.

杨青华，2000. 作物化学调控原理与技术 [M]. 北京: 中国农业科技出版社.

杨若鹏，毕红才，李杰，2018. 水杨酸对黄瓜种子萌发及干旱胁迫下幼苗生长的影响 [J]. 北方园艺 (6): 23-29.

杨万基，蒋欣梅，高欢，等，2018. 28- 高芸苔素内酯对低温弱光胁迫辣椒幼苗光合和荧光特性的影响 [J]. 南方农业学报，49(4): 741-747.

叶明儿，李三玉，1999. 多效唑对温州蜜柑耐旱性及水分生理指标的影响 [J]. 浙江农业学报 (2): 19-21.

叶燕萍，李杨瑞，罗霆，等，2005. 乙烯利浸种对甘蔗抗旱性的影响 [J]. 中国农学通报 (6): 387-389.

阴星望，杜瑞卿，杨建伟，等，2018. 抗旱剂对三樱椒幼苗抗旱力的影响 [J]. 江苏农业科学，46(16): 122-127.

银珊珊，周国彦，顾博文，等，2022. 褪黑素引发对干旱胁迫下黄瓜幼苗生理特性的影响 [J]. 中国农学通报，38(19)：30-36.

雍太文，刘小明，肖秀喜，等，2013. 不同种子处理对苗期干旱胁迫条件下大豆农艺性状、产量及品质的影响 [J]. 大豆科学，32(5)：620-624.

游莺，汪天，2013. 多效唑作用及应用研究进展（综述）[J]. 亚热带植物科学，42(4)：361-366.

于俊红，彭智平，杨少海，等，2009. DA-6 对干旱胁迫下花生理及生长指标的影响 [J]. 干旱地区农业研究，27(1)：168-172.

于奇，曹亮，金喜军，等，2019. 低温胁迫下褪黑素对大豆种子萌发的影响 [J]. 大豆科学，38(1)：56-62.

袁凤英，李秀芹，朱孔杰，2015. 激动素应用研究进展 [J]. 广州化工，43(23)：45-46，72.

张睿佳，李瑛，虞秀明，等，2015. 高温胁迫与外源油菜素内酯对'巨峰'葡萄叶片光合生理和果实品质的影响 [J]. 果树学报，32(4)：590-596.

张秀玲，孙颖，孟岩，等，2022. 干旱胁迫下外源水杨酸对野生大豆生理特性的影响 [J]. 中国野生植物资源，41(1)：9-12，19.

张永福，王定康，蒋淑萍，等，2018. 水涝胁迫下烟草对水杨酸和硝普钠的生理响应 [J]. 云南农业大学学报（自然科学），33(4)：624-631.

张永平，杨少军，陈幼源，2011. 2,4-表油菜素内酯对高温胁迫下甜瓜幼苗抗氧化酶活性和光合作用的影响 [J]. 西北植物学报，31(7)：1347-1354.

张智，张耀文，任军荣，等，2013. 多效唑处理后油菜苗在低温胁迫下的光合及生理特性 [J]. 西北农业学报，22(10)：103-107.

赵娜，孙艳，王德玉，等，2012. 外源褪黑素对高温胁迫条件下黄瓜幼苗氮代谢的影响 [J]. 植物生理学报，48(6)：557-564.

仲晓君，李强，周喜新，等，2017. 3 种外源植物生长调节剂对干旱胁迫下烟草生理的影响 [J]. 安徽农业大学学报，44(6)：1139-1143.

周碧燕，李宇彬，陈杰忠，等，2002. 低温胁迫和喷施 ABA 对荔枝内源激素和成花的影响 [J]. 园艺学报 (6)：577-578.

周桂，李杨瑞，杨丽涛，等，2009. 乙烯利对聚乙二醇胁迫下甘蔗叶类黄酮及相关酶活性的影响 [J]. 华中农业大学学报，28(4)：404-408.

周艳丽，李金英，王秋月，等，2010. 高温胁迫下水杨酸对黄瓜幼苗生理特性的影响 [J]. 北方园艺 (24)：44-46.

周永海，杨丽萍，马荣雪，等，2020. 外源褪黑素对高温胁迫下甜瓜幼苗抗氧化特性及其相关基因表达的影响 [J]. 西北农业学报，29(5)：745-751.

周玉萍，郑燕玲，田长恩，等，2002. 脱落酸、多效唑和油菜素内酯对低温期间香蕉过氧化物酶和电导率的影响 [J]. 广西植物 (5)：444-448.

邹京南，2019. 外源褪黑素对干旱胁迫下大豆光合及生长的影响 [D]. 大庆：黑龙江八一农垦大学.

BAWA G, FENG L, SHI J, et al., 2020. Evidence that melatonin promotes soybean seedlings growth from low-temperature stress by mediating plant mineral elements and genes involved in the antioxidant pathway[J]. Functional Plant Biology, 47: 815-824.

CAMPOS C N, ÁVILA R G, SOUZA K R D, et al., 2019. Melatonin reduces oxidative stress and promotes drought tolerance in young *Coffea arabica* L. plants[J]. Agricultural Water Management, 211: 37-47.

HEIDARI P, ENTAZARI M, EBRAHIMI A, et al., 2021. Exogenous EBR ameliorates endogenous hormone contents in tomato species under low-temperature stress[J]. Horticulturae, 7: 84.

HUANG X, CHEN MH, YANG LT, et al., 2015. Effects of exogenous abscisic acid on cell membrane and endogenous hormone contents in leaves of sugarcane seedlings under cold stress[J]. Sugar Tech, 17: 59-64.

IMRAN M, KHAN M A, SHAHZAD R, et al., 2021. Melatonin Ameliorates Thermotolerance in Soybean Seedling through Balancing Redox Homeostasis and Modulating Antioxidant Defense, Phytohormones and Polyamines Biosynthesis[J]. Molecules (Basel, Switzerland), 26(17): 5116.

LIANG B, MA C, ZHANG Z, et al., 2018. Long-term exogenous application of melatonin improves nutrient uptake fluxes in apple plants under moderate drought stress[J]. Environmental and Experimental Botany, 155: 650-661.

LI H, CHANG J, ZHENG J, et al., 2017. Local melatonin application induces cold tolerance in distant organs of *Citrullus lanatus* L. via long distance transport[J]. Scientific reports, 7: 1-15.

LI J, ARKORFUL E, CHENG S, et al., 2018. Alleviation of cold damage by exogenous application of melatonin in vegetatively propagated tea plant (*Camellia sinensis* (L.) O. Kuntze) [J]. Scientia Horticulturae, 238: 356-362.

SHRESTHA G K, 孙树侠, 1982. 乙烯利对荔枝裂果的影响 [J]. 国外农学（果树）(2): 47.

WATKINS C B, 2006. The use of 1-methylcyclopropene (1-MCP) on fruits and vegetables[J]. Biotechnology Advances, 24(4): 389-409.

WU X, DING H, CHEN J, et al., 2015. Exogenous spray application of 24-epibrassinolide induced changes in photosynthesis and anti-oxidant defences against chilling stress in eggplant (*Solanum melongena* L.) seedlings[J]. The Journal of Horticultural Science and Biotechnology, 90: 217-225.

ZHANG Y, XU S, YANG S, et al., 2017. Melatonin alleviates cold-induced oxidative damage by regulation of ascorbate – glutathione and proline metabolism in melon seedlings (*Cucumis melo* L.) [J]. The Journal of Horticultural Science and Biotechnology, 92: 313-324.

ZHOU L, XU H, MISCHKE S, et al., 2014. Exogenous abscisic acid significantly affects proteome in tea plant (*Camellia sinensis*) exposed to drought stress[J]. Horticulture Research, 1(1): 9.

ZHU G, 2011. Effects of chitosan and salicylic acid on cold resistance of litchi under low temperature[J]. Agricultural Science & Technology, 12(1): 26-29, 32.

第五章

主要经济作物
抗灾减灾调节剂制剂应用案例

第一节　缓解高温胁迫对经济作物伤害的减灾调节剂制剂应用案例

一、缓解大豆高温胁迫

（一）2, 4- 表油菜素内酯缓解大豆高温胁迫

谢云灿（2017）通过盆栽试验探究外源喷施 2,4- 表油菜素内酯对花荚期大豆高温胁迫的缓解效应。试验以大豆品种南农 99-6 为试验材料，在花后 7 d 喷施 2, 4- 表油菜素内酯（0.25 μmol/L），花后 11 d 搬进人工气候室进行为期 4 d 的高温胁迫。分别在花后 11 d、15 d、19 d（恢复常温后 4 d）、27 d（恢复常温后 12 d）取样，以探究外源 2, 4- 表油菜素内酯对常温及高温胁迫下大豆生物量及产量的影响。试验分 4 个处理，分别是正常对照（喷施蒸馏水，CK），高温处理（喷施蒸馏水且高温胁迫，H），2,4- 表油菜素内酯预喷后高温处理（EBR 喷施，EH）和 2,4- 表油菜素内酯预喷后常温处理（EBR 喷施，EC）。结果表明外源 2, 4- 表油菜素内酯显著提高了常温和高温胁迫大豆干物质积累量，并增加了百粒重和单株产量（表 5-1）。

表 5-1　叶面喷施 EBR 对高温胁迫下大豆产量及其构成因素的影响

处理	单株荚数 / 个	单株粒数 / 个	百粒重 / g	单株产量 / g
CK	25.1 c	63.2 b	25.0 a	15.8 b
H	19.8 b	32.4 d	16.9 c	5.5 d
EC	32.7 a	80.4 a	25.4 a	20.4 a
EH	27.1 b	57.1 c	21.0 b	11.9 c

（二）褪黑素（MT）缓解大豆高温胁迫

Imran 等（2021）研究了外源 MT 对高温胁迫下大豆生长的影响。他们在大豆第一复叶完全出土时，选择发芽均匀的幼苗进行移栽。移栽 5 d 后，用 30 mL 100 mol MT 预处理大豆植株（灌根），每天处理两次，持续 6 d。幼苗生长到 V2 期时，将植株暴露于 42 ℃ 的热胁迫条件下，处理 3 d。结果表明在热胁迫 3 d 后，大豆地上部长度、根长、鲜重和干重分别比正常温度降低了 16.56%、7.64%、33.33% 和 43.33%；与高温胁迫（HS）对照相比，高温胁迫下 MT 处理（MT/SH）大豆地上部长度、根长、鲜重和干重分别增加 16.03%、6.02%、42.86% 和 47.06%。具体试验结果见表 5-2、图 5-1 和图 5-2。

表 5-2 高温胁迫 3 d 和 7 d 后施加褪黑素对大豆生长特性的影响

处理	地上部长度 / cm	根长 / cm	鲜重 / g	干重 / g
3 d				
对照	15.70±0.30 b	14.40±0.30 b	2.10±0.10 b	1.80±0.10 b
MT	17.20±0.50 a	16.70±0.60 a	2.80±0.10 a	2.10±0.06 a
HS	13.10±0.60 c	13.30±0.50 c	1.40±0.06 c	1.02±0.10 d
MT/SH	15.20±0.20 b	14.10±0.40 b	2.00±0.09 b	1.50±0.10 c
7 d				
对照	18.20±0.20 ab	17.60±0.20 b	2.90±0.06 b	2.20±0.20 b
MT	19.80±0.50 a	21.70±0.60 a	3.40±0.10 a	2.70±0.05 a
HS	14.40±0.20 c	14.10±0.30 c	1.70±0.09 d	1.10±0.03 d
MT/SH	16.80±0.20 b	16.90±0.30 b	2.20±0.08 c	1.70±0.08 c

图 5-1 褪黑素对高温胁迫 3 d 后大豆植株生长属性的影响

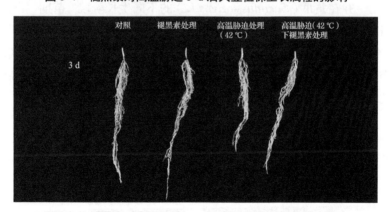

图 5-2 褪黑素对高温胁迫 3 d 后大豆根系生长属性的影响

二、缓解黄瓜高温胁迫

(一)多效唑(PBZ)缓解黄瓜高温胁迫

Baninasab 等（2011）通过叶喷和浸种两种方式研究 PBZ 对黄瓜幼苗高温胁迫的缓解

效应。在室温（23±2）℃条件下，第一组试验采用浸种方式，分别用 0 mg/L、25 mg/L、50 mg/L 和 75 mg/L 的 PBZ（每个浓度 20 粒种子）浸种 24 h，洗净后立即播种。第二组试验采用叶喷方式，在温室（23±2）℃条件下用蒸馏水浸种。当幼苗长出两片真叶时（播种后 35 d），喷洒 0 mg/L（对照）、25 mg/L、50 mg/L 或 75 mg/L 的 PBZ。将两种方式处理的（即种子浸种处理后 5 周，叶喷 PBZ 后 1 周）所有幼苗转移到 40 ℃的生长室内。研究发现，PBZ 改善了高温胁迫下黄瓜幼苗的形态参数（例如，地上部和根部鲜重和干重），提高了黄瓜幼苗在高温胁迫下的物质积累（表 5-3）。

表 5-3　PBZ 对高温胁迫下黄瓜幼苗鲜重和干重的影响

处理方式	PBZ /(mg/L)	地上部鲜重 / mg	地上部干重 / mg	根鲜重 / mg	根干重 / mg
浸种	0	4 353 e	337 e	420 g	33 f
	25	7 846 bc	623 bc	751 c	60 c
	50	8 516 a	682 a	969 a	75 a
	75	7 946 b	633 b	881 b	69 b
叶喷	0	4 754 e	357 e	405 g	32 f
	25	6 559 d	521	631 f	50 e
	50	6 227 d	506 d	682 e	53 d
	75	7 464 c	595 c	715 d	53 d

（二）调节剂混合物缓解黄瓜高温胁迫

腐胺（Put）、褪黑素（MT）、脯氨酸（Pro）和黄腐酸钾（MFA）被广泛用于增强植物的抗逆性方面。Wang 等（2022）将 Put 与 MT、Pro 和 MFA（以下简称 Put 混合物）以不同浓度混合，并在黄瓜（*Cucumis sativus* L.）的不同生长阶段（苗期、开花期和结果期）喷洒叶片，研究它们在高温胁迫下对植物生长、果实产量和品质的作用。研究发现，叶面施用 Put 混合物促进了黄瓜的生长。与对照相比，Put 混合物处理的黄瓜果实畸形率较低，产量较高。表明 Put 与 MT、Pro 和 MFA 混合物处理显著减轻了黄瓜幼苗高温胁迫的负面效应。具体试验结果见表 5-4、图 5-3 和图 5-4。

表 5-4　调节剂混合物的使用方法

处理	Put /(mmol/L)	MFA /(g/L)	Pro /(mmol/L)	MT /(μmol/L)	喷施间隔 / d	喷施时期
CK	—	—	—	—		
S-1	8.0	0.30	1.50	50	7	苗期
S-2	1.6	0.06	0.30	10	7	苗期
S-3	0.8	0.03	0.15	5	7	苗期
Fl-1	8.0	0.30	1.50	50	7	花期
Fl-2	1.6	0.06	0.30	10	7	花期
Fl-3	0.8	0.03	0.15	5	7	花期

处理	Put /(mmol/L)	MFA /(g/L)	Pro /(mmol/L)	MT /(μmol/L)	喷施间隔 / d	喷施时期
Fl-4	8.0	0.30	1.50	50	14	花期
Fl-5	1.6	0.06	0.30	10	14	花期
Fl-6	0.8	0.03	0.15	5	14	花期
Fr-1	8.0	0.30	1.50	50	7	结果期
Fr-2	1.6	0.06	0.30	10	7	结果期
Fr-3	0.8	0.03	0.15	5	7	结果期
Fr-4	8.0	0.30	1.50	50	14	结果期
Fr-5	1.6	0.06	0.30	10	14	结果期
Fr-6	0.8	0.03	0.15	5	14	结果期

注：CK 为对照，S、Fl 和 Fr 分别表示黄瓜植株在幼苗期、开花期和结果期进行 Put 混合物处理。1、2和 3 分别表示黄瓜植株用原液、稀释 5 倍和稀释 10 倍浓度的 Put 混合液处理，每 7 d 一次，共处理 3 次。4、5、6 表示黄瓜植株分别用原液、稀释 5 倍和稀释 10 倍浓度的 Put 混合液处理，每 14 d 一次，共处理 3 次。图 5-3、图 5-4 代号含义与此标注相同。

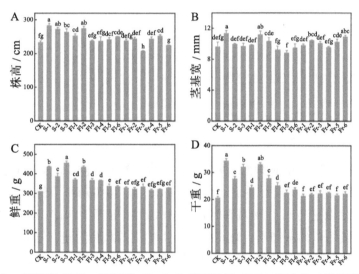

图 5-3 腐胺（Put）、褪黑素（MT）、脯氨酸（Pro）和黄腐酸钾（MFA）混合物对黄瓜植株形态特征的影响

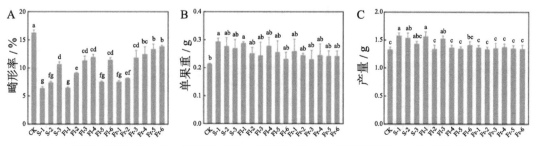

图 5-4 腐胺（Put）、褪黑素（MT）、脯氨酸（Pro）和黄腐酸钾（MFA）混合物
对黄瓜果实畸形率和产量的影响

三、缓解茄子高温胁迫

2,4- 表油菜素内酯（EBR）缓解茄子高温胁迫

Wu 等（2014）研究了 2,4- 表油菜素内酯对茄子高温胁迫的缓解效应。2,4- 表油菜素内酯处理和高温处理始于茄子幼苗的第 5 真叶期，约 6 周龄。将植物分为常温处理（28 ℃ /22 ℃）和高温（43 ℃ /38 ℃）处理两组，两组材料除温度设定不同外，其他环境条件相同。所有处理记为：①常温，②高温，③高温 +0.05 μmol/L EBR，④高温 +0.1 μmol/L EBR，⑤高温 +0.2 μmol/L EBR，⑥高温 +0.4 μmol/L EBR。每个处理均喷洒 50 mL 的溶液，高温处理持续 8 d。研究发现，高温显著抑制了植株的生长。不同浓度调节剂处理植株的地上部和根系生长状态均优于高温胁迫处理（表 5-5）。

表 5-5　2,4- 表油菜素内酯（EBR）对高温胁迫下茄子植株形态的影响

处理组	株高 / cm	茎粗 / cm	地上部鲜重 / g	根鲜重 / g
对照	14.240±0.713 a	0.312±0.011 a	2.812±0.072 a	0.993±0.095 a
高温	10.320±0.536 d	0.202±0.008 e	1.087±0.020 d	0.421±0.032 d
高温 + 0.05 μmol/L EBR	12.120±0.383 c	0.224±0.019 d	1.207±0.012 c	0.509±0.019 c
高温 + 0.1 μmol/L EBR	13.020±0.295 b	0.288±0.008 b	1.688±0.026 b	0.604±0.037 b
高温 + 0.2μmol/L EBR	11.560±0.378 c	0.260±0.007 c	1.176±0.016 c	0.500±0.008 c
高温 + 0.4 μmol/L EBR	10.880±0.630 d	0.208±0.008 e	1.131±0.023 d	0.491±0.028 d

四、缓解番茄高温胁迫

（一）亚精胺缓解番茄高温胁迫

向丽霞等（2020）以番茄栽培品种金棚朝冠幼苗为试验材料，研究在高温胁迫下叶面喷施 0.25 mmol/L 亚精胺溶液对番茄幼苗生长的影响。待番茄幼苗长至 3 叶 1 心时，选取长势基本一致的幼苗进行高温及调节剂处理。每天 18 时至 18 时 30 分，叶片正反面均匀喷施亚精胺溶液或等量的蒸馏水，直至叶面产生均匀的水膜为止，于处理 6 d 时取样。高温胁迫温度设置为 38 ℃ /28 ℃，对照温度设置为 25 ℃ /15 ℃。结果表明，高温胁迫显著抑制了番茄幼苗的生长，叶面喷施亚精胺可有效缓解高温胁迫对番茄幼苗地上部生长的抑制，但对于地下部的生长无明显缓解作用（表 5-6）。

表 5-6　亚精胺对高温胁迫下番茄植株形态的影响

试验处理	地上部鲜重 /g	地上部干重 /g	根鲜重 /g	根干重 /g	鲜重根冠比	干重根冠比
CK	33.23±3.53 a	2.22±0.43 a	4.74±0.55 a	0.32±0.07 a	0.14±0.01 a	0.14±0.02 b
高温	15.98±1.73 c	1.05±0.23 c	2.72±0.68 b	0.21±0.07 b	0.17±0.06 a	0.20±0.03 a
高温 + 亚精胺	22.05±1.88 b	1.62±0.13 b	2.91±0.54 b	0.18±0.05 b	0.13±0.02 a	0.11±0.03 b

（二）壳寡糖对高温胁迫下番茄幼苗生长的影响

李思琦等（2021）以耐热番茄品种 LA2093、中等耐热番茄品种硬粉 8 号和热敏感番茄品种 LA2683 为试验材料，研究高温胁迫下叶面喷施壳寡糖对番茄幼苗生长的影响。播种后 10 d，选取整齐一致的幼苗进行移栽。以常温（26 ℃ /18 ℃）下正常生长且喷施清水的幼苗为常温对照（NT），以喷施清水且进行高温处理（40 ℃ /40 ℃）的番茄幼苗为高温对照（HT）。待幼苗生长至 5 叶 1 心时，选择长势一致的幼苗进行叶面喷施清水或壳寡糖处理。喷后 14 h 开始进行高温处理，光周期为 12 h/12 h，其他环境条件与育苗时保持一致。高温处理 48 h 取样。结果表明，叶面喷施适宜浓度的壳寡糖可以有效缓解高温胁迫对幼苗带来的伤害。具体表现为幼苗叶片萎蔫程度减轻，整株死亡现象减少，植株的生物量也显著增加（图 5-5）。

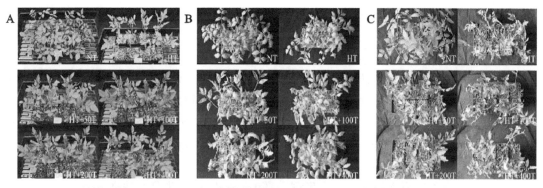

A：耐热品种 LA2093　　B：中等耐热品种硬粉 8 号　　C：热敏感品种 LA2683。

图 5-5　壳寡糖对高温胁迫下番茄幼苗生长的影响

五、缓解生姜高温胁迫

外源亚精胺（Spd）缓解生姜高温胁迫

李秀等（2015）通过研究高温胁迫条件下外源亚精胺（Spd）对叶绿体的保护作用，探讨外源 Spd 缓解生姜高温胁迫的效应。研究以砂培莱芜大姜为试材，将材料置于光周期 12 h/12 h、昼夜温度 28 ℃ /18 ℃和 38 ℃ /28 ℃的光照培养箱内，用 0.5 mmol/L Spd 处理生姜根系，在处理后 20 d 时观察叶绿体及类囊体超微结构。研究发现，在高温胁迫下其叶绿体发生肿胀，失去极性，叶绿体外膜降解，淀粉粒模糊，积累大量嗜锇小体，类囊体基粒片层消失。高温 +Spd 处理下，叶绿体恢复极性，呈现出模糊的类囊体基粒片层及较少的嗜锇小体。说明外源添加 Spd 在一定程度上缓解了高温胁迫对叶绿体及类囊体造成的伤害。同时，高温胁迫还诱导了细胞膜的降解（模糊），外源添加 Spd 提高细胞膜的稳定性，降低高温胁迫在细胞水平产生的伤害（图 5-6）。

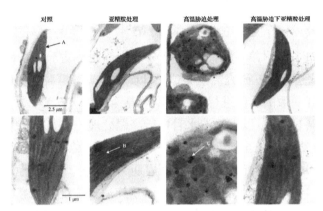

A: 叶绿体外膜；B: 基颗片层；C: 嗜锇小体。

图 5-6　外源 Spd 对高温胁迫下生姜叶片叶绿体（上）和类囊体（下）超微结构的影响

六、缓解金花菜高温胁迫

外源水杨酸缓解金花菜高温胁迫

董磊等（2022）采取盆栽栽培模式，探究不同浓度（0 mmol/L、0.5 mmol/L、1 mmol/L、1.5 mmol/L、2 mmol/L、2.5 mmol/L）水杨酸（SA）对高温胁迫的缓解效应。在播种 14 d 后间苗，每盆取 15 株长势一致的金花菜幼苗作为试验材料，采用叶面喷施的方式，进行 SA 预处理。SA 喷施量为每盆 15 mL，对照组喷洒等量蒸馏水。每盆每天浇水量为 50 mL 蒸馏水，连续 7 d。随后除对照组外全部转到 38 ℃ /30 ℃ 的光照培养箱中进行高温培养，培育 7 d 再取样测定形态指标。研究发现，高温胁迫处理金花菜的株高、地上生物量和地下生物量显著低于对照组。相对于高温胁迫处理，高温胁迫下添加 SA 的植株地下生物量显著提高，株高和根长有所提高，但差异不显著。2.0 mmol/L 和 2.5 mmol/L SA 处理对提高金花菜的地上生物量有显著促进作用（图 5-7）。

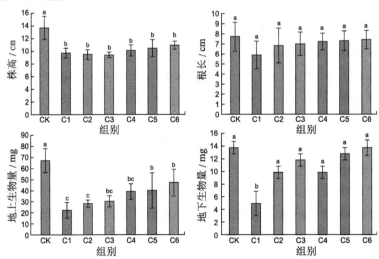

CK：无高温胁迫对照；C1—C6：分别表示高温胁迫下叶喷 0 mmol/L、0.5 mmol/L、1 mmol/L、1.5 mmol/L、2 mmol/L、2.5 mmol/L 水杨酸（SA）。

图 5-7　SA 对高温胁迫下金花菜株高、根长、地上生物量和地下生物量的影响

七、缓解甘蔗高温胁迫

甜菜碱缓解甘蔗高温胁迫

Rasheed 等（2011）研究了甜菜碱预处理在高温胁迫下甘蔗萌芽的作用。通过将甘蔗节芽浸泡在 20 mmol/L GB 溶液中 8 h，并在 45 ℃下对节芽进行培养（对照温度为 25 ℃）后发现，尽管所有处理的鲜重和干重均随时间推移而增加，但热处理的鲜重和干重较低。在高温胁迫下，GB 处理显著增加了这两个参数（表 5-7）。

表 5-7　甜菜碱对高温胁迫下甘蔗萌芽鲜重和干重的影响

参数	处理	收获 / h					
		8	16	24	32	40	48
鲜重 /g	对照	1.22±0.09	1.34±0.11	1.51±0.09	1.75±0.09	1.86±0.17	2.09±0.18
	热胁迫	1.20±0.09	1.39±0.13	1.44±0.12	1.64±0.18	1.72±0.18	1.77±0.18
	对照 + GB	1.60±0.16	1.68±0.17	1.95±0.24	2.20±0.04	2.29±0.09	2.45±0.20
	热胁迫 + GB	1.36±0.16	1.55±0.15	1.66±0.13	1.78±0.04	2.01±0.08	2.17±0.11
干重 /g	对照	0.30±0.02	0.33±0.01	0.40±0.06	0.44±0.02	0.46±0.03	0.51±0.04
	热胁迫	0.31±0.02	0.33±0.01	0.37±0.06	0.36±0.02	0.38±0.03	0.42±0.03
	对照 + GB	0.34±0.02	0.39±0.05	0.45±0.03	0.50±0.06	0.53±0.04	0.57±0.04
	热胁迫 + GB	0.34±0.01	0.40±0.03	0.45±0.04	0.47±0.04	0.52±0.03	0.55±0.06

注：鲜重 LSD 值为收获 0.137**、处理 0.137***、收获 × 处理 0.306 ns；干重 LSD 值为收获 0.033**、处理 0.033**、收获 × 处理 0.073 ns。

第二节　缓解低温胁迫对经济作物伤害的减灾调节剂制剂应用案例

一、缓解大豆冷害胁迫

（一）烯效唑（S3307）缓解大豆花期冷害

王新欣（2020）采用盆栽方式研究低温胁迫（15 ℃）下始花期叶喷烯效唑对大豆产量及产量构成因素的调控作用。以喷施清水为对照组，S3307 喷施浓度为 50 mg/L。低温处理条件为昼夜恒温 15 ℃，光照正常。喷施 S3307 和清水 36 h 后将需要进行低温处理的植株搬进人工气候室进行连续 4 d 的低温胁迫处理，低温处理后将盆搬到室外，生长至完熟期（R8 期）进行收获测产。研究发现，始花期低温胁迫显著降低了两个品种大豆的单株荚数、单株粒数、百粒重和产量，低温处理时间越长，产量降低幅度越大，喷施 S3307 可降低低温胁迫下两个品种的减产幅度（表 5-8）。

表5-8　烯效唑对低温胁迫下大豆产量及构成因素的影响

品种	处理	单株荚数 / 个	单株粒数 / 个	百粒重 / g	单株粒重 / g
合丰50	CK	33.70±0.86 a	76.00±3.16 a	19.34±0.07 c	14.65±0.29 a
	D1	27.70±0.73 bc	65.30±1.33 b	19.38±0.07 c	12.72±0.38 bc
	D1+S	25.80±0.55 cd	63.70±2.20 b	20.70±0.07 a	13.47±0.32 b
	D2	26.20±1.01 c	62.90±1.82 b	18.24±0.05 e	11.55±0.24 de
	D2+S	29.10±0.81 b	64.40±1.62 b	19.39±0.03 c	12.52±0.25 c
	D3	29.40±0.65 b	65.00±1.72 b	17.56±0.03 f	11.32±0.27 e
	D3+S	27.80±0.99 bc	62.70±1.90 b	19.87±0.07 b	12.66±0.23 bc
	D4	23.40±0.87 d	54.10±0.87 c	18.78±0.04 d	10.27±0.18 f
	D4+S	27.50±1.24 bc	62.00±3.19 b	19.72±0.06 b	12.27±0.39 cd
垦丰16	CK	34.60±1.34 a	74.50±2.01 a	18.02±0.05 b	13.25±0.35 a
	D1	32.40±1.85 ab	68.40±3.22 ab	17.21±0.05 e	11.73±0.41 b
	D1+S	32.50±0.89 ab	71.00±2.42 a	18.06±0.03 b	12.78±0.29 a
	D2	28.00±0.70 c	59.10±1.54 c	18.13±0.04 b	10.79±0.24 bc
	D2+S	29.40±1.15 bc	63.50±2.23 bc	18.11±0.02 b	11.48±0.29 b
	D3	31.90±1.02 ab	59.60±2.26 c	17.40±0.04 d	10.40±0.17 cd
	D3+S	29.40±1.18 bc	63.10±0.98 bc	17.87±0.07 c	11.32±0.37 b
	D4	27.60±1.09 c	56.50±3.20 c	17.22±0.03 e	9.76±0.33 d
	D4+S	29.80±1.23 bc	59.00±1.37 c	18.88±0.07 a	11.33±0.17 b

注：CK为自然环境下生长植株；D为R1期进行低温胁迫处理；D+S为R1期低温胁迫+S3307；1～4表示R1期低温胁迫天数。

（二）褪黑素缓解大豆种子萌发及苗期冷害

于奇等（2019）为研究低温胁迫下褪黑素对大豆萌发的影响，分别用不同浓度褪黑素浸种处理（0 μmol/L、50 μmol/L、100 μmol/L、200 μmol/L和400 μmol/L）大豆种子。大豆种子分别在常温（25 ℃）下萌发24 h（T24）和48 h（T48）后转移至4 ℃低温胁迫处理24 h，而后转移至常温继续发芽至7 d结束。研究发现，与未用褪黑素浸种的处理相比，200 μmol/L褪黑素浸种处理（200）可显著提高T24条件下第3天和第4天时大豆发芽率；而在T48条件下，100 μmol/L处理（100）显著提高了4 d和5 d时大豆发芽率（表5-9）。

表5-9　低温胁迫下褪黑素对大豆种子发芽率的影响

处理	发芽率 / %		
	3 d	4 d	5 d
T24-0	19.32±1.20 cd	42.55±0.29 b	64.58±5.90 b
T24-50	21.06±1.97 c	48.61±0.35 ab	66.67±0.32 b

处理	发芽率 / %		
	3 d	4 d	5 d
T24–100	27.06±1.15 a	52.42±0.34 a	77.69±0.41 a
T24–200	27.38±1.64 a	54.68±0.31 a	73.32±0.46 a
T24–400	23.38±1.63 b	48.86±0.29 ab	65.35±0.38 b
T48–0	41.67±2.53 c	62.67±5.61 b	69.98±0.50 b
T48–50	50.34±2.13 b	64.58±3.55 b	90.65±0.62 b
T48–100	56.73±2.84 ab	75.48±0.49 b	96.98±0.56 b
T48–200	60.88±4.26 a	73.60±0.43 b	90.44±0.48 b
T48–400	50.87±2.54 b	69.49±0.39 ab	79.93±0.42 b

二、缓解绿豆冷害胁迫

外源烯效唑（S3307）缓解绿豆冷害

为了明确绿豆开花始期（R1 期）遭受冷害的应激机制以及外源施用 S3307 对绿豆的调控机制，赵晶晶（2019）以两个不同基因型绿豆品种（绿丰 2 号和绿丰 5 号）为供试品种，通过盆栽试验研究了 R1 期冷害对绿豆产量的影响以及 S3307 的调控效应（表5–10）。3 个处理方式分别为：① R1 期喷施清水，自然环境下生长，作为对照（用 CK 表示）；② R1 期喷施清水后进行冷害胁迫，作为冷害处理（用 D 表示）；③ R1 期喷施 50 mg/L S3307 后进行冷害胁迫，作为冷害 +S3307 处理（用 D+S 表示）。于喷施清水和 S3307 后 36 h 进行冷害处理，冷害处理 1 d、2 d、3 d、4 d 分别用 D1、D2、D3、D4 表示，4 d 转移至自然环境下生长。冷害条件为昼夜 15 ℃恒温、光照条件正常、相对湿度为75%±2%，完熟期（R8 期）进行收获测产。研究发现，R1 期冷害处理后，两绿豆品种的产量均显著低于 CK，与绿丰 2 号 CK 相比，低温 1 d、2 d、3 d、4 d 产量的减少率分别为9.09%、22.26%、23.01% 和 44.90%，处理与对照间差异显著；与绿丰 5 号 CK 相比，产量的减少率分别为 9.18%、11.61%、20.97% 和 36.33%，处理与对照间差异显著。R1 期冷害胁迫下喷施 S3307 可以有效地缓解绿豆产量的降低，其中，R1 期冷害胁迫 4 d 时 S3307 处理可以使绿丰 2 号产量止损 24.86%，使绿丰 5 号产量止损 17.42%。

表 5–10　R1 期冷害胁迫对绿豆产量及其构成因素的影响

品种	处理	单株荚数 / 个	单株粒数 / 个	产量 /（g / 株）
绿丰 2 号	CK	17.59±0.30 a	132.11±8.45 a	5.39±0.10 a
	D1	17.10±0.25 a	113.50±6.78 b	4.90±0.09 b
	D1+S	18.40±0.19 a	129.80±8.23 a	5.38±0.11 a
	D2	15.80±0.15 b	105.90±9.34 c	4.19±0.13 d
	D2+S	18.14±0.10 a	119.86±10.03 b	4.86±0.08 b
	D3	14.50±0.22 b	102.50±9.54 c	4.15±0.05 d

品种	处理	单株荚数 / 个	单株粒数 / 个	产量 / (g / 株)
绿丰 2 号	D3+S	14.90±0.16 b	122.80±10.11 ab	4.79±0.05 b
	D4	9.80±0.09 c	67.70±5.34 d	2.97±0.03 e
	D4+S	13.50±0.11 bc	103.90±9.63 c	4.31±0.02 cd
绿丰 5 号	CK	20.38±0.26 a	112.63±10.10 a	5.34±0.10 a
	D1	10.71±0.12 b	95.00±7.34 b	4.85±0.08 ab
	D1+S	10.67±0.08 b	70.83±4.97 c	5.16±0.11 a
	D2	8.76±0.04 bc	56.00±6.87 de	4.72±0.08 ab
	D2+S	9.25±0.09 b	61.50±5.55 d	5.02±0.10 a
	D3	8.67±0.12 bc	58.00±4.98 de	4.22±0.07 b
	D3+S	8.38±0.11 bc	72.25±8.36 c	4.47±0.08 b
	D4	7.11±0.07 c	54.67±6.38 e	3.40±0.09 c
	D4+S	6.66±0.05 c	44.17±7.70 f	4.33±0.06 c

三、缓解黄瓜冷害胁迫

（一）褪黑素提高黄瓜幼苗的抗寒性

Zhang 等（2021）研究了褪黑素（MT）在黄瓜幼苗抗低温胁迫反应中的作用。在 1 叶期时将幼苗转移到黑色塑料容器中，并加入 1/2 霍格兰（Hoagland）营养液。当黄瓜幼苗处于 2 叶期时，分别加入 0 μmol/L、0.3 μmol/L、0.6 μmol/L、1.0 μmol/L、1.5 μmol/L 和 2.0 μmol/L 的 MT。24 h 后，将所有幼苗暴露于低温（8 ℃ /5 ℃）下，以 0 μmol/L MT（H_2O）处理的幼苗作为对照。研究发现，MT 可以正向调节黄瓜幼苗的耐寒性，1.0 μmol/L 为最适浓度。该浓度 MT 处理的生物量最高，植株叶片更舒展，未发生器官萎靡。这些结果表明，MT 的使用可以有效提高黄瓜的耐冷性，降低了幼苗的胁迫损伤（图 5-8）。

0 μmol/L MT（H_2O）　0.3 μmol/L MT　0.6 μmol/L MT　1.0 μmol/L MT　1.5 μmol/L MT　2.0 μmol/L MT

图 5-8　MT 对黄瓜幼苗耐寒性的影响

（二）脱落酸（ABA）提高黄瓜幼苗的耐寒性

为了探明 ABA 在黄瓜抗低温胁迫中的作用，李丹丹等（2018）以津优 35 为试材，在幼苗长至 2 叶 1 心时，分别以 50 μmol/L ABA 溶液和去离子水（H_2O）喷洒幼苗全株，研究低温（8 ℃/5 ℃）胁迫下 ABA 对黄瓜幼苗的调控效果。结果表明，低温胁迫 48 h ABA 预处理的幼苗冷害指数显著降低，且从外观来看，低温胁迫造成植株叶片萎缩，ABA 处理叶片表现出更好的舒展性（图 5-9）。

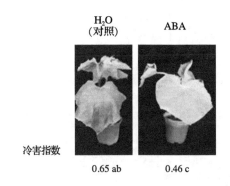

图 5-9　ABA 低温胁迫下对黄瓜幼苗形态和冷害指数的影响

四、缓解茄子冷害胁迫

（一）水杨酸（SA）缓解茄子低温胁迫

Chen 等（2011）研究了 SA 处理对低温胁迫下茄子幼苗的影响。在出苗 60 d 后，用 0.1%、0.2% 和 0.3%（w/v）的 SA 溶液叶面喷施 5 ~ 6 叶龄的幼苗，直至叶片完全湿润，对照植株喷洒蒸馏水。24 h 将所有幼苗置于相对湿度为 60% ~ 70%，温度为 4 ℃ 的温室中低温胁迫 9 d。研究发现，水杨酸处理有效提高了茄子幼苗的抗寒性，浓度为 0.3% 的效果最好，冷害指数比对照降低了 36.9%（表 5-11）。

表 5-11　低温胁迫下水杨酸对茄子幼苗受害程度的影响

处理	零级植株数/株	第1级植株数/株	第2级植株数/株	第3级植株数/株	冷害指数
0.1% SA	2	6	22	20	0.66 b
0.2% SA	3	9	21	17	0.60 bc
0.3% SA	6	12	19	13	0.53 c
对照	0	2	13	35	0.84 a

（二）外源褪黑素缓解茄子低温胁迫

Song 等（2022）研究了外源褪黑素对低温下茄子植株和果实的调控效应。试验利用低温模拟生长箱进行低温胁迫（8 ℃）处理。将 900 株茄子幼苗放置在温度为 28 ℃，光照周期为 16 h/8 h 的生长室中培育，直至第 4 片叶完全展开。随后，每天 18 时在黑暗条件下用 50 μmol/L、100 μmol/L、150 μmol/L 和 200 μmol/L 褪黑素喷施幼苗，连续喷 3 d，对照组喷施双蒸水。喷施处理后，在黑暗中风干 2 h。然后，将褪黑素处理组（0 μmol/L、50 μmol/L、100 μmol/L、150 μmol/L 和 200 μmol/L）转移到低温模拟生长箱中。研究发现，外源褪黑素处理能显著缓解低温胁迫对幼苗造成的叶片褪绿和萎蔫，浓度 100 μmol/L

的处理效果更佳（图 5-10 和图 5-11）。

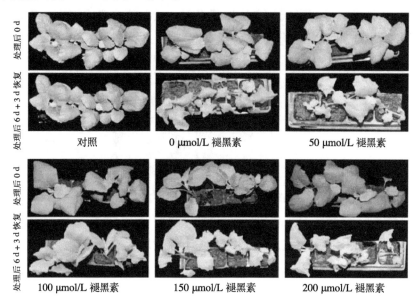

图 5-10　低温条件下外源褪黑素对茄子幼苗表型的影响

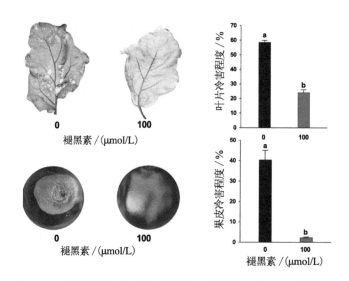

图 5-11　褪黑素对自然低温条件下功能叶片和果皮冷害的影响

五、缓解番茄冷害胁迫

（一）赤霉素（GA₃）和多效唑（PAC）在缓解樱桃番茄冷害中的应用

Ding 等（2015）研究了 GA₃ 和 PAC 对樱桃番茄果实冷害的缓解效应。果实用 1% 次氯酸钠（v/v）消毒 2 min，洗净，表面晾干。随后，将每组 270 个果实分别在 0.2 mmol/L GA₃ 溶液和 0.3 mmol/L PAC 溶液中浸泡 15 min（蒸馏水为对照）。各处理分别贮藏在（4±1）℃ 和（25±1）℃（室温）条件下（相对湿度 80% ~ 90%）。于处理后 14 d、21 d 和 28 d 从常温和冷藏处理中取出 10 个果实，在室温下放置 3 d 进行冷害评价。研究发现，GA₃ 显著地降低了番茄果实的冷害指数（图 5-12）。

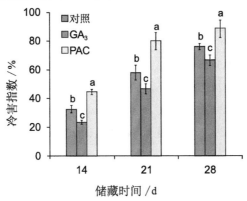

图 5-12　GA₃ 和 PAC 处理对番茄果实冷害指数的影响

（二）水杨酸（SA）减轻番茄低温损伤

Orabi 等（2015）研究了 SA 对沙培番茄品种 Streenb 和 Floridat 在低温条件下生长、产量和品质的影响。真叶期将幼苗移栽至盆中，并置于 10 ℃左右低温下培养。分别在移栽后 15 d 和 30 d 外源喷施 0.5 mmol/L 和 1.0 mmol/L 的 SA 溶液。研究发现，两个浓度的水杨酸均可以显著提高 Streenb 和 Floridat 品种的产量（表 5-12）。

表 5-12　水杨酸对低温条件下两个番茄品种产量和总可溶性固形物的影响

处理	产量 / g		可溶性固态物质 / %	
	Streenb 品种	Floridat 品种	Streenb 品种	Floridat 品种
对照	403.19 f	445.53 e	4.51 g	4.73 f
SA (0.5 mmol/L)	608.36 d	678.06 bc	4.81 f	5.16 d
SA (1.0 mmol/L)	640.70 cd	698.53 b	5.20 d	5.60 c

六、缓解荔枝冷害胁迫

（一）甲哌鎓缓解荔枝春季低温胁迫

李甜子等（2020）以自主研发的主成分为甲哌鎓（$C_7H_{18}ClN$）的新型调节剂为供试药剂，研究新型调节剂对春季低温胁迫下荔枝产量的影响。试验于 2020 年 3 月 26 日进行随机选取树龄、树势大小和花期基本一致的妃子笑荔枝 12 株作为供试材料，设置 CK、T1、T2 和 T3 4 个处理，每个处理 3 次重复。分别取新型调节剂 0 mL、2.5 mL、5 mL 和 7.5 mL，兑水 10 kg 进行叶面喷施，喷施程度以叶面均匀布满液滴为宜，试验区所用荔枝树除喷施新型调节剂处理外，其余所有管理措施均同常规。于 2020 年 6 月 1 日进行产量的测定。研究发现，与 CK 相比，T1 处理的单果重、可食用率、横径、纵径和果型指数无显著变化。T2 处理的单果重、横径和纵径分别显著增加 14.19%、4.34% 和 3.74%，果型指数和可食用率无显著差异。T3 处理的单果重、横径和纵径显著增加 6.90%、3.78% 和 3.40%，但果型指数和可食用率无显著变化。结果表明，T2 处理的单果重最高，T3 处理次之，T1 最小，T2 处理的横径和纵径最大（表 5-13）。

表 5-13　喷施不同次数新型调节剂对低温胁迫下荔枝果实的影响

处理	单果重 / g	横径 / mm	纵径 / mm	果型指数	可食用率 / %
CK	19.882±0.280 c	31.592±0.051 b	33.001±0.025 b	0.959±0.017 a	84.66±0.008 ab
T1	19.936±0.471 c	31.142±0.032 b	32.701±0.040 b	0.957±0.017 a	86.030±0.005 ab
T2	22.704±0.338 a	32.963±0.034 a	34.235±0.035 a	0.962±0.010 a	85.400±0.005 a
T3	21.254±0.197 b	32.785±0.021 a	34.124±0.025 a	0.962±0.010 a	84.060±0.005 b

（二）脱落酸（ABA）缓解荔枝果实冷害

冷藏是保持荔枝果实外观和延长贮藏寿命的最有效方法。然而，如果贮藏和运输的温度低于 3 ℃，荔枝果皮将发生冷害。Pang 等（2008）将荔枝在含有 100 μmol/L ABA 溶液浸泡 5 min（清水浸泡作为对照），风干后，将水果装入聚乙烯袋中，并在（0±0.2）℃下储存。研究发现，对荔枝果实冷藏 21 d 后，对照果皮出现褐变，28 d 后褐变面积扩大，表现出明显的冷害。与对照相比，ABA 处理的果实在各个时间点的褐变指数都显著降低，且 ABA 处理的褐变指数比对照果实的褐变指数增加幅度更小（$P<0.05$）。0 ℃冷藏 21 d 后，ABA 处理的好果率为 52.2%，而对照的好果率仅为 6.2%（表 5-14）。

表 5-14　ABA 处理对 0 ℃ 储存的荔枝果实的褐变指数和好果率的影响

处理	14 d		21 d		28 d	
	褐变指数	好果率 / %	褐变指数	好果率 / %	褐变指数	好果率 / %
对照	1.42 b	82.3 a	3.19 b	6.2 a	4.27 b	0.0 a
ABA	1.17 a	91.6 b	2.32 a	52.2 b	3.95 a	2.5 a

（三）调环酸钙（Pro-Ca）缓解荔枝低温胁迫

作者通过叶喷新型荔枝调理剂（主要成分是调环酸钙，施用剂量 400 mg/L），探究荔枝植株对低温胁迫的响应。随机选取树龄、树势大小和花期基本一致的仙进奉荔枝 20 株作为试验材料，每株树作为一个重复，每个处理 3 次重复。在自然低温来临前喷施 Pro-Ca，于 2021 年 12 月 25 日以喷施清水为对照，试验设置 2 个处理，即低温对照和低温 + 调节剂处理，试验区所用荔枝树除调节剂处理外，其余所有管理措施均同常规。低温胁迫下 Pro-Ca 处理的荔枝单果重、果核重和单株产量分别较低温对照增加了 8.22%、25.77% 和 36.93%，果皮重较低温对照降低了 0.78%（表 5-15）。

表 5-15　低温胁迫下 Pro-Ca 对仙进奉荔枝产量性状及产量的影响

处理	单果重 / g	果皮重 / g	果核重 / g	单株产量 / kg
低温对照	15.81±9.88	2.57±1.11	0.97±0.10	11.13±7.06
低温 +Pro-Ca	17.11±10.08	2.55±0.39	1.22±0.52	15.24±9.25

七、缓解芒果冷害胁迫

（一）油菜素内酯缓解芒果冷害

Li 等（2012）为探究油菜素内酯缓解芒果冷害的效果，将果实的一部分在含有 10 μmol/L 油菜素内酯的水溶液中浸泡 10 min。另一组在蒸馏水中浸泡 10 min，作为对照。所有果实均装在塑料盒中，用聚乙烯薄膜袋保持相对湿度在 95% 左右，并在 5 ℃ 下贮藏，每个处理重复 3 次。研究发现，冷胁迫下芒果最明显的症状是果皮凹陷和果肉变黑并伴有组织坏死，油菜素内酯处理后的果皮只出现少量黑斑，果肉无明显改变（图 5-13）。

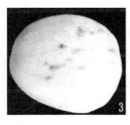

1：蒸馏水处理、未削皮的果实；2：油菜素内酯处理、未削皮的果实；3：蒸馏水处理、削皮的果实；4：油菜素内酯处理、削皮的果实。

图 5-13　油菜素内酯对芒果冷冻性损伤症状的影响

（二）糠氨基嘌呤缓解芒果低温胁迫

糠氨基嘌呤又称激动素，是一种嘌呤类的天然植物内源激素，也是人类发现的第一个细胞分裂素。糠氨基嘌呤具有促进细胞分裂和组织分化；诱导芽的分化，解除顶端优势；延缓蛋白质和叶绿素降解，保鲜和防衰；延缓离层形成，增加坐果等作用。四川国光农化股份有限公司团队在芒果防治低温冻害试验中发现，糠氨基嘌呤可以有效缓解芒果低温胁迫，有效控制植株叶片褐化，提高幼苗存活率（图 5-14 至图 5-18）。

图 5-14　冻害前对照　　　　　**图 5-15　冻害后对照**

图 5-16 冻害前糠氨基嘌呤处理　　　**图 5-17 冻害后糠氨基嘌呤处理**

图 5-18　调节剂处理与对照对比图

（三）新型调理剂（HD）缓解芒果低温胁迫

作者于 2020 年 11 月至 2021 年 5 月在广东省雷州市覃斗镇山尾合胜合作社基地进行调节剂缓解芒果低温胁迫试验。HD 是新型芒果专用调理剂，主要成分为甲哌鎓（施用剂量 2 g/L），试验选取树龄、树势大小和花期基本一致的芒果树，在花期前进行两次调理剂喷施处理，即调理剂喷施时间为 2020 年 11 月 27 日和 2020 年 12 月 30 日，以喷施清水为对照，每棵芒果树喷液量为 15 L。每个处理喷施 5 棵树，共喷施 10 棵树。具体试验方案如表 5-16 所示。HD 处理与对照 CK 相比，每穗果数和单株产量均显著增加，其中 HD单株产量增加了 47.56%（表 5-17 与图 5-19）。

表 5-16　芒果试验药剂处理方案

处理号	药剂名称	处理方法	药剂用量
CK	—	叶喷	清水
HD	新型芒果调理剂	叶喷	2 g/L

表 5-17 不同调节剂对芒果形态指标及产量的影响

处理	每穗果数 / 个	单株产量 / kg	单株增产率 / %
CK	7.0±0.82 b	19.45±1.05 b	—
HD	9.5±1.00 a	28.70±0.99 a	47.56

处理 1：CK；处理 2：HD。

图 5-19　不同调节剂对芒果形态及产量调控效果图

第三节　缓解干旱胁迫对经济作物伤害的减灾调节剂制剂应用案例

一、缓解大豆干旱胁迫

（一）外源褪黑素（MT）缓解大豆水分亏缺

Zhang 等（2019）通过 V1、V3 和 R1 期叶面喷施褪黑素和根施褪黑素，研究了水分亏缺对大豆的影响。试验分为 6 组：①水分充足组（WW）；②充分浇水 + 叶喷 100 μmol/L 褪黑素组（WW+ML）；③充分浇水 + 根灌 100 μmol/L 褪黑素组（WW+MR）；④干旱胁迫组（15% PEG-6000）；⑤干旱胁迫（15% PEG-6000）+ 叶喷 100 μmol/L 褪黑素组（PEG+MR）；⑥干旱胁迫（15% PEG-6000）+ 灌根 100 μmol/L 褪黑素组（PEG+MR）。

在 V1、V3 和 R1 期处理后的 6 d 上午 9 时取样。研究发现，15% PEG-6000 对大豆幼苗生长有明显的抑制作用。在 V3 期，PEG 处理下叶喷施褪黑素（PEG+ML）的叶重比单独 PEG 处理高 9.09%，根施褪黑素（PEG+MR）的根重比单独 PEG 处理高 17.3%（图 5-20 与表 5-18）。

ML：叶喷；MR：根施。

图 5-20　褪黑素影响干旱胁迫下大豆植株生长效果图

表 5-18　外源褪黑素对渗透胁迫下干物质积累的影响

时期	处理	叶重 / g	柄重 / g	茎重 / g	根重 / g
V1	PEG	0.35±0.03 cB	0.05±0.01 cB	0.14±0.01 cC	0.50±0.03 cC
	PEG+ML	0.35±0.05 cB	0.05±0.01 cB	0.14±0.01 cC	0.56±0.04 bcBC
	PEG+MR	0.36±0.02 bcAB	0.06±0.01 bcAB	0.15±0.02 bcBC	0.59±0.03 bB
V3	PEG	0.44±0.01 cA	0.12±0.01 bA	0.25±0.01 bA	0.81±0.02 cB
	PEG+ML	0.48±0.02 bA	0.13±0.01 bA	0.27±0.01 bA	0.90±0.03 bcAB
	PEG+MR	0.46±0.01 bcA	0.12±0.02 bA	0.27±0.01 bA	0.95±0.03 bAB
R1	PEG	1.69±0.11 cB	0.64±0.02 bB	0.83±0.05 bB	1.80±0.09 bB
	PEG+ML	1.81±0.16 bcAB	0.69±0.10 bAB	0.87±0.06 bB	1.86±0.08 bAB
	PEG+MR	1.85±0.10 bAB	0.71±0.09 bAB	0.88±0.03 bB	1.91±0.10 abAB

注：同一列数值后大小写字母分别表示差异达 0.01 和 0.05 水平显著。

（二）吲哚丁酸钾（IBA-K）缓解大豆干旱胁迫

刘美玲（2021）以浓度为 80 mg/kg 的吲哚丁酸钾对大豆进行拌种处理，研究吲哚丁酸钾缓解大豆干旱胁迫的效果。处理组分为干旱对照（DCK）和 IBAK 处理＋干旱处理（DI），处理组从 V1 期开始时进行自然干旱，干旱处理通过称重法来计算补水量，进行人工补水，通过调节土壤相对含水量设置干旱程度：正常供水（T1），即土壤含水量占田间持水量的 75%；轻度干旱（T2），即土壤含水量占田间持水量的 60%；中度干旱（T3），即土壤含水量占田间持水量的 45%；重度干旱（T4），即土壤含水量占田间持水量的 30%；复水（T5），即重度干旱条件下的土壤相对含水量恢复至正常供水水平（即土壤含水量占田间持水量的 75%）。研究发现，IBA-K 处理在不同水分条件下对大豆株高、茎粗、地上部干鲜重和叶面积均有不同程度的提高，在复水后的恢复能力优于对照，说明 IBA-K 处理能有效减轻干旱胁迫对大豆地上部形态指标的抑制作用。干旱胁迫下，T2 和 T3 条件下 IBA-K 处理的茎粗分别较干旱对照增加 4.81% 和 0.96%，地上部鲜重在 T2 条件下较干旱对照增加 7.84%，在 T3 条件下 IBA-K 处理的地上部干重较干旱对照增加 11.11%。（表 5–19）。

表 5–19　IBA-K 对垦丰 16 大豆干旱胁迫下大豆地上部形态建成的影响

不同水分处理	处理代号	株高 /cm	茎粗 /cm	叶面积 /cm²	地上部鲜重 /g	地上部干重 /g
T1	DCK	11.75±0.47 a	2.59±0.13 a	55.02±1.31 a	2.34±0.16 a	0.26±0.00 a
	DI	10.30±0.37 b	2.80±0.12 a	58.03±0.29 a	2.33±016 a	0.27±0.02 a
T2	DCK	13.35±0.71 a	2.91±0.13 a	64.00±1.16 b	2.55±0.14 a	0.34±0.00 a
	DI	13.90±0.75 a	3.05±0.11 a	78.47±4.77 a	2.75±0.10 a	0.34±0.02 a
T3	DCK	13.78±0.59 c	3.13±0.02 a	77.38±2.05 a	2.67±0.05 b	0.36±0.01 b
	DI	14.28±0.55 bc	3.16±0.17 a	91.26±3.65 a	2.50±0.10 b	0.40±0.01 ab
T4	DCK	14.43±0.24 c	3.11±0.07 a	67.00±1.11 d	2.37±0.18 b	0.43±0.03 b
	DI	14.53±0.34 c	3.10±0.03 a	79.21±3.20 c	2.28±0.06 b	0.42±0.03 b
T5	DCK	14.88±0.38 c	3.38±0.10 b	94.38±2.16 c	3.09±0.08 b	0.60±0.03 b
	DI	18.00±0.46 b	3.48±0.11 ab	103.50±0.87 b	3.28±0.11 b	0.65±0.02 ab

注：正常供水（T1），即土壤含水量占田间持水量的 75%；轻度干旱（T2），即土壤含水量占田间持水量的 60%；中度干旱（T3），即土壤含水量占田间持水量的 45%；重度干旱（T4），即土壤含水量占田间持水量的 30%；复水（T5），即重度干旱条件下的土壤相对含水量恢复至正常供水水平（即土壤含水量占田间持水量的 75%）。

（三）烯效唑缓解大豆干旱胁迫

为明确干旱胁迫对苗期大豆根系的影响，以及胁迫后烯效唑的调控效应，梁晓艳（2019）以抗旱品种合丰 50 和干旱敏感品种垦丰 16 为材料，采用盆栽试验，研究干旱胁迫下烯效唑对大豆苗期根系调控效果。种子用 10% 次氯酸钠消毒 3 min，蒸馏水冲洗 3～4 次，分别用清水和烯效唑浸种 10 h，烯效唑浸种浓度为 0.4 mg/L，浸种液体用量为种子体积的 3 倍，浸种完成后进行播种。试验共设置 4 个处理，分别是 w 为清水浸种，wd 为清水浸种＋干旱胁迫，s 为烯效唑溶液浸种，sd 为烯效唑溶液浸种＋干旱胁迫。幼苗长到 VC 期（即大豆两片对生真叶叶缘分离）进行干旱处理（停止供水）。断水后每 24 h 取样 1 次，共取 5 次（对照正常供水）。研究发现，随断水时间延长，干旱程度逐渐加重，而烯效唑能有效缓解干旱胁迫对两品种根系生长发育的抑制效应，增加大豆根系平均直径，从而达到壮根的效果（图 5–21）。

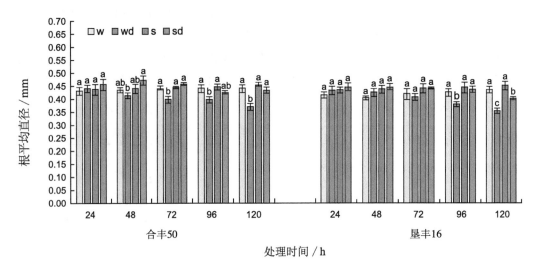

图 5-21　烯效唑对干旱胁迫下大豆单株根平均直径的影响

二、缓解番茄干旱胁迫

（一）褪黑素提高番茄的耐旱性

Altaf 等（2022）进行了外源褪黑素缓解番茄干旱胁迫的研究。试验选择 4 真叶期对幼苗进行处理。处理包括：① CK（对照），在整个实验期间充分浇水；② DR（干旱处理），充分浇水 8 d，然后停水两周；③ ME + DR（褪黑素灌根 + 干旱处理），用 100 μmol/L 褪黑素溶液对幼苗进行预处理（每株 80 mL），持续 4 次，间隔 2 d，随后停水 2 周。每个处理包括 3 个重复，每个重复 8 株植物。2 周后收集叶子样本进行分析。试验发现干旱胁迫强烈抑制番茄幼苗的生长和生物量生产，对根系形态产生负面影响。与干旱胁迫组相比，褪黑素灌根处理可以有效地改善干旱胁迫下幼苗的生长和根系特征，从而增强幼苗对干旱胁迫的适应能力（图 5-22 至图 5-24）。

对照	干旱处理	褪黑素灌根 + 干旱处理
(CK)	(DR)	(ME+DR)

图 5-22　番茄幼苗视觉演示图

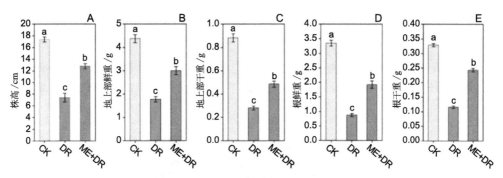

CK：对照；DR：干旱处理；ME+DR：褪黑素灌根＋干旱处理。

图 5-23 外源褪黑素对干旱胁迫条件下番茄幼苗株高（A）、地上部鲜重（B）、地上部干重（C）、根鲜重（D）和根干重（E）的影响

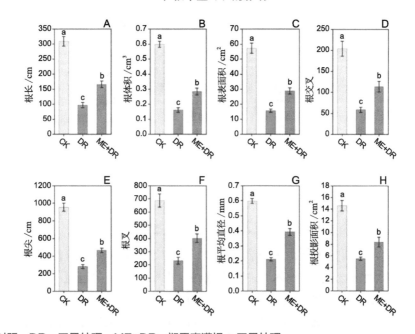

CK：对照；DR：干旱处理；ME+DR：褪黑素灌根＋干旱处理。

图 5-24 外源褪黑激素对干旱胁迫下番茄幼苗根长（A）、根体积（B）、根表面积（C）、根交叉（D）、根尖（E）、根叉（F）、根平均直径（G）和根投影面积（H）的影响

（二）2,4- 表油菜素内酯（EBR）缓解番茄干旱胁迫

聂书明（2018）探讨了 2,4- 表油菜素内酯对番茄干旱胁迫的缓解效应。在番茄幼苗 5 叶 1 心时，选取长势基本一致的幼苗，分成 2 组：第一组喷施双蒸水（WT），第二组喷施 0.1 μmol/L 的 EBR。干旱胁迫前 3 d 每天上午进行喷施，连续喷施 3 d，以每株叶片正面喷施均匀不流滴为准，每个处理 40 株。喷完当天下午浇透水，以后不再浇水进行干旱胁迫，喷后第 2 天为干旱胁迫的第 0 天，在干旱胁迫第 10 天进行指标测定。10 d 后，所有对照植株的叶片均表现出萎蔫，茎秆倾斜，部分植株不能直立，而喷施 EBR 处理的萎蔫程度和受旱程度相对较轻。喷施 EBR 植株的株高显著高于 WT 处理的株高（表 5-20 与图 5-25）。

表 5-20　喷施 EBR 对干旱胁迫下番茄幼苗生长特性的影响

处理	株高 / cm	茎粗 / cm	地上部鲜重 / g	地上部干重 / g	根鲜重 / g	根干重 / g
WT	9.47±0.15 b	2.93±0.23 a	1.71±0.05 a	0.36±0.04 a	0.18±0.05 a	0.04±0.01 a
EBR	9.88±0.32 a	2.89±0.19 a	1.78±0.05 a	0.36±0.04 a	0.21±0.02 a	0.04±0.01 a

图 5-25　喷施 EBR 对干旱胁迫下番茄幼苗外在形态的影响

三、缓解葡萄干旱胁迫

（一）独角金内酯在缓解葡萄干旱胁迫上的应用

Wang 等（2021）研究了外源独角金内酯对干旱胁迫下葡萄的缓解作用。将 120 根插条随机分为 3 组：①水分充足组（CK）；②无独角金内酯的干旱胁迫组（D）；③ 3 μmol/L 独角金内酯预处理 + 干旱胁迫组（DG）。将独脚金内酯溶于 0.3%（v/v）的丙酮中，然后加入蒸馏水使最终浓度达到 3 μmol/L。早上 8 时对葡萄叶喷洒独角金内酯溶液，对照组每天喷洒模拟溶液（0.3% 丙酮）。连续处理 3 d 后，对照组补水至最大持水量的 70%，使其正常生长，干旱组停止浇水。在干旱处理期间，每 2 d 喷洒一次独角金内酯。在干旱胁迫后第 10 天，D 组开始出现胁迫症状，幼叶枯萎变黄，颜色加深，有下垂萎缩的迹象，大部分成熟叶开始卷曲，而 DG 组仅出现轻微症状（图 5-26）。

图 5-26 幼苗的表型变化：正常对照条件（A）、干旱条件（B）和施用独角金内酯的干旱条件（C）

（二）褪黑素对干旱胁迫下葡萄插条的缓解作用

Meng 等（2014）探讨了外源褪黑素是否能提高酿酒葡萄插条对聚乙二醇诱导的干旱胁迫的抗性。插条在培养液中预培养 5 d，将插条分为 5 组：①正常对照组，只在一半浓度的营养液中生长（对照组）；②干旱胁迫处理，一半浓度的营养液 +10% PEG-6000（干旱处理组）；③一半浓度的营养液 + 50 nmol/L 褪黑素 + 10% PEG-6000（MT50 处理组）；④一半浓度的营养液 + 100 nmol/L 褪黑素 +10% PEG-6000（MT100 处理组）；⑤一半浓度的营养液 + 200 nmol/L 褪黑素 +10% PEG-6000（MT200 处理组）。12 d 后，干旱处理组的幼苗叶子大部分变黄、枯萎，甚至掉落。添加 50 nmol/L、100 nmol/L、200 nmol/L 的褪黑素对应激损伤均有不同程度的缓解作用。与干旱胁迫处理（干旱指数为 65.4%）相比，100 nmol/L 的褪黑素处理使插条的干旱指数降低到 37.1%（图 5-27）。

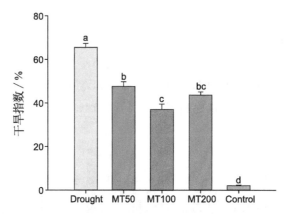

Control：正常对照组；Drought：干旱胁迫处理；MT50：50 nmol/L 褪黑素 + 10% PEG-6000；MT100：100 nmol/L 褪黑素 +10% PEG-6000；MT200：200 nmol/L 褪黑素 +10% PEG-6000。

图 5-27　干旱胁迫下褪黑素对葡萄插条干旱指数的影响

四、缓解菠萝干旱胁迫

黄晓葵利用项目组自研的两种类型的新型植物生长调节剂（命名为T1和T2），将其应用于菠萝抗旱的研究。T1的主要成分是己酸二乙氨基乙醇酯（DA-6），其浓度为40 mg/L；T2的主要成分是壳聚糖（COS），其浓度为30 mg/L，喷施量为30 L/667 m²。该团队发现两种调节剂处理后均可以提高干旱胁迫下台农16和金菠萝两个果种的果重（图5-28）。

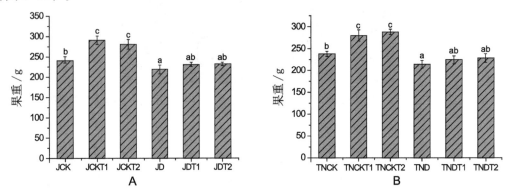

A：JCK，金菠萝对照；JCKT1，金菠萝+T1；JCKT2，金菠萝+T2；JD，金菠萝+干旱；JDT1，金菠萝+干旱+T1；JDT2，金菠萝+干旱+T2。B：TNCK，台农16对照；TNCKT1，台农16+T1；TNCKT2，台农16+T2；TND，台农16+干旱；TNDT1，台农16+干旱+T1；TNDT2，台农16+干旱+T2。

图5-28 植物生长调节剂对菠萝果重的影响

五、缓解甘蔗干旱胁迫

（一）外源脱落酸提高甘蔗抗旱能力

高清（2008）分析了脱落酸在甘蔗抗旱调控中的作用。他在甘蔗幼苗长出3片真叶后，用聚乙二醇对每个小区作干旱胁迫处理，喷施PEG-6000的浓度设置为20%。7 h后喷施ABA处理液，浓度分别为0 mg/L、50 mg/L、100 mg/L、150 mg/L和200 mg/L。研究发现，2007年11月20日以后，ABA显著提高了甘蔗株高和青叶率，且ABA浓度为150 mg/L时植株生长最好，株高和青叶率分别提高了38.6%和33.4%（图5-29与图5-30）。

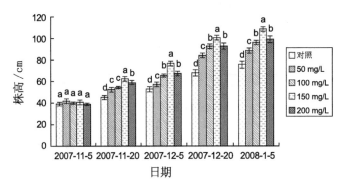

图5-29 外源脱落酸对干旱胁迫下甘蔗幼苗株高的影响

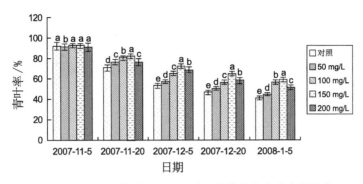

图 5-30　外源脱落酸对干旱胁迫下甘蔗幼苗青叶率的影响

（二）新型植物生长调节剂在甘蔗抗旱方面的应用

四川国光农化股份有限公司团队近些年发现新型植物生长调节剂在甘蔗抗旱方面效果显著，调节剂的使用可以有效缓解甘蔗干旱胁迫，增加甘蔗产量。如图 5-31 所示，山坡旱地缺少水分，甘蔗幼苗生长缓慢。使用活力源（1% 6- 苄氨基嘌呤）+ 芸美泰（0.01% 2,4- 表油菜素内酯）后，甘蔗生长健壮，分蘖多，叶片颜色浓绿。

未使用调节剂　　　　　　　　使用调节剂后

图 5-31　调节剂处理与对照效果图（活力源 + 芸美泰）

如图 5-32 所示，云南山地干旱少雨，使用国光增产套餐顶跃（3% 赤霉酸）+ 芸美泰（0.01% 2,4- 表油菜素内酯）+ 贝稼（8% 对氯苯氧乙酸钠）+ 国光甲（98% 磷酸二氢钾）后，促进了甘蔗节间伸长，使得节间更均匀，并提质增产。

使用调节剂后　　　　　　　　未使用调节剂

图 5-32　调节剂处理与对照效果图（顶跃 + 芸美泰 + 贝稼 + 国光甲）

如图 5-33 所示，苗期干旱少雨造成了甘蔗叶片卷曲，使用沃克瑞（17∶17∶17）产品促进了甘蔗叶片转绿，提高了叶片光合色素含量，缓解了植株胁迫损伤。

使用调节剂后　　　　　　　　未使用调节剂

图5-33　调节剂处理与对照效果图（沃克瑞）

（三）不同调节剂产品对干旱胁迫下甘蔗含糖量的影响

作者利用5个配伍的甘蔗专用调节剂开展了试验研究，研究发现调节剂可以改善干旱胁迫条件下甘蔗的品质（表5-21）。不同调节剂处理后，甘蔗的蔗糖分增加。与对照相比，调节剂1（主成分0.01%胺鲜酯）、调节剂2（主成分0.01%壳寡糖）、调节剂3（1%吲哚丁酸·诱抗素可溶液剂）、调节剂4（0.1%三十烷醇·油菜素内酯微乳剂）和调节剂5（1%吲哚丁酸·三十烷醇乳粉剂）处理后，甘蔗蔗糖分分别增加8.44%、7.02%、1.11%、0.74%和4.68%。调节剂1和调节剂3可以降低甘蔗的纤维分。压碎汁中的视纯度和重力纯度明显提高，而还原糖分明显降低。除调节剂3外，其余调节剂均不同程度上提高了糖锤度、转光度和蔗糖分。这说明调节剂在干旱条件下对甘蔗的品质具有一定程度的调节作用。

表5-21　不同调节剂处理对干旱条件下甘蔗含糖量的影响

处理	甘蔗蔗糖分/%	甘蔗的纤维分/%	压碎汁					
			糖锤度/%	转光度/%	蔗糖分/%	还原糖分/%	视纯度/%	重力纯度/%
对照	16.23	10.55	20.26	18.54	18.76	0.34	91.49	92.59
调节剂1	17.60	10.39	21.46	20.10	20.26	0.20	93.64	94.43
调节剂2	17.37	11.48	21.76	20.05	20.22	0.30	92.15	92.93
调节剂3	16.41	9.34	19.77	18.41	18.64	0.23	93.12	94.28
调节剂4	16.35	10.74	20.05	18.64	18.86	0.25	92.91	94.00
调节剂5	16.99	11.32	21.06	19.53	19.72	0.26	92.74	93.64

注：对照喷施清水；调节剂1（0.01%胺鲜酯）；调节剂2（0.01%壳寡糖）；调节剂3（1%吲哚丁酸·诱抗素可溶液剂）；调节剂4（0.1%三十烷醇·油菜素内酯微乳剂）；调节剂5（1%吲哚丁酸·三十烷醇乳粉剂）。

Yang 等（2022）研究了增糖剂对干旱胁迫下甘蔗品质的调控。他们以 100 mL/667m² 增糖剂的当量对甘蔗进行处理，发现桂糖 42 的甘蔗蔗糖分、糖锤度和压碎汁蔗糖分分别提高了 6.16%、0.32% 和 7.41%。这说明增糖剂在干旱条件下对桂糖 42 的品质具有一定程度的调节作用（表 5–22）。

表 5–22　增糖剂对桂糖 42 甘蔗品质的影响

处理	甘蔗蔗糖分 / %	甘蔗的纤维分 / %	压碎汁				
			糖锤度 / %	转光度 / %	蔗糖分 / %	视纯度 / %	重力纯度 / %
对照	16.07	11.37	21.79	19.65	19.44	90.17	90.37
增糖剂	17.06	10.54	21.86	19.61	20.88	89.56	91.29

（四）壳寡糖（COS）缓解甘蔗干旱胁迫

Yang 等（2022）对 COS 缓解甘蔗干旱胁迫的科学问题进行了研究。当植物达到 8 叶期时，对照组（CG）中的植物照常浇水，干旱胁迫组（DS）中的植物不再额外浇水，干旱胁迫 + 壳寡糖组 [DS+COS（≤ 3200Da）] 不浇水并叶喷 50 mg/L COS 溶液。研究发现，与对照组（CG）相比，干旱胁迫组（DS）植物在第 10 天出现叶片卷曲、生物量减少和植株高度缩短等症状，而壳寡糖对这些症状具有一定缓解作用（图 5–34）。

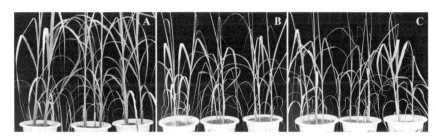

A：对照组（CG）；B：干旱胁迫（DS）；C：干旱胁迫 + 壳寡糖（DS+COS）。

图 5-34 暴露于 3 种不同处理的甘蔗表型

第四节　缓解渍涝胁迫对经济作物伤害的减灾调节剂制剂应用案例

一、缓解大豆渍涝胁迫

（一）烯效唑（S3307）缓解大豆淹水胁迫

为探究初花期（R1 期）淹水胁迫对大豆产量的影响及 S3307 的缓解效应，王诗雅（2021）以两个耐涝性不同的大豆品种（耐涝品种垦丰 14 和涝渍敏感品种垦丰 16）为试验材料进行盆栽试验，待植株生长至 R1 期（播种后 53 d）开始试验处理，CK 和 W 处理叶面喷施蒸馏水，W+S 叶面喷施 S3307（浓度为 50 mg/L，喷施量为 225 L/hm²），并于喷药后 5 d

时（播种后58d）同一时间点对W和W+S处理进行淹水（以水淹没土表面2～3cm为准），淹水持续5d，5d后（播种后68d）放水恢复正常水分管理直至收获。于完熟期（R8期）收获测产。王诗雅发现，与淹水胁迫处理相比，烯效唑可以显著提高淹水条件下的大豆产量（表5-23）。

表5-23　淹水胁迫叶面喷施烯效唑对大豆产量的影响　　　　单位：g

品质	处理	淹水			
		R1+5	R1+6	R1+8	R1+10
垦丰14	CK	18.605±0.175 b	18.605±0.175 b	18.605±0.175 a	18.605±0.175 a
	W	18.422±0.095 b	18.254±0.219 b	17.596±0.204 b	15.586±0.112 c
	W+S	19.579±0.146 a	19.204±0.129 a	18.434±0.154 a	16.343±0.016 b
垦丰16	CK	16.340±0.153 b	16.340±0.153 b	16.340±0.153 b	16.340±0.153 a
	W	16.591±0.216 b	16.000±0.134 b	13.620±0.110 c	12.231±0.258 c
	W+S	18.084±0.126 a	18.148±0.057 b	16.881±0.051 a	15.486±0.187 b

注：淹水胁迫后0d（记作R1+5，即叶面喷施S3307 5d后）、1d（记作R1+6，即淹水胁迫处理3d）、3d（记作R1+8，即淹水胁迫处理3d）、5d（记作R1+10，即淹水胁迫处理5d）和恢复正常水分管理后5d（记作R1+15）。

曲善民（2020）以大豆品种垦丰14和垦丰16为试验材料，在R1期对两个品种喷施50 mg/L S3307，同时进行淹水胁迫处理，水面高于土面3～5cm，每天监控淹水状况，缺水及时补充，淹水胁迫伤害持续5d，5d后放水恢复正常水分管理。每个品种共3个处理：①对照，正常供水；②淹水处理；③淹水+S3307。曲善民发现，淹水胁迫下叶喷S3307可以显著提高大豆百粒重和单株产量（表5-24）。

表5-24　淹水胁迫下两个品种大豆产量性状的影响

品种	处理	单株荚数/个	每荚粒数/个	百粒重/g	单株产量/g
垦丰14	正常水分CK	8.7 b	2.51 a	20.33 a	4.44 b
	R1-淹水胁迫	7.4 c	2.43 a	19.29 b	3.47 c
	R1-淹水+S3307	10.2 a	2.49 a	20.81 a	5.29 a
垦丰16	正常水分CK	9.1 b	2.48 a	20.96 a	4.73 b
	R1-淹水胁迫	7.5 c	2.49 a	18.94 c	3.54 c
	R1-淹水+S3307	9.3 b	2.50 a	19.75 a	4.60 b

（二）乙烯利（ETP）缓解大豆淹水胁迫

Kim等（2018）研究了乙烯利对苗期大豆淹水胁迫的缓解效应。种子萌发后，选择生长均匀一致的大豆幼苗进行移栽。V2期对大豆植株施加淹水胁迫，并将水位维持在距土面10～15cm处10d。淹水1h后，用3种不同浓度的乙烯利溶液（50 μmol/L、100 μmol/L和200 μmol/L）叶喷处理大豆地上部。研究发现，与对照相比，喷施ETP诱导了大豆不定根的发生，增加了根表面积，对淹水胁迫起到了缓解作用（图5-35）。

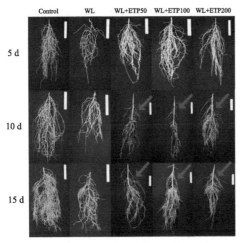

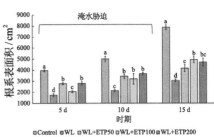

Control：对照；WL：淹水处理；WL+ETP50：淹水胁迫下 50 µmol/L 乙烯利处理；WL+ETP100：
淹水胁迫下 100 µmol/L 乙烯利处理；WL+ETP200：淹水胁迫下 200 µmol/L 乙烯利处理。

图 5-35　大豆植株的根系图像和根系表面积

二、缓解小豆渍涝胁迫

脱落酸（ABA）缓解小豆淹水胁迫。项洪涛等（2022）研究了苗期淹水胁迫对小豆产量的影响以及外源 ABA 缓解渍涝胁迫的效应（表 5-25）。植株生长至幼苗期（此时真叶完全展开，第一片复叶露头）进行调节剂和淹水处理，于上午 9 时，采取叶面喷施方式施用外源 ABA，使用浓度为 20 mg /L，折合用液量为 22.5 mL/m²。喷施 24 h 后，于翌日上午 9 时，采取套盆方式进行淹水处理。研究发现，龙小豆 4 号处理 1 ~ 2 d 时，T1、T2 和 T3 之间无显著差异；处理 3 ~ 5 d 时，T2 较 T1 相比，显著降低 4.77%、7.57% 和 8.23%；处理 3 d 和 4 d 时，T3 较 T2 显著高 6.05% 和 6.95%，处理 5 d 时，T3 和 T2 间无显著差异。天津红处理 1 ~ 2 d 时，T4、T5 和 T6 之间无显著差异；处理 3 ~ 5 d 时，T5 较 T4 显著降低 5.59%、8.00% 和 9.91%；处理 3 d 和 4 d 时，T6 较 T5 显著高 1.84% 和 4.46%（表 5-26）。

表 5-25　试验方案

品种	处理编号	药剂处理	水分处理
龙小豆 4 号	T1	蒸馏水喷施	正常土壤水分
	T2	蒸馏水喷施	淹水胁迫
	T3	ABA 喷施	淹水胁迫
天津红	T4	蒸馏水喷施	正常土壤水分
	T5	蒸馏水喷施	淹水胁迫
	T6	ABA 喷施	淹水胁迫

表 5-26　淹水胁迫及喷施 ABA 对小豆单盆产量的影响　　　　　单位：g

品种	处理	淹水天数				
		1 d	2 d	3 d	4 d	5 d
龙小豆 4 号	T1	30.37±0.22 a	30.37±0.22 a	30.37±0.22 a	30.37±0.22 a	30.37±0.22 a
	T2	30.12±0.39 a	29.85±0.39 a	28.92±0.24 b	28.07±0.25 b	27.87±0.86 b
	T3	31.00±0.18 a	30.18±0.24 a	30.67±0.38 a	30.02±0.13 a	27.94±0.44 b
天津红	T4	23.62±0.39 a	23.62±0.39 a	23.62±0.39 a	23.62±0.39 a	23.62±0.39 a
	T5	22.57±1.07 a	22.70±0.50 a	22.30±0.20 b	21.73±0.22 c	21.28±0.15 b
	T6	23.38±0.53 a	22.76±0.80 a	22.71±0.51 a	22.70±0.13 b	22.67±0.11 b

三、缓解花生渍涝胁迫

赤霉素、乙烯利和多效唑缓解花生渍涝胁迫。黄辉等（2018）以花生耐渍品种湘花 2008 与敏感品种中花 4 号为试材，模拟其在营养生长末期遭受渍涝胁迫，并叶面喷施赤霉素（100 mg/L、150 mg/L、200 mg/L、250 mg/L、300 mg/L）、乙烯利（100 mg/L、200 mg/L、300 mg/L、400 mg/L、500 mg/L）和多效唑（200 mg/L、400 mg/L、600 mg/L、800 mg/L、1 000 mg/L），喷药量为 750 kg/hm^2，以喷施清水为对照，研究 3 种植物生长调节剂对花生干物质积累和产量的影响。在营养生长末期，淹水 7 d（6 月 21—27 日），6 月 28 日叶面喷施不同浓度的植物生长调节剂。结果表明，花生渍涝后，叶面喷施赤霉素和乙烯利，可促进地上部、地下部的生长，喷施多效唑则抑制地上部生长；湘花 2008 荚果产量以 150 mg/L 赤霉素处理最高，比对照增产 24.9%；中花 4 号荚果产量以 100 mg/L 赤霉素处理最高，比对照增产 44.7%（图 5-36、图 5-37 和表 5-27）。

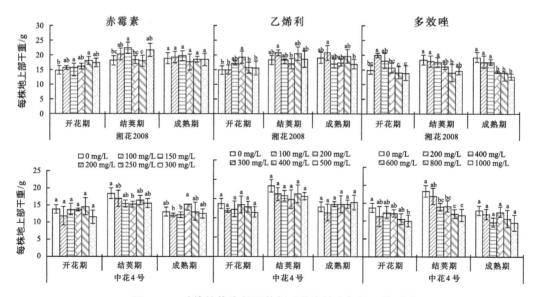

图 5-36　喷施植物生长调节剂后花生地上部的干物质重

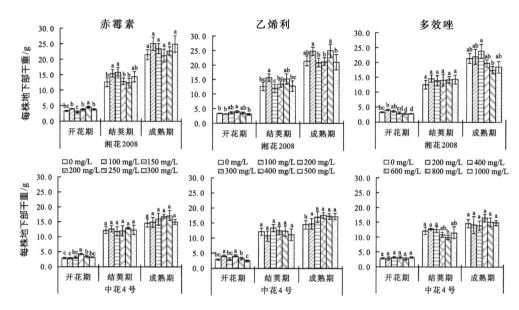

图 5-37　喷施植物生长调节剂后花生地下部的干物质重

表 5-27　渍涝胁迫下喷施植物生长调节剂对花生产量的影响

调节剂	质量浓度 /(mg/L)	湘花 2008 产量 /(kg/hm²)	中花 4 号产量 /(kg/hm²)
赤霉素	0	5 179.5 a	3 849.0 a
	100	5 859.0 bc	5 569.5 c
	150	6 469.5 c	4 849.5 bc
	200	6 109.5 bc	4 530.0 ab
	250	5 310.0 a	5220.0 b
	300	5 475.0 b	4 545.0 ab
乙烯利	0	5 179.5 a	3 864.0 a
	100	5 992.5 b	4 294.5 ab
	200	5 719.5 a	4 809.0 b
	300	5 910.0 a	4 710.0 b
	400	5 820.0 a	4 860.0 b
	500	5 119.5 a	4 650.0 b
多效唑	0	5 179.5 a	3 849.0 a
	200	5 340.0 a	4 239.0 ab
	400	5 469.0 a	4 759.5 b
	600	5 299.5 a	4 279.5 ab
	800	5 199.0 a	4 029.0 ab
	1000	5 100.0 a	4 020.0 ab

四、缓解油菜渍涝胁迫

（一）烯效唑缓解油菜渍涝胁迫

Leul 等（1998）研究了烯效唑对油菜渍涝胁迫的缓解效应。在 3 叶期叶面喷施 50 mg/L 烯效唑（蒸馏水作对照），喷液量为 750 L/hm²。油菜幼苗经烯效唑处理后，在 5 叶期移栽到专门设计的实验容器中，随后淹水处理 3 周。油菜幼苗经烯效唑处理后，种子芥酸含量较淹水植株显著降低 6.3%，油菜种子产量提高 61.5%（表 5-28）。

表 5-28　烯效唑和淹水对油菜籽粒品质、粒重及籽油产量的影响

处理	芥酸/%	含油量/%	油产量/(kg/hm²)	芥子油苷/(mmol/g)	千粒重/g	种子产量/(kg/hm²)
淹水胁迫	50.5 a	36.2 b	247.3 d	99.3	3.52	759 d
烯效唑 + 淹水胁迫	47.3 b	36.4 b	401.9 b	101.9	3.66	1226 b

（二）独脚金内酯缓解油菜淹水胁迫

为了缓解渍水危害，维持并促进油菜生长，胡超等（2017）探究了独脚金内酯对渍水处理后油菜生长的影响。试验以中双 11 号为材料进行盆栽试验，5 叶期渍水处理 7 d 后，分别用 0 μmol/L、0.1 μmol/L、1 μmol/L 和 5 μmol/L 的独脚金内酯对渍水胁迫组（W）和正常水分组（C）进行灌根处理。在灌根后 3 d 和 7 d 时测定油菜的植株形态变化。结果表明，1 μmol/L 独脚金内酯显著提高了渍水处理 7 d 后油菜地上部和地下部的生物量，且与对照相比，独脚金内酯处理的植株更大，更粗壮（图 5-38 和图 5-39）。

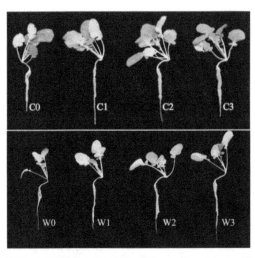

C0—C3分别代表正常水分下施加独脚金内酯处理浓度 0 μmol/L、0.1 μmol/L、1 μmol/L 和 5 μmol/L；W0—W3 分别代表经过渍水 7 d 处理后再施加独脚金内酯处理浓度 0 μmol/L、0.1 μmol/L、1 μmol/L 和 5 μmol/L。

图 5-38　不同浓度独脚金内酯对渍水胁迫下油菜生长（7 d）的影响

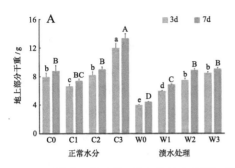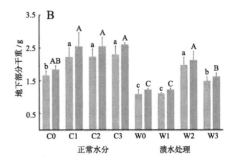

C0—C3分别代表正常水分下施加独脚金内酯处理浓度 0 μmol/L、0.1 μmol/L、1 μmol/L 和 5 μmol/L；
W0—W3 分别代表经过渍水 7 d 处理后再施加独脚金内酯处理浓度 0 μmol/L、0.1 μmol/
L 和 5 μmol/L。小写字母表示 3 d 时的显著性水平；大写字母表示 7 d 时的显著性水平。

图 5-39 不同浓度独脚金内酯处理对渍水胁迫下油菜生物量的影响

五、缓解辣椒渍涝胁迫

（一）水杨酸（SA）缓解辣椒渍涝胁迫

为了明确外源水杨酸（SA）对辣椒渍涝胁迫的调控作用，夏文荣（2022）以德红 1 号为试材，在幼苗 5 叶 1 心时进行移栽。设置 7 个处理，分别为：①对照（CK），未淹水 + 不外施 SA；②CK1，淹水 + 不外施 SA；③SA0.5，淹水 + 外施 0.5 mmol/L SA；④SA1.0，淹水 + 外施 1.0 mmol /L SA；⑤SA1.5，淹水 + 外施 1.5 mmol/L SA；⑥SA2.0，淹水 + 外施 2.0 mmol/L SA；⑦SA2.5，淹水 + 外施 2.5 mmol/L SA。当辣椒幼苗长至 6 叶 1 心时，分别用 0.5 mmol/L、1.0 mmol/L、1.5 mmol/L、2.0 mmol/L、2.5 mmol/L SA 进行叶面喷施，每天喷 1 次，连续喷 3 d。3 d 后进行淹水处理，保持水面距土壤表面 1.0 cm 处，淹水处理 7 d，于淹水处理后（8 d）上午 9 时取样，进行各项指标的测定。结果表明，淹水胁迫下，辣椒幼苗根长、株高、鲜质量及干质量均显著低于 CK（未淹水 + 未外施 SA）。喷施外源 SA 后，农艺性状指标下降幅度减小，SA1.5 处理的辣椒农艺性状最好，根长、株高、鲜质量和干质量比淹水对照（CK1)分别提高 66.37%、14.55%、56.35% 和 93.75%（表 5-29）。

表 5-29　SA 处理对辣椒幼苗农艺性状的影响

处理	根长 / cm	株高 / cm	鲜质量 / g	干质量 / g	根冠比
CK	9.53±0.85 a	15.79±1.03 a	2.53±0.23 a	0.34±0.03 a	0.136±0.011 e
CK1	4.55±0.42 f	12.37±0.77 e	1.26±0.08 e	0.16±0.02 e	0.203±0.015 a
SA0.5	5.72±0.38 e	13.55±0.62 c	1.64±0.12 d	0.22±0.03 d	0.183±0.012 b
SA1.0	6.47±0.52 c	13.75±0.85 c	1.86±0.97 c	0.27±0.03 c	0.166±0.013 c
SA1.5	7.57±0.61 b	14.17±1.22 b	1.97±0.12 b	0.31±0.02 b	0.156±0.014 d
SA2.0	7.43±0.48 b	14.02±1.04 b	1.94±0.18 b	0.31±0.03 b	0.152±0.011 d
SA2.5	6.12±0.32 d	13.11±0.88 d	1.66±0.09 d	0.23±0.02 d	0.169±0.016 c

（二）调节剂产品"碧护"缓解辣椒渍涝胁迫

吴文丽等（2020）为探究植物生长调节剂对结果期辣椒渍涝胁迫的恢复效果，以薄皮早丰为试材，供试调节剂产品为碧护（有效成分为赤霉素、吲哚乙酸、油菜素内酯，20000倍稀释后使用）。在6月9—18日对进入结果期的辣椒进行灌水，水位略高于垄高，模拟涝害胁迫，观察辣椒生长情况。涝害形成后，于6月19日、6月25日分2次喷洒生长调节剂。结果表明，在渍涝胁迫下，生长调节剂产品能够调控辣椒的营养生长与生殖生长，每667m²产量增加40.21%。从表现来看，辣椒结果期遭遇涝害时，适量喷施调节剂对提高产量更有利（表5–30和表5–31）。

表5–30　植物生长调节剂对渍涝胁迫下辣椒植株器官干重和鲜重的影响

处理	鲜重 / g				干重 / g			
	根	茎	叶	总质量	根	茎	叶	总质量
碧护	13.66 c	70.79 c	88.77 b	173.22 b	3.88 c	15.31 b	16.11 d	35.30 b
清水（CK）	22.81 a	161.16 a	188.59 a	372.56 a	6.43 a	36.58 a	37.83 a	80.84 a

表5–31　植物生长调节剂对渍涝胁迫下辣椒产量的影响

处理	单株产量 / g	667 m² 产量 / g
碧护	607.35 ab	1417.86 ab
清水（CK）	433.18 b	1011.25 b

六、缓解菊花渍涝胁迫

油菜素内酯缓解菊花幼苗渍涝胁迫。王田田等（2021）研究了淹水胁迫下油菜素内酯对菊花幼苗生长的影响。他们以滁菊为试材，在5叶1心时选生长一致的幼苗分设CK（对照）、Y（淹水胁迫）、YY（淹水胁迫 + 油菜素内酯）3个处理。CK、Y叶面喷施清水，YY处理叶面喷施0.01 mg/L的油菜素内酯溶液，每4 d喷施1次，一共喷3次。淹水处理15 d后测定幼苗植株根、茎、叶等营养生长指标。研究发现，与淹水处理相比，淹水胁迫下喷施油菜素内酯后菊花幼苗地下部干重和总干重明显增加（表5–32）。

表5–32　不同处理对菊花幼苗生长的影响

处理	株高 / cm	地下部干重 / g	总干重 / g
CK	20.27±0.86 a	0.724±0.025 a	4.033±0.086 a
Y	16.63±0.61 b	0.375±0.010 c	2.752±0.244 c
YY	17.03±0.37 b	0.475±0.017 b	3.527±0.199 b

本章主要参考文献

董磊，王栋麟，王琳，等，2022. 外源水杨酸缓解金花菜高温胁迫的生理响应 [J]. 扬州大学学报（农业与生命科学版），43(4)：129-136.

高清，2008. 外源 ABA 对干旱胁迫下甘蔗幼苗越冬期间生理生化的影响 [D]. 南宁：广西大学.

胡超，万林，张利艳，等，2017. 独脚金内酯缓解油菜渍水胁迫的生理机制 [J]. 中国油料作物学报，39(4)：467-475.

黄辉，刘登望，李林，等，2018. 渍涝胁迫后喷施植物生长调节剂对花生生长及产量品质的影响 [J]. 湖南农业大学学报：自然科学版，44(2)：6.

李丹丹，张晓伟，刘丰娇，等，2018. H_2S 与 ABA 缓解低温胁迫对黄瓜幼苗氧化损伤的交互效应 [J]. 园艺学报，45(12)：2395-2406.

李思琦，蒋芳玲，周艳朝，等，2021. 叶面喷施生物刺激素对番茄幼苗高温胁迫的减缓效应 [J]. 西北农业学报，30(2)：224-233.

李甜子，2022. 新型调节剂对荔枝叶片抗低温的生理机制及代谢组和转录组学研究 [D]. 湛江：广东海洋大学.

李秀，巩彪，徐坤，2015. 外源亚精胺对高温胁迫下生姜叶片内源激素及叶绿体超微结构的影响 [J]. 中国农业科学，48(1)：120-129.

梁晓艳，2019. 烯效唑对干旱胁迫下苗期大豆根系的调控 [D]. 大庆：黑龙江八一农垦大学.

刘美玲，2021. 干旱胁迫下吲哚丁酸钾对大豆苗期生长的调控效应 [D]. 大庆：黑龙江八一农垦大学.

聂书明，2018. 油菜素内酯外源施用与其受体过表达对番茄耐旱性和品质的影响 [D]. 杨凌：西北农林科技大学.

曲善民，2020. 烯效唑缓解大豆淹水胁迫的效应与机制 [D]. 大庆：黑龙江八一农垦大学.

王诗雅，2021. 初花期淹水胁迫下烯效唑对大豆碳代谢和产量的缓解效应 [D]. 大庆：黑龙江八一农垦大学.

王田田，陈梅，王新怡，等，2021. 油菜素内酯对淹水胁迫下菊花幼苗生长的影响 [J]. 安徽科技学院学报，35(6)：59-62.

王新欣，2020. 烯效唑对始花期大豆低温胁迫的调控效应 [D]. 大庆：黑龙江八一农垦大学.

吴文丽，尤春，孙兴祥，等，2020. 4 种植物生长调节剂对辣椒涝害胁迫的恢复效果 [J]. 中国瓜菜，33(10)：70-74.

夏文荣，2022. 外源水杨酸对淹水胁迫下辣椒幼苗生长及活性氧代谢的影响 [J]. 中国瓜菜，35(9)：73-78.

向丽霞，胡立盼，孟森，等，2020. 叶面喷施亚精胺对高温胁迫下番茄叶绿素合成代谢的影响 [J]. 西北植物学报，40(5)：6.

项洪涛，李琬，何宁，等，2022. 外源脱落酸缓解小豆幼苗水分胁迫效应研究 [J]. 西南农业学报，35(1)：74-80.

谢云灿，2017. 外源油菜素内酯对大豆高温胁迫的缓解效应及其生理机制 [D]. 南京：南京农业大学.

于奇，曹亮，金喜军，等，2019. 低温胁迫下褪黑素对大豆种子萌发的影响 [J]. 大豆科学，38(1)：56-62.

赵晶晶，2019. 烯效唑缓解绿豆R1期冷害对碳代谢损伤效应的研究 [D]. 大庆：黑龙江八一农垦大学.

ALTAF M A, SHAHID R, REN M X, et al., 2022. Melatonin improves drought stress tolerance of tomato by modulating plant growth, root architecture, photosynthesis, and antioxidant defense system[J]. Antioxidants, 11(2): 309.

BANINASAB B, GHOBADI C, 2011. Influence of paclobutrazol and application methods on high-temperature stress injury in cucumber seedlings[J]. Journal of Plant Growth Regulation, 30(2): 213-219.

CHEN S, ZIMEI L, CUI J, et al., 2011. Alleviation of chilling-induced oxidative damage by salicylic acid pretreatment and related gene expression in eggplant seedlings[J]. Plant Growth Regulation, 65: 101-108.

DING Y, SHENG J, LI S, et al., 2015. The role of gibberellins in the mitigation of chilling injury in cherry tomato (*Solanum lycopersicum* L.) fruit[J]. Postharvest Biology and Technology, 101: 88-95.

IMRAN M, AAQIL K M, SHAHZAD R, et al., 2021. Melatonin ameliorates thermotolerance in soybean seedling through balancing redox homeostasis and modulating antioxidant defense, phytohormones and polyamines biosynthesis[J]. Molecules, 26(17): 5116.

KIM Y, SEO C W, KHAN A L, et al., 2018. Exo-ethylene application mitigates waterlogging stress in soybean (*Glycine max* L.)[J]. BMC plant biology, 18(1): 1-16.

LEUL M, ZHOU W, 1998. Alleviation of waterlogging damage in winter rape by application of uniconazole: effects on morphological characteristics, hormones and photosynthesis[J]. Field Crops Research, 59(2): 121-127.

LI B, ZHANG C, CAO B, 2012. Brassinolide enhances cold stress tolerance of fruit by regulating plasma membrane proteins and lipids[J]. Amino Acids, 43(6): 2469-2480.

MENG J F, XU T F, WANG Z Z, et al., 2014. The ameliorative effects of exogenous melatonin on grape cuttings under water‐deficient stress: antioxidant metabolites, leaf anatomy, and chloroplast morphology[J]. Journal of Pineal Research, 57(2): 200-212.

ORABI S A, DAWOOD M G, SALMAN S R, 2015. Comparative study between the physiological role of hydrogen peroxide and salicylic acid in alleviating the harmful effect of low temperature on tomato plants grown under sand-ponic culture[J]. Scientia Agricola, 9(1): 49-59.

PANG X Q, JI Z L, ZHANG Z Q, et al., 2008. August. Alleviation of Chilling Injury in Litchi Fruit by ABA Application[J]. In Ⅲ International Symposium on Longan, Lychee, and other Fruit Trees in Sapindaceae Family, 863: 533-538.

RASHEED R, WAHID A, FAROOQ M, et al., 2011. Role of proline and glycinebetaine pretreatments in improving heat tolerance of sprouting sugarcane (*Saccharum* sp.) buds[J]. Plant growth regulation, 65(1): 35-45.

SONG L J, TAN Z, ZHANG W W, et al., 2022. Exogenous melatonin improves the chilling tolerance and preharvest fruit shelf life in eggplant by affecting ROS-and senescence-related processes[J]. Horticultural Plant Journal, 9(3) : 523-540.

WANG W N, MIN Z, WU J R, et al., 2021. Physiological and transcriptomic analysis of Cabernet Sauvginon (*Vitis vinifera* L.) reveals the alleviating effect of exogenous strigolactones on the response of grapevine to drought stress[J]. Plant physiology and biochemistry, 167: 400-409.

WANG Y, LIU H, LIN W, et al., 2022. Foliar application of a mixture of putrescine, melatonin, proline, and potassium fulvic acid alleviates high temperature stress of cucumber plants grown in the greenhouse[J]. Technology in Horticulture, 2(1): 1-10.

WU X, YAO X, CHEN J, et al., 2014. Brassinosteroids protect photosynthesis and antioxidant system of eggplant seedlings from high-temperature stress[J]. Acta Physiologiae Plantarum, 36(2): 251-261.

YANG S, CHU N, ZHOU H, 2022. Integrated Analysis of Transcriptome and Metabolome Reveals the Regulation of Chitooligosaccharide on Drought Tolerance in Sugarcane (*Saccharum* spp. Hybrid) under Drought Stress[J]. International journal of molecular sciences, 23(17): 9737.

ZHANG M, HE S, ZHAN Y, et al., 2019. Exogenous melatonin reduces the inhibitory effect of osmotic stress on photosynthesis in soybean[J]. PloS one, 14(12): e0226542.

ZHANG X W, FENG Y Q, JING T T, et al., 2021. Melatonin Promotes the Chilling Tolerance of Cucumber Seedlings by Regulating Antioxidant System and Relieving Photoinhibition[J]. Frontiers in Plant Science, 12: 789617.